太阳能级多晶硅的精炼方法
Refining and Purification of Solar-Grade Silicon

张立峰 李亚琼 著

北 京
冶金工业出版社
2017

内 容 提 要

本书结合作者多年从事多晶硅洁净化的研究成果，吸收了国内外有关硅材料制备技术的基础研究和应用研究资料，收集大量的有用数据，对现有太阳能级多晶硅的精炼方法进行了系统、全面的介绍。

本书可供硅材料制备领域从事科研、教学和学习的科技工作人员，以及光伏产业有关部门和企业的管理人员阅读参考。

图书在版编目(CIP)数据

太阳能级多晶硅的精炼方法 = Refining and Purification of Solar-Grade Silicon/张立峰，李亚琼著 . —北京：冶金工业出版社，2017.1
ISBN 978-7-5024-7410-2

Ⅰ.①太… Ⅱ.①张… ②李… Ⅲ.①多晶—硅太阳能电池—精炼（冶金） Ⅳ.①TM914.4

中国版本图书馆 CIP 数据核字(2016) 第 324438 号

出 版 人　谭学余
地　　　址　北京市东城区嵩祝院北巷 39 号　邮编　100009　电话　(010)64027926
网　　　址　www.cnmip.com.cn　电子信箱　yjcbs@cnmip.com.cn
责任编辑　刘小峰　美术编辑　彭子赫　版式设计　彭子赫
责任校对　李　娜　责任印制　李玉山

ISBN 978-7-5024-7410-2

冶金工业出版社出版发行；各地新华书店经销；北京通州皇家印刷厂印刷
2017 年 1 月第 1 版，2017 年 1 月第 1 次印刷
169mm×239mm；14.75 印张；2 彩页；291 千字；223 页
56.00 元

冶金工业出版社　投稿电话　(010)64027932　投稿信箱　tougao@cnmip.com.cn
冶金工业出版社营销中心　电话　(010)64044283　传真　(010)64027893
冶金书店　地址　北京市东四西大街 46 号(100010)　电话　(010)65289081(兼传真)
冶金工业出版社天猫旗舰店　yjgycbs.tmall.com

(本书如有印装质量问题，本社营销中心负责退换)

序

张立峰教授从2005年开始先后在挪威科技大学、美国密苏里科技大学和北京科技大学从事多晶硅洁净化的研究，作出了很多有意义的成果。这本书基于他多年的研究成果，吸收了国内外硅材料制备技术的基础研究和应用研究资料，收集了大量的有用数据，取材丰富，图表清晰，对现有技术进行了全面介绍，全书具有系统性和科学性，撰写深入浅出，是一本难得的好书。

随着世界经济的高速发展，化石能源的过度开采与使用造成了环境污染、资源枯竭等问题，严重威胁着人类的生存和发展。20世纪初，世界各国都开始重视并大力发展绿色能源。世界能源开始由高碳向低碳发展，由简单生产向技术生产发展，由直接一次向多次转化发展。作为新能源产业的重要代表，光伏产业发展迅速。中国是世界上发展势头最为强劲的国家，2015年光伏发电装机总量达45GWp。多晶硅是光伏电池最主要的材料，2005年到2015年间，国际多晶硅产量由3.2万吨发展到35万吨；国内多晶硅产量从每年数百吨发展达到了16.9万吨。但是，中国的光伏产业与其他强国相比还存在较大差距，主要表现为多晶硅材料缺乏核心制备技术、工艺不稳定、价格偏高等。因此，迫切需要我国的科研工作者自主创新，研发和优化硅材料提纯工艺，以提高生产效率、降低成本和稳定产品品质，为中国光伏产业的可持续发展和国家能源结构的调整做出贡献。

该书的出版，使我国硅材料领域又有了一本既有基础理论知识又有太阳能级硅材料制备技术的专著，可以为我国在多晶硅制备领域从事科研、教学和学习的科技工作者以及有关部门和企业的管理人员提供有用的参考资料，也为中国光伏产业的发展提供有益的帮助。

邹元爔

二〇〇一年九月卅日

前　言

　　硅资源丰富、价格低廉，用其制成的半导体器件具有稳定性好、耐高温、无毒性等优点，这使得硅成为太阳能电池的首选原材料。中国自2009年开始大力发展太阳能光伏应用，硅产量逐年攀升，2015年国内硅产量已达16.9万吨，占全球总产量的48.3%，成为全球硅材料生产大国。国外硅材料制备公司以具有独立知识产权的西门子法为主，垄断电子级硅材料行业，并逐渐占领中、低端太阳能级硅材料市场。在此背景下，我国硅材料制备技术还存在流程较长、产品质量不稳定、价格竞争力不足等窘局。我国要由硅材料生产大国发展成为强国，迫切需要解决发展过程中的瓶颈问题，并进一步提升技术创新、强化硅提纯效果、降低制备成本。

　　作者自2005~2007年在挪威科技大学材料科学与工程系任教授和2008~2011年在美国密苏里科技大学材料科学与工程系任副教授期间，一直从事多晶硅精炼、提纯和回收的研究，并先后得到了挪威科研理事会、美国能源部、美国自然科学基金和一些多晶硅厂家的资助，启动了高温过滤和电磁净化法净化多晶硅材料的研究，并取得了一定的学术成果。2012年回到北京科技大学冶金与生态工程学院任教后，继续深入电磁净化、过滤净化、定向生长制备太阳能级多晶硅的研究。

　　近十年来，这方面的科学研究得到了越来越多的重视，国内外涌现了一批从事硅材料提纯研究的学者。然而，到目前为止，国内外还没有一本详细介绍太阳能级多晶硅材料精炼方法的书籍。此外，关于多晶硅提纯过程中物理化学反应的热力学数据和动力学数据还没有完善的总结和归纳。基于此，作者编撰了本书。

本书论述了太阳能的基本属性和分布特征，探讨了中国光伏产业面临的挑战与发展方向；介绍了作为光电转化器件的太阳能电池的种类和相关研究进展；重点介绍了硅的基本性质、种类及多晶硅的精炼制备方法；总结了硅中的主要杂质和缺陷，全面总结了与这些杂质相关的物理化学反应的热力学和动力学数据；全面讨论了当前的多晶硅精炼各种方法的原理、流程、冶金效果和影响因素。

希望本书的出版能够对提高我国太阳能级多晶硅材料制备的技术水平、促进光伏产业的健康发展起到积极的作用。

感谢中国工程院邱定蕃院士在百忙中为本书作序，邱院士肯定了本书的价值和作者所做的工作，并针对多晶硅制备的方法和工艺提出了具体的建议。

感谢中国自然科学基金（资助号：51334002 和 51604023）、稀贵金属绿色回收与提取北京市重点实验室和国际合作基地（GREM）和北京科技大学绿色冶金与冶金过程模拟仿真实验室（GPM^2）的资助。

由于作者学识和时间所限，书中不妥之处在所难免，诚恳希望读者提出宝贵意见。

张立峰

2016 年 12 月 16 日

目 录

1 绪论 ··· 1
1.1 清洁、新型能源——太阳能 ··· 1
1.2 我国太阳能资源分布情况 ··· 2
1.3 太阳能利用及光伏发电技术的发展历程 ··· 3
1.4 世界各国对光伏产业的政策 ··· 4
1.5 光伏产业面临的问题与未来发展的方向 ··· 5
参考文献 ··· 6

2 太阳能电池的种类 ··· 8
2.1 硅太阳能电池 ··· 8
2.1.1 单晶硅太阳能电池 ··· 8
2.1.2 铸造多晶硅太阳能电池 ··· 10
2.1.3 多晶硅薄膜太阳能电池 ··· 10
2.1.4 非晶硅薄膜太阳能电池 ··· 10
2.2 化合物薄膜太阳能电池 ··· 11
2.2.1 碲化镉（CdTe）薄膜太阳能电池 ··· 11
2.2.2 铜铟硒（CIS）薄膜太阳能电池 ··· 12
2.2.3 砷化镓（GaAs）薄膜太阳能电池 ··· 12
2.3 敏化纳米晶太阳能电池 ··· 12
参考文献 ··· 13

3 硅的简介和制备方法 ··· 15
3.1 硅太阳能电池的发展历史 ··· 15
3.2 硅的基本概念 ··· 17
3.3 硅的制备方法 ··· 19
3.3.1 冶金硅的制备方法 ··· 19
3.3.2 太阳能级硅的制备方法 ··· 21
3.3.3 电子级硅的制备方法 ··· 23
参考文献 ··· 24

4 硅中杂质与缺陷 … 26

4.1 硅中杂质及其热力学性质 … 26
- 4.1.1 掺杂元素 … 26
- 4.1.2 金属元素 … 29
- 4.1.3 轻质元素杂质 … 40

4.2 硅中杂质动力学性质 … 46

4.3 硅中缺陷 … 48
- 4.3.1 点缺陷 … 49
- 4.3.2 位错 … 51
- 4.3.3 晶界 … 53

参考文献 … 54

5 多晶硅的精炼方法 … 61

5.1 酸洗精炼法 … 68
- 5.1.1 酸洗精炼法基本原理 … 68
- 5.1.2 酸洗精炼法流程 … 69
- 5.1.3 酸洗精炼法的影响因素及应用 … 69

5.2 凝固精炼法 … 72
- 5.2.1 凝固精炼法基本原理 … 72
- 5.2.2 凝固精炼法种类和流程 … 74
- 5.2.3 凝固精炼法的影响因素及应用 … 76

5.3 合金凝固精炼法 … 78
- 5.3.1 合金凝固精炼法基本原理 … 78
- 5.3.2 合金凝固精炼法流程 … 80
- 5.3.3 合金凝固精炼法的影响因素及应用 … 81

5.4 造渣精炼法 … 101
- 5.4.1 造渣精炼法基本原理 … 101
- 5.4.2 造渣精炼法流程 … 103
- 5.4.3 造渣精炼法的影响因素及应用 … 104

5.5 吹气氧化精炼法 … 120
- 5.5.1 吹气氧化精炼基本原理 … 120
- 5.5.2 吹氧精炼 … 120
- 5.5.3 吹湿氩精炼 … 121
- 5.5.4 吹湿氢精炼 … 121

- 5.6 等离子体氧化精炼法 ··· 127
  - 5.6.1 等离子体氧化精炼法基本原理 ································ 127
  - 5.6.2 等离子体氧化精炼设备 ·· 128
  - 5.6.3 等离子体氧化精炼法的影响因素及应用 ····················· 129
- 5.7 电子束精炼法 ·· 133
  - 5.7.1 电子束精炼法基本原理 ·· 133
  - 5.7.2 电子束熔炼设备及流程 ·· 134
  - 5.7.3 电子束精炼法的影响因素及应用 ······························ 136
- 5.8 电磁净化法 ··· 137
  - 5.8.1 电磁净化法基本原理 ··· 137
  - 5.8.2 电磁净化设备 ··· 145
  - 5.8.3 电磁净化法的影响因素及应用 ································· 146
- 5.9 过滤精炼法 ··· 154
  - 5.9.1 过滤精炼法基本原理 ··· 154
  - 5.9.2 过滤精炼设备 ··· 155
  - 5.9.3 过滤精炼法的影响因素及应用 ································· 156
- 5.10 熔盐电解精炼法 ·· 162
  - 5.10.1 熔盐电解精炼法基本原理 ···································· 162
  - 5.10.2 熔盐电解法的组成 ·· 163
  - 5.10.3 熔盐电解精炼法的影响因素及应用 ························· 165
- 5.11 其他精炼方法 ··· 174
  - 5.11.1 高纯试剂还原制备法 ··· 174
  - 5.11.2 固态电迁移法 ·· 174
  - 5.11.3 氧化酸洗法 ·· 175
  - 5.11.4 多孔硅吸杂法 ·· 176
- 参考文献 ··· 176

6 硅的检测分析技术 ·· 197

- 6.1 元素检测分析技术 ··· 197
  - 6.1.1 电子探针显微分析仪 ··· 197
  - 6.1.2 电感耦合等离子发射光谱仪 ··································· 201
  - 6.1.3 电感耦合等离子体质谱仪 ······································ 203
  - 6.1.4 二次离子质谱仪 ·· 205
  - 6.1.5 辉光放电质谱仪 ·· 208
- 6.2 电学性质检测 ·· 210

  6.2.1 电阻率测试仪 …………………………………………………………… 210
  6.2.2 少子寿命测试仪 ………………………………………………………… 213
 6.3 物相检测 ………………………………………………………………………… 214
  6.3.1 X射线衍射仪 …………………………………………………………… 214
  6.3.2 电子背散射衍射仪 ……………………………………………………… 216
 6.4 润湿性检测 ……………………………………………………………………… 218
  6.4.1 润湿性概念及测量原理 ………………………………………………… 218
  6.4.2 高温接触角测量仪 ……………………………………………………… 220
参考文献 ……………………………………………………………………………… 221

1 绪　　论

1.1 清洁、新型能源——太阳能

太阳能是一种原始的基本能源。从人类开始食用植物充饥，到开采煤炭、天然气等生产能源动力，太阳能就与人们的生活息息相关，并给予人们无限的光明和热量。

依据能源消耗对环境的影响分类，太阳能属于清洁能源；按使用类型分类，太阳能属于新型能源。作为一种清洁、新型能源，太阳能具有自身独特的属性：

(1) 供给量庞大性[1]。太阳能源于太阳内部高温、高压、高密度状态下的热核反应，每年辐射至地球表面的能量约为 5.52×10^{21} J，除去被云层及大气层发射到宇宙中的约30%，世界上地球接收的能量约为 3.86×10^{21} J，这相当于燃烧 9.22×10^{21} t 石油所产生的能量。虽然太阳能源自自身能量的消耗，其反应可以维持几十亿甚至上百亿年，但相对于地球本身约四十五亿年的历史，这个时限对于人类而言可算是无限的。同时，太阳能会引起水体流动，形成水力发电；会引起大气循环，形成风力发电；此外，全世界每年消耗约 120 亿吨石油当量的能源，其中80%来源于化石能源，而这些化石能源都是几亿年前吸收太阳光后生长、进化最终形成的能源，是太古时代贮存至今的太阳能。从这个角度来看，人类使用的各种能源都来源于太阳能。由此可见太阳能庞大的供给量。

(2) 分布普遍性[2]。有阳光存在的地方便有太阳能资源。虽然太阳能的分布会受到气候、纬度、海拔因素的影响，但相对于其他能源，地球上大部分地区都存在着太阳能资源，并且在一定程度上可以就地取用，无需运输，对解决偏远地区的供能问题有极大的优越性。

(3) 使用清洁、安全性。煤炭、石油等常规能源在使用过程中会释放出烟尘、SO_x、NO_x 等有害物质和 CO_2，给环境造成负担，导致温室效应等，同时还会危害人类健康。而太阳能在利用过程中，耗用阳光辐射，因此具有清洁、环保特性。同时相比核能更具安全性，是人类理想的能源。

(4) 经济可行性。一方面，太阳能取之不尽，接收、利用太阳能不需付出任何"税"，可随地取用；另一方面，太阳能光伏发电的成本逐年降低，与其他能源的发电成本差距逐渐缩小。依据可再生能源机构（IRENA）2015 年 6 月 15 日发布的报告显示[3]，预计到 2025 年，太阳能光伏的平均发电成本可比 2015 年降低59%。预计2025年，全球太阳能光伏发电平均成本约为5~6美分/度电。

基于上述优异属性，太阳能成为传统石化能源的理想替代品。图1.1显示了核能、风能、生物能、太阳能等多种能源所占比例和发展趋势。由图1.1可以看出，近期内石油、煤炭等传统石化能源的地位不可撼动，但是随着其储量的日益枯竭，新能源的开发、使用量逐年增加，具有清洁、环保、供给丰富等优点的太阳能，预计将会占据未来能源的主体地位。

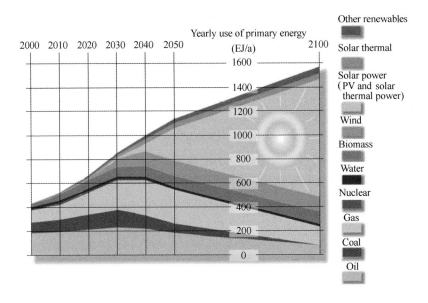

图1.1　世界能源结构[4]

1.2　我国太阳能资源分布情况[5,6]

我国地处北半球欧亚大陆的东部，主要处于温带和亚热带，幅员辽阔，具有十分丰富的太阳能资源。

从全国太阳年辐射总量的分布来看，西藏、青海、新疆、内蒙古南部、山西、陕西北部、河北、山东、辽宁、吉林西部、云南中部和西南部、广东东南部、福建东南部、海南岛东部和西部以及台湾的西南部等广大地区的太阳辐射总量很大。其中，太阳辐射总量最大为青藏高原地区，太阳辐射总量最小为四川和贵州两省。我国太阳能资源分布的主要特点为太阳辐射总量的高值中心和低值中心都处在北纬22°~35°；太阳辐射总量，西部地区高于东部地区，除西藏和新疆地区之外，基本上是南部低于北部；由于南方多数地区云、雾、雨多，在北纬30°~40°地区，太阳辐射总量的分布情况与一般的太阳能随纬度而变化的规律相反，太阳能不是随着纬度的增加而减少，而是随着纬度的增加而增加。依据接受太阳能辐射量大小,全国大致上可分为5类地区[2],见表1.1。其中,一、二、三类地区的年日照时数大于2000h,辐射总量高于5852MJ/cm²,是我国太阳能资源丰富或较丰富的地区,面积约占全国总面积的2/3以上,具有利用太阳能的良好条件;四、五类地区的太阳能资源条件较差,但仍具有一定的利用价值[7]。

表1.1 中国太阳能资源及其分布状况[8]

区域划分	一类地区	二类地区	三类地区	四类地区	五类地区
年总辐射量（MJ/cm²）	6700~8370	5860~6700	5020~5860	4190~5020	3350~4190
日照时间/h	3200~3300	3000~3200	2200~3000	1400~2200	1000~1400
地域	青藏高原、甘肃北部、宁夏北部和新疆南部等地	河北西北部、山西北部、内蒙古南部、宁夏南部、甘肃中部和青海东部等地	山东、河南、河北东南部、山西南部、吉林、辽宁、云南、陕西北部、广东南部、福建南部、江苏北部、安徽北部等地	长江中下游、福建、浙江和广东部分地区	四川、贵州两省
特点	太阳能资源最丰富的地区。特别是西藏,太阳辐射总量最高值达9210 MJ/(m²·a),仅次于撒哈拉大沙漠,居世界第二位	太阳能资源较丰富区	太阳能资源中等区,面积较大,具有利用太阳能的良好条件	春夏多阴雨,秋冬季太阳能资源还可以	太阳能资源最少的地区,仍有一定利用价值

1.3 太阳能利用及光伏发电技术的发展历程

早在两千多年前的战国时期,中国人就知道利用钢制四面镜聚焦太阳光来生火,并使用太阳光来干燥农副产品;希腊数学家狄奥克勒斯也提出了采用抛物面镜聚光产生热量的方法。直至现代,太阳能资源的利用已经十分广泛,主要分为光热转换、光电转换和光化学转换三种。其中,光电转换是利用光电转化器件（如太阳能电池）将太阳能转换为电能。

关于光伏发电的研究最早可追溯到1839年,19岁的法国物理学家Edmond Becquerel首先发现了光照半导体材料产生电位差的现象,命名为"光生伏特效应",简称"光伏效应";1883年,Charles Fritts制造了第一块固态太阳能电池,随后各国科学家不懈努力,推进着光生伏特技术的飞速发展;1954年,Daryl Chapin、Calvin Souther Fuller和Gerald Pearson在美国Bell实验室首次制成了具有实用性的单晶硅太阳能电池,诞生了将太阳光能转换为电能的实用光伏发电技术。现如今,已经发展了围绕太阳能电池为核心的产业链——光伏发电产业,包括以硅材料为代表的原材料制备、太阳能电池及组件生产、逆变器、控制器等设备的制造等。

1.4 世界各国对光伏产业的政策

人们长期以来依赖于石油、天然气、煤炭等传统化石能源,但地球上这些资源的储量有限,并日益匮乏,同时化石燃料的消耗所产生的温室效应、酸雨、雾霾等恶劣极端天气严重危及着人类的生存环境及身体健康;2011年爆发的日本福岛核电站泄漏事件引起人们对能源安全性的高度重视。基于上述原因,各国不约而同地将目光集中到太阳能发电技术的研究和应用上,开始大力推行能源政策以促使太阳能光伏产业健康、迅速地发展。

1978年,美国政府以法律形式硬性要求建筑必须与节能相结合,并对购买太阳能系统的买主实行减免税等优惠政策;1992年,建立了光伏发电项目的研究开发国家队,致力于太阳电池的研发与应用;1997年,提出"克林顿总统百万太阳能屋顶计划",计划在2010年之前在100万座建筑物上安装太阳能系统,以太阳能光伏发电系统和太阳能热利用系统为主;美国科学家提出向太空发射带有能量收集装置的卫星,利用天线把电能以微波的形式传回地面,从而提供"廉价、清洁、安全、可靠、可持续"的新能源。

1990年,德国提出了"2000个光伏屋顶计划",每个家庭的屋顶安装3~5kWp光伏电池;1998年10月,德国政府提出"十万屋顶计划"。依据政府规定,太阳能电站在公共电网中每发1千瓦时电,政府补贴0.574欧分;2007年,德国太阳能发电已占整个发电行业的14.2%,至2010年底,德国光伏发电装机容量已达到1719.3万千瓦。

1997年,日本制定"新阳光计划",其中太阳能的研究开发项目包含工业太阳能系统、太阳房、太阳热发电、太阳电池生产系统、分散型和大型光伏发电系统等;2011年,受到核电站泄漏的影响,日本大幅调低了核能开发比例,并提高了太阳能光伏的发展预期,同时开始着手建立太阳光预报系统,以此为光伏发电全面推广奠定基础;日本政府耗资数百亿美元实施空间太阳能系统计划,目的在于收集太阳能供地球使用。

作为发展中国家,飞速发展的经济导致我国对能源的依赖程度达到了前所未有的程度,同时对煤、天然气等化石能源的开采也近乎疯狂,急迫地需要发展太阳能作为替代能源以保持经济的高速增长。1983~1987年,我国先后从美国、加拿大等国引进77条太阳电池生产线,并制定了一系列支持可再生能源产业发展的政策;2009年3月,由财政部、住房和城乡建设部联合印发了《关于加快推进太阳能光电建筑应用的实施意见》，我国政府正式全面注资推动光伏发电产业的应用及发展；同年还发布了《关于实施金太阳示范工程的通知》，决定综合采取财政补助、科技支持和市场拉动方式，加快中国光伏发电的产业化和规模化发展。图1.2显示了从2005年到2015年十年期间全球光伏器件装机总量情况。由图1.2可以明显看出，中国的光伏产业发展势头最为强劲，仅2015年一年的装机总量就达45GWp，当之无愧地成为全球光伏发电装机容量最大的国家。

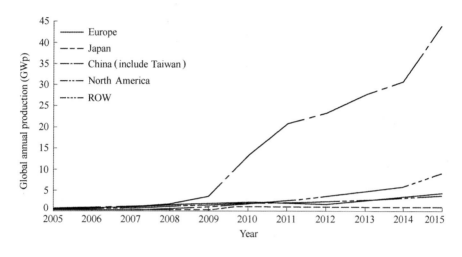

图1.2　2005~2015年间全球光伏器件装机总量[9]

1.5　光伏产业面临的问题与未来发展的方向

飞速发展的中国光伏产业受到了世界的瞩目，而要实现由量到质的转变，我国光伏产业仍然面临诸多问题需要解决[10-12]：

（1）原材料产量剧增，但仍依赖进口。以硅材料为主的太阳能电池占据光伏器件市场主体，如图1.3显示了硅原材料年产量图（来自多种渠道搜集的数据）。由图可以看出，从2005年到2015年的十年间，国内多晶硅产量已从每年数百吨发展达到了如今的16.9万吨，但受有效产能影响，每年仍需要50%以上的进口量。

（2）市场在外。国内光伏产业快速发展是靠国外快速发展的市场所拉动，95%以上产品出口，快速发展的光伏产业和迟缓发展的光伏市场之间出现严重失衡和不协调。

（3）缺乏自主创新能力。我国光伏产业起步较晚，目前光伏产业主要集中在低水平的加工领域，重要设备和原材料都来自海外。这就导致中国太阳能电池的生产工艺和设备更新速度无法为光伏产业的快速发展提供保障。

（4）光伏产业的产品质量参差不齐。受制备工艺和冶金硅料质量等因素影

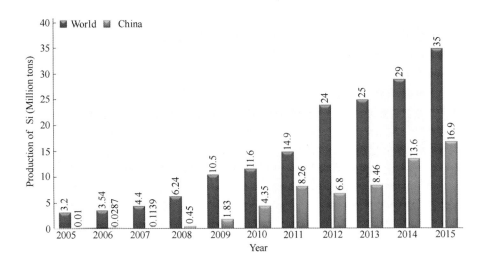

图 1.3　世界和中国的多晶硅年产量图

响,各公司生产硅材料的产品质量尚不稳定。虽然国内在太阳能电池配套材料上已经开展了一系列的初步研究,但大多是对进口产品的仿制,造成产品的档次普遍较低。这不利于光伏产业的长远、健康发展。

(5) 光伏发电转换效率较低。太阳能光伏发电的转换效率主要是指通过太阳能电池组件,将太阳能转换为电能的比率。目前,这一比率要远低于其他发电方式。受限于较低的光伏发电转换效率,导致光伏发电的发电功率密度非常低,很难形成很高功率的发电系统。

为了从根本上解决光伏产业面临的难题,促进光伏产业的可持续发展和国家能源结构调整,目前国际上已经形成开发低成本、低能耗的太阳能级多晶硅生产新工艺技术的热潮,并趋向于把生产低纯度的太阳能级多晶硅工艺和生产高纯度电子级多晶硅工艺区分开来,其目的主要在于降低硅材料的生产成本[10]。我国在《国家中长期科学和技术发展规划纲要(2006—2020 年)》中将"多晶硅材料产业关键技术开发"列入国家科技支撑计划重点项目[13],重点研发具有自主知识产权的高效、节能的太阳能级硅材料的清洁生产新技术,以此为光伏产业的可持续发展和国家能源结构调整提供必要的技术支撑和财力支持。

参 考 文 献

[1] 佐藤胜昭. 金色的能量:太阳能电池大揭秘[M]. 北京:科学出版社,2012.
[2] 沈义. 我国太阳能的空间分布及地区开发利用综合潜力评价[D]. 兰州:兰州大学,2014.

[3] http://www. irena. org/News/Description. aspx? NType = A&mnu = cat&PriMenuID = 16&CatID = 84&News_ID = 1452.

[4] 2009, German Advisory Council on Global Change.

[5] 闫云飞,张智恩,张力,等. 太阳能利用技术及其应用[J]. 太阳能学报,2012,33:47-56.

[6] 王峥,任毅. 我国太阳能资源的利用现状与产业发展[J]. 资源与产业,2010,12(2):89-92.

[7] 王炳忠. 中国太阳能资源利用区划[J]. 太阳能学报,1983,4(3):221-228.

[8] Li Ke, He Fanneng. Analysis on mainland China's solar energy distribution and potential to utilize solar energy as an alternative energy source[J]. Progress in Geography, 2009, 29(9):1049-1054.

[9] Zamel, Nada. Fraunhofer Institute for Solar Energy Systems ISE[R]. Photovoltaics Report. 2016.

[10] 姚敏,刘强辉,刘彦昌,等. 多晶硅制备方法及太阳能电池发展现状[J]. 宁夏工程技术,2009,8(2):182-185.

[11] 朱丹. 我国晶硅电池产能过剩的实证研究[D]. 大连:东北财经大学,2012.

[12] 宋琪. 中国多晶硅光伏产业比较优势及国际竞争优势研究[D]. 北京:北方工业大学,2015.

[13] 国家中长期科学和技术发展规划纲要(2006—2020). http://www. chinaacc. com/new/63/73/157/2006/9/wa0242691903960022736-0. htm.

2 太阳能电池的种类

随着光伏技术的不断革新，多种多样的太阳能电池不断涌现。根据基础原材料不同，太阳能电池可分为硅太阳能电池、多元化合物薄膜太阳能电池、纳米晶太阳能电池等，各电池的转换效率总结至图 2.1 中。其中，以硅太阳能电池的生产制备技术最为成熟，市场占有率约为 91%，占据主导地位（见图 2.2）。

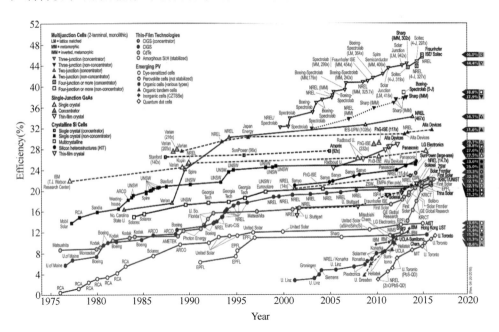

图 2.1 各种太阳能电池的转换效率[1]

下面将对这些不同种类的电池分别进行介绍。

2.1 硅太阳能电池

依据原材料物相结构不同，硅太阳能电池分为单晶硅太阳能电池、多晶硅太阳能电池和非晶硅薄膜太阳能电池三种。

2.1.1 单晶硅太阳能电池

单晶硅太阳能电池是以高纯单晶硅棒为原料制备的太阳能电池，是硅系列太

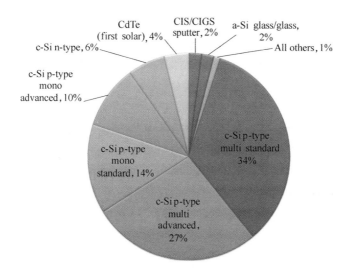

图 2.2 2014 年生产不同种类太阳能电池市场占有率关系图[2]

阳能电池中转换效率最高、技术最成熟、应用最广泛的产品,它多用于光照时间短、光照强度小、劳动力成本高的区域,如航空航天领域等[3]。

单晶硅材料制备的工艺流程一般为:硅矿石→冶金级硅→提纯多晶硅→拉制单晶硅→硅片切割、加工,在电池制作中,一般都采用表面织构化、发射区钝化、分区掺杂等技术,开发的电池主要有平面单晶硅电池和刻槽埋栅电极单晶硅电池。

单晶硅太阳能电池的光电转换效率主要取决于单晶硅表面微结构处理和分区掺杂工艺[4]。1999 年澳大利亚新南威尔士大学获得了高品质的 PERL(发射钝化,局部扩散背电极)单晶硅太阳能电池,其平均转换效率为 24.5%,组件转化效率为 22.7%,其结构如图 2.3 所示。此外,德国费莱堡太阳能研究所制得的单晶硅太阳能电池的转换效率超过 23%,BP Solar 公司采用 UNSW 开发的激光刻

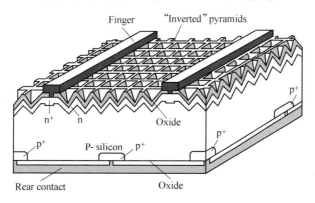

图 2.3 新南威尔士大学开发的 PERL 电池结构

槽埋栅技术生产出平均效率达到17%的太阳能电池[5]，北京太阳能研究所研制出尺寸为2cm×2cm的平面高效单晶硅电池，其转换效率达到19.79%，尺寸为5cm×5cm的刻槽埋栅电极晶体硅电池，其转换效率达到8.6%。

在硅系列太阳能电池中，单晶硅太阳能电池的转换效率最高，但对硅的纯度、工艺复杂程度要求都比较高，造成了较高的生产成本，限制了其应用。

2.1.2 铸造多晶硅太阳能电池[6,7]

铸造多晶硅太阳能电池采用废次、低等级的单晶硅料和或专门为太阳能电池生产的多晶硅材料（即太阳能级多晶硅）作为原料，通过铸造法获得相当于单晶硅铸锭尺寸10倍的多晶硅铸锭，随后再通过线切割等手段获得多晶硅片，制备得到多晶硅太阳能电池。与单晶硅太阳能电池相比，多晶硅太阳能电池因受材料中杂质和晶界的影响，转换效率较低，但因其低廉合理的价格而成为太阳能电池的主要产品之一。

近年来，随着多晶硅原料制备和铸造技术的不断提升，多晶硅太阳能电池的性能发生着飞跃地变化。2009年8月，中国尚德公司宣布其制备的多晶硅组件转换效率达到15.6%，并于次月将转换效率提高到了16.53%；2009年底，挪威REC公司与荷兰能源研究中心（ECN）制造出世界第一块转换效率为17%的多晶硅太阳能板，突破了尚德公司原有的产品纪录。2015年底，天合光能光伏科学与技术国家重点实验室自主研发出转换效率高达21.25%的多晶硅太阳能电池，刷新了新的世界纪录。

2.1.3 多晶硅薄膜太阳能电池

线切割制备多晶硅片过程会造成严重的硅料损失，为了进一步节省成本，人们开始采用液相外延生长法（LPE）、区熔再结晶法（ZMR）、等离子喷涂法（PSM）、化学气相沉积法（CVD）等技术在廉价衬底上沉积多晶硅薄膜（厚度约为5~150μm），获得多晶硅薄膜太阳能电池。它对长波段具有高光敏性，能有效吸收可见光，并且光照稳定性强，是目前公认的高效率、低能耗的理想材料，成为近年来的研究热点[8]。

日本Kaneka公司应用等离子体增强化学气相沉积法（PECVD）在玻璃衬底上制备出总厚度约为2μm的多晶硅薄膜太阳能电池，其光电转换效率达到12%；日本京工陶瓷公司研制出转换效率为17%、面积为15cm×15cm的光电池[9]；北京太阳能研究所自1996年起开展多晶硅薄膜太阳能电池的研究，并在重掺单晶硅衬底上获得转换效率为13.6%的太阳能电池。

2.1.4 非晶硅薄膜太阳能电池[7,10]

非晶硅薄膜太阳能电池具有吸光率高、质量轻、低成本、耐高温等优点，利于以低成本、大面积、连续化方式生产非晶硅电池。但非晶硅薄膜太阳能电池的光电转换效率较低、且会随时间而衰减,即产生光致衰退 S-W 效应,造成电池性能不稳定。

非晶硅薄膜太阳能电池的制备方法包含反应溅射法、等离子体增强化学气相沉积法（PECVD）、低压化学气相沉积法（LPCVD）等,其反应原料通常为 SiH_4、Si_2H_6、SiF_4 等气体,衬底多为玻璃或不锈钢片等。

1976 年,美国 RCA 实验室制备得到世界上第一块非晶硅薄膜太阳能电池,由此拉开薄膜光伏技术的序幕；西班牙巴塞罗那大学 Villar 等采用热丝化学气相沉积法（HWCVD）在低于 423K 温度下制备得到非晶硅薄膜电池,其光电转换效率为 4.6%[11]；日本三菱重工公司（MHI）成功制备得到世界上面积最大的高效非晶硅薄膜太阳能电池,尺寸为 1.4m×1.1m,转换效率达到 8%。

2.2 化合物薄膜太阳能电池

化合物半导体材料多为直接带隙,禁带宽度大,采用化合物制备的薄膜太阳能电池具有光吸收系数大、抗辐射性能良好、温度系数小等优点。化合物类薄膜太阳能电池主要包括碲化镉、铜铟硒以及砷化镓三种薄膜太阳能电池[12]。

2.2.1 碲化镉（CdTe）薄膜太阳能电池[13]

CdTe 薄膜太阳能电池的常见结构如图 2.4 所示。它是在玻璃或其他柔性材料上依次沉积多层薄膜而成的。其中,玻璃衬底主要起电池支架、防止污染和太阳光入射窗口等作用；TCO 层主要起透光和导电作用；CdS 窗口层和 CdTe 吸收

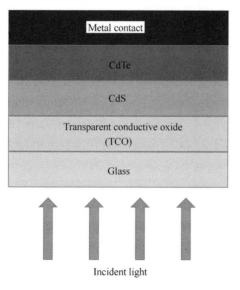

图 2.4 CdTe 薄膜太阳能电池结构示意图

层构成 PN 结，是整个电池的核心部分；背接触层和背电极可降低 CdTe 和金属电极之间的接触势垒，引出电流，使金属电极与 CdTe 之间形成欧姆接触。CdTe 薄膜太阳能电池具有成本低、转换效率高、性能稳定的优势，是技术上发展较快的一种薄膜太阳能电池。但是构成该电池的 Te 和 Cd 都属于有毒元素，其制备过程和使用阶段都应注意环保问题。

CdTe 薄膜太阳能电池的制备方法主要有丝网印刷烧结法、近空间升华法（CSS）、真空蒸发法、电沉积法、溅射法等。

1982 年，Kodak 公司制造出第一个 CdTe 薄膜太阳能电池，其转换效率超过 10%；2013 年，美国 GE 公司采用近空间升华法制备出转换效率高达 19.6% 的 CdTe 太阳能电池[14]；2014 年，美国 First Solar 公司采用蒸汽输运沉积法制备出转换效率为 21% 的 CdTe 太阳能电池，其组件电池的效率达到 17.5%[15]。

2.2.2 铜铟硒（CIS）薄膜太阳能电池

铜铟硒薄膜太阳能电池不存在光致衰退问题，寿命可达 30 年之久，可以作为高转换效率的薄膜太阳能电池，同时兼具低成本、性能稳定、抗辐射能力强等优点。其制备方法主要有真空蒸发法和硒化法。

20 世纪 70 年代，波音公司采用真空蒸发法制备得到转换效率为 9% 的 CIS 薄膜太阳能电池；在国内包含清华大学、中国科学技术大学等科研院所也相继开展了 CIS 薄膜材料太阳能电池的相关研究工作，2003 年，南开大学通过蒸发硒化法制备得到转换效率为 12.1% 的 CIS 薄膜太阳能电池。

2.2.3 砷化镓（GaAs）薄膜太阳能电池[9,10,16]

砷化镓薄膜太阳能电池具有抗辐照能力强、对热不敏感、转换效率高等优点，适用于制造高效率薄膜太阳能电池。但 GaAs 材料的价格较高，限制了其普及应用。其制备技术主要有金属有机化学气相沉积、液相外延、晶体生长法等。

1954 年，GaAs 被发现具有光生伏特效应，随后于 1974 年报道该材料薄膜电池效率的理论值可达到 22%~25%；20 世纪 80 年代中后期，美国 ASEC 公司采用 MOVPE 技术制备 GaAs/GaAs 太阳能电池；1998 年德国费莱堡太阳能系统研究所制得转换效率为 24.2% 的 GaAs 薄膜太阳能电池，该效率创下了当时的欧洲记录；2011 年，美国国家可再生能源实验室（NREL）实现了 GaAs 薄膜太阳能电池 28.3% 的光电转换效率。

2.3 敏化纳米晶太阳能电池

TiO_2 是一种非常重要的半导体材料，其价格低廉、无毒，并且性质极为稳定，该材料同时具有合适的禁带宽度（3.2eV），是制备染敏纳米晶太阳能电池的理想材料。图2.5为敏化纳米晶太阳能电池的结构示意图,包含导电基底、染料、介孔氧化物薄膜、电解质和对电极,其中介孔氧化物薄膜为TiO_2,此外还有ZnO、SnO_2、WO_3、Nb_2O_5等二元氧化物。

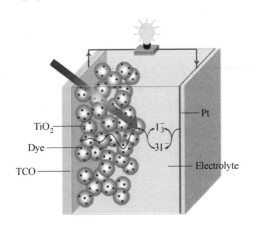

图2.5 染料敏化太阳能电池结构示意图[17]

1991年,瑞士洛桑联邦高等工业学院Grätzel教授首次将多孔纳米晶TiO_2薄膜应用至染料敏化太阳能电池,获得其光电转换效率为7.1%[18],又于2005年获得了模拟太阳光下11%的光电转换效率[19];Konno等采用SnO_2和MgO的混合材料制备得到转换效率为8%的太阳能电池,可以与TiO_2材料电池相匹配[20]。

参 考 文 献

[1] https://en.wikipedia.org/wiki/Photovoltaics.
[2] NPD Solarbuzz PV Equipment Quarterly. 2014.
[3] Bruton T. General trends about photovoltaics based on crystalline silicon[J]. Solar Energy Materials and Solar Cells, 2002, 72(1):3-10.
[4] 邓志杰. 硅单晶材料发展动态[J]. 稀有金属, 2000, 24(5):369-372.
[5] 成志秀, 工晓丽. 太阳能光伏电池综述[J]. 信息记录材料, 2007, 8(2):41-47.
[6] 佐藤胜昭. 金色的能量:太阳能电池大揭秘[M]. 北京:科学出版社, 2012.
[7] 李怀辉, 等. 硅半导体太阳能电池进展[J]. 材料导报, 2011, 25(19):49-53.
[8] 秦桂红, 严彪, 唐人剑. 多晶硅薄膜太阳能电池的研制及发展趋势[J]. 上海有色金属, 2004, 25(1):38-42.
[9] 章诗, 等. 薄膜太阳能电池的研究进展[J]. 材料导报, 2010, 24(9):126-131.
[10] 张秀清, 李艳红, 张超. 太阳能电池研究进展[J]. 中国材料进展, 2014(7):436-441.
[11] Villar F, et al. Amorphous silicon thin film solar cells deposited entirely by hot-wire chemical vapour deposition at low temperature (<150℃)[J]. Thin Solid Films, 2009, 517(12):

3575-3577.

[12] 林秀瑶. 薄膜太阳能电池研究进展[J]. 电力电子, 2016, 3: 254.

[13] 蒋文波. 化合物半导体薄膜太阳能电池研究现状及进展[J]. 西华大学学报: 自然科学版, 2015, 34(3):60-66.

[14] Green M A, Emery. K, Hishikawa Y, et al. Solar cell efficiency tables (version 42) [J]. Progress in Photovoltaics: Research and Applications, 2013, 21(5):827-837.

[15] Green M A, Emery. K, Hishikawa Y, et al. Solar cell efficiency tables (version 45) [J]. Progress in Photovoltaics: Research and Applications, 2015, 23(1):1-9.

[16] 陈颉, 陈庭金. 砷化镓太阳电池的研究与展望[J]. 云南师范大学学报: 自然科学版, 1989, 9(3):52-57.

[17] Yang X, Yanagida M, Han L. Reliable evaluation of dye-sensitized solar cells[J]. Energy & Environmental Science, 2012, 6(1):54-66.

[18] O'Regan B, Grätzel M. A low-cost, high-efficiency solar cell based on dye-sensitized colloidal TiO_2 films[J]. Nature, 1991, 353(6346): 737-740.

[19] Grätzel M. Solar energy conversion by dye-sensitized photovoltaic cells[J]. Inorganic Chemistry, 2005, 44(20): 6841-6851.

[20] Tennakone K, Bandara J, Konno A. Enhanced efficiency of a dye-sensitized solar cell made from MgO-coated nanocrystalline SnO_2 [J]. Japanese Journal of Applied Physics, 2001, 40(40):L732-L734.

3 硅的简介和制备方法

3.1 硅太阳能电池的发展历史

依据第 2 章所述，不同材料制备的太阳能电池各具优势，适合于不同环境及目的，但依据电池制备工艺技术的成熟程度和制造成本来看，这些太阳能电池在短时间内还不能与常规的硅太阳能电池相提并论。针对硅太阳能电池的研究最早始于 20 世纪初。

1918 年，波兰科学家 Czochralski 提出采用提拉法生长单晶硅（CZ 工艺）[1]。

1925 年，开始采用坩埚移动法制备单晶硅。

1940 年，Bell 实验室 Ohl 偶然制备得到一块含有裂缝的"特殊"硅样品，发现将该样品放置在阳光下时有电流通过，而这一裂缝是由于样品内部杂质分布不均造成的，裂缝一侧由施主杂质掺杂，另一侧由受主杂质掺杂，即 PN 结[2]。

1948 年，Ohl 将硅太阳能电池申请了专利，其转换效率仅为 1%[3]。

1954 年，Bell 实验室的 Daryl Chapin、Calvin Souther Fuller 和 Gerald Pearson 三位科学家制备得到了第一块实用型单晶硅电池，转换效率为 4.5%，几个月后将转换效率提升至 6%。据《纽约时报》预测，太阳能电池的出现将会为人类带来无尽的能源。

1956 年，P. Pappaport、J. J. Loferski 和 E. G. Linder 发表《锗和硅 PN 结电子电流效应》的文章[4]。

1957 年，Hoffman 电子制备得到转换效率为 8% 的单晶硅太阳能电池。

1958 年，美国信号部队的 T. Mandelkorn 制成 N/P 型单晶硅光伏电池，该电池抗辐射能力强，这对于太空电池很重要；同年，Hoffman 制备得到转换效率为 9% 的单晶硅太阳能电池；中国研制出了首块单晶硅。

1960 年，Hoffman 电子制备得到转换效率为 14% 的单晶硅太阳能电池。

1963 年，Sharp 公司成功生产硅太阳能电池组件，并将器件安装在浮标上放置于日本东京横滨湾，这成为世界上第一个由太阳能供电的浮标。

1974 年，Fischer 和 Pschunder 首次提出 P 型掺硼单晶硅在太阳光直照作用下会发生"光衰减效应"[5]，为提高硅太阳能电池的光电转换效率提供理论依据；Tyco 实验室生长得到第一块 EFG 晶体硅带，宽为 25mm，长为 457mm。

1975 年，Wacker 提出采用浇铸法制备多晶硅，这种方法取代了传统 CZ 技术[6]，相比之下具有产量大、成本低等优点。

1976年，RCA实验室的Carlson和Wronski使用氢化硅（α-Si：H）制作出世界上第一块非晶硅薄膜太阳能电池，虽然该类电池在当时的光电转换效率仅为1.1%[3]，但这种具有低成本、制备简单等优点的材料开始受到人们的关注；Fischer和Pschunder开始使用多晶硅片制备太阳能电池[7]，并将目标对准陆地用太阳能电池市场。

1979年，中国开始利用半导体工业废次硅材料生产单晶硅太阳能电池。

1980年，日本三洋电气公司利用非晶硅电池率先制成手持式袖珍计算器。

1981年，日本三洋电气公司实现了非晶硅工业化生产，当年的非晶硅电池年销售量占到世界光伏销量的40%。

1984年，面积为929cm^2的商品化非晶硅太阳能电池组件问世。

1985年，新南威尔士大学建立了第一个光伏可再生能源研究团队，Green等创造出钝化发射极硅太阳能电池（Passivated Emitter Solar Cell，PESC cell），这是光电转换效率首次突破20%的硅太阳能电池。

1996年，北京太阳能研究所开展多晶硅薄膜太阳能电池的研究。

1998年，世界太阳能电池年产量超过151.7MW；多晶硅太阳能电池产量首次超过单晶硅太阳能电池；多晶硅太阳能电池市场占有率约为30%，并呈上升趋势。降低硅片厚度成为研究的热点问题，科学家也开始尝试切割更薄的硅片，进而发展了硅片的线切割技术；中国政府开始关注太阳能发电，拟建第一套3MW多晶硅电池及应用系统示范项目。

1999年，哈佛大学教授Eric Mazur等发现了黑硅材料，它是一种表面呈现纳米结构，对入射光在较宽波段范围均有极高吸收率的一种硅材料。由于黑硅材料对可见光吸收率可以达到95%以上，因此其表面反射率极低，导致该样品在肉眼下呈现黑色，故称之为黑硅。

2000年，Ebara Solar公司开始研究枝网带硅生长技术（Dendritic Web Growth，DWG），并进行小规模生产。带状多晶硅制造技术最早始于1974年，还包含边缘限制薄膜带硅技术（Edge Defined Film-fed Growth，EFG）、线牵引带硅生长技术（String Ribbon Growth，SRG）、工艺粉末带硅生长技术（Silicon Sheet of Powder，SSP）等多种，这种技术不仅可以有效避免线锯切片过程中的硅料损耗，还可以有效降低硅料成本；在中国，以双结非晶硅薄膜太阳能电池为重点的硅基薄膜太阳能电池被列入国家重点基础研究发展技术"973"项目。

2003年，Green提出了第三代太阳能电池概念[8]，包含叠层太阳能电池、多载流子激发太阳能电池，热光伏技术和多带隙太阳能电池，它需要兼具薄膜化、转换效率高、原料丰富且无毒的特点；德国Fraunhofer ISE的LFC晶体硅太阳能电池效率达到20%。

2004年，德国Fraunhofer ISE多晶硅太阳能电池效率达到20.3%；非晶硅太阳能电池占市场份额4.4%，降为1999年的1/3；2004年，中国洛阳单晶硅厂与中国有色设计总院共同组建的中硅高科，自主研发出了12对棒节能型多晶硅还原炉，以此为基础，于次年投产建成国内第一个300吨多晶硅生产项目，从而拉开了中国多晶硅大发展的序幕。

2005年，清华大学朱静课题组在国内率先开展黑硅电池的制备和研究工作，并利用金属离子辅助刻蚀（MAE）法在单晶硅和多晶硅衬底上制备出了纳米线阵列黑硅，并将其应用于光伏器件；德国Juelich光伏研究所（IPV）制备出转换效率为10.3%的单结微晶硅太阳能电池。

2006年韩国成均馆大学Yoo研究组利用反应离子刻蚀（RIE）系统制备出具有锥状纳米结构的黑硅电池，单晶和多晶黑硅电池效率分别达到11.7%和10.2%。并于2009年，将黑硅样品进行损伤层刻蚀处理，使得单晶黑硅电池效率提升至15.1%。

2007年，非晶硅薄膜太阳能电池占据市场份额的4%；多晶硅太阳能电池占据市场份额的50%以上[9]。

2009年，中国尚德公司制备转换效率为15.6%的多晶硅组件；同年底，挪威REC公司与荷兰能源研究中心（ECN）制造出转换效率为17%的多晶硅太阳能板。

2012年，美国可再生能源实验室的Hao-Chih Yuan利用抑制发射极载流子复合，使未进行任何沉积减反射膜黑硅电池的效率突破18.2%。

3.2 硅的基本概念

硅（Si）占地球表层总质量的25.7%，仅次于含量为49.5%的氧元素，处于第二位。硅以硅酸盐或二氧化硅形式广泛存在于岩石、砂砾和尘土之中。正是由于硅极为丰富的储量使其一直广泛应用于半导体、电子等领域。

硅位于元素周期表第三周期Ⅳ主族，原子序数14，相对原子质量28.0855。硅原子的电子结构为$1s^22s^22p^63s^23p^2$，在原子核最外层轨道上分布着4个电子，硅与硅或其他原子结合时会形成2价或稳定的4价。

依据原子排列方式，硅具有单晶硅、多晶硅和非晶硅三种形态，结构示意图如图3.1所示。如图3.1(a)，单晶硅是指硅原子排列具有周期性且方向一致的晶体。常压下，单晶硅具有正四面体晶体学特征，即金刚石型结构，如图3.2所示。硅晶体的晶格常数$a=0.5430\text{nm}$，相邻原子的间距$\sqrt{3}a/4=0.235\text{nm}$，原子密度$5\times10^{22}$个/$\text{cm}^3$。如图3.1(b)，多晶硅是由多个单晶硅颗粒以任意方式聚集形成的集合体，各个晶粒呈现不同的晶面取向，并通过界面连接。如图3.1(c)，

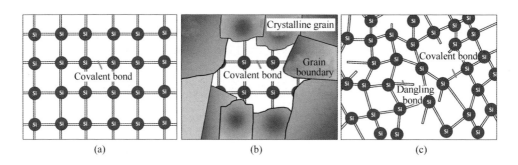

图 3.1 硅的三种形态
（a）单晶硅；（b）多晶硅；（c）非晶硅

非晶硅不具有完整的金刚石晶胞结构，内部存在许多悬挂键（即没有和周围的硅原子成键的电子）、空位等缺陷，显示出一种"长程无序"而"短程有序"的连续无规则网络结构，具有不稳定的结构特性。

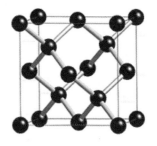

硅的熔点为1687K、沸点为3638K。硅具有热缩冷胀的特殊性质，固相硅熔化后会发生体积收缩的现象，室温下固态硅的密度为2.33g/cm^3，高温熔点下液态硅的密度为2.57g/cm^3。硅质硬，莫氏硬度为

图 3.2 硅金刚石晶体结构

7，但硅脆性大，受力易破碎。硅为脆性材料，在室温下无延伸性，其抗压应力远远大于剪切应力，但当硅加热至823K时，硅就会由脆性材料转变为塑性材料，若在外加应力的作用下则会发生滑移位错，从而形成塑性形变。

硅是一种优良的半导体材料，是电子工业的重要材料。硅的电阻率在10^{-5}～$10^{10}\Omega \cdot cm$范围内，导电能力介于导体和绝缘体之间。特别注意的是，硅对杂质、光、热、电等外界因素的影响十分敏感。例如，当硅为高纯度、无缺陷存在的晶体时，即本征半导体（Intrinsic Semiconductor），其导电性很差，电阻率在$10^6\Omega \cdot cm$以上。向其中掺入可控的微量电活性杂质可以有效改善硅材料的电阻率：当掺入五价的施主杂质（磷、砷、锑等）时，会为硅提供电子，使得硅以电子导电为主，成为N型硅（N：Negative），如图3.3（a）所示；而掺入三价的受主杂质（硼、铝、镓等）时，会为硅提供空穴，使得硅以空穴导电为主，成为P型硅（P：Positive），如图3.3（b）所示。进一步，将N型硅与P型硅制作在同一块硅基片上时，它们的交界面处就会形成空间电荷区，称为PN结（PN junction）。PN结具有单向导电性，这是制备半导体二极管、双极性晶体管等器件电子技术的物质基础。当具有PN结的硅半导体受到光照辐射，则会在内部产生电流，实现光能到电能之间转换，例如常见的硅太阳能电池。

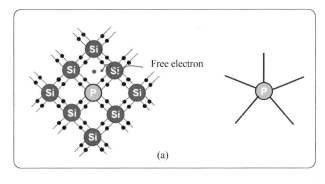

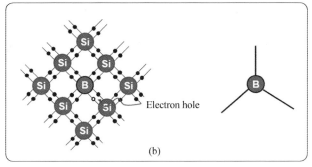

图 3.3　N 型掺磷硅半导体晶体（a）和 P 型掺硼硅半导体晶体（b）的原子结构示意图

(a) P 原子最外层有 5 个自由电子，其中 4 个会与周围的 4 个硅原子以共价键性质结合，剩余 1 个电子处于自由状态，即自由电子，带负电；(b) B 原子最外层有 3 个自由电子，当周围有 4 个硅原子时，其中 3 个自由电子会与周围硅以共价键形式结合，但剩余一个硅原子缺少电子，即空穴，带正电

3.3　硅的制备方法

依据硅纯度以及工业用途，可以将硅材料划分为三类：冶金硅（MG-Si，99% 纯度）、太阳能级硅（SOG-Si，99.9999%～99.99999% 纯度）和电子级硅（SEG-Si，99.999999999%～99.9999999999% 纯度）。其中，SOG-Si 和 SEG-Si 纯度较高，可用于制备硅太阳能电池，而 MG-Si 储量丰富、价格低廉，成为制备 SOG-Si 和 SEG-Si 的最佳原料。下面将对这三种不同纯度硅材料的制备方法进行介绍。

3.3.1　冶金硅的制备方法

冶金硅又称为工业硅、粗硅、金属硅。通常采用纯度较高的石英砂（SiO_2，99%）与焦炭或木炭在电弧炉（图 3.4）中反应得到，温度约为 2273K，反应方程式如下：

$$SiO_2 + 2C \longrightarrow Si + 2CO \tag{3.1}$$

或

$$SiO_2 + 3C \longrightarrow SiC + 2CO \tag{3.2}$$

$$2SiC + SiO_2 \longrightarrow 3Si + 2CO$$

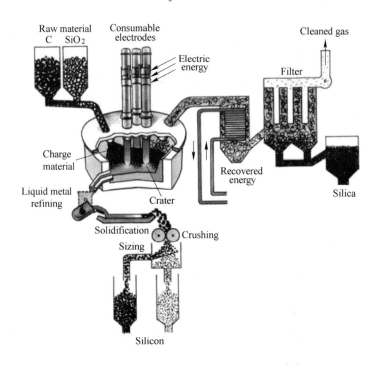

图 3.4　生产冶金级硅的电弧炉的断面图[10]

由于高温反应过程中原料、炉内耐火材料中的杂质会进入硅熔体，因此，冶金硅的纯度较低，为 98%~99.5%，主要含有 Al、Fe、Ca、B、P 等杂质，杂质含量如表 3.1 所示。这些杂质部分发生偏析，在硅晶界处以二元、三元或多元夹杂物形式存在（图 3.5），部分固溶至硅晶体内。由于冶金硅的纯度较低，还需要进一步通过化学或物理反应降低冶金硅中杂质的含量，以满足半导体工业的需求。冶金硅价格低廉，制备工艺简单，成为制备太阳能级硅和电子级硅的最佳原料。

表 3.1　冶金级硅和太阳能级硅的纯度

杂质	杂质含量（ppmw）			杂质	杂质含量（ppmw）		
	冶金级硅		太阳能级硅		冶金级硅		太阳能级硅
	98%~99%	99.5%			98%~99%	99.5%	
Al	1000~4000	50~600	<0.1	V	50~250	<10	≪1
Fe	1500~6000	100~1200	<0.1	Zr	20~40	<10	≪1
Ca	250~2200	100~300	<1	Cu	20~40	<10	<1

续表 3.1

杂质	杂质含量（ppmw）		太阳能级硅	杂质	杂质含量（ppmw）		太阳能级硅
	冶金级硅				冶金级硅		
	98%~99%	99.5%			98%~99%	99.5%	
Mg	100~400	50~70	<1	B	10~50	10~15	0.1~1.5
Mn	100~400	50~100	≪1	P	20~40	10~20	0.1~1
Cr	30~300	20~50	≪1	C	1000~3000	50~100	0.5~5
Ti	30~300	10~50	≪1				

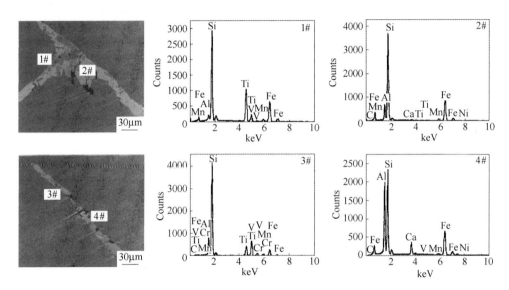

图 3.5 冶金硅中杂质相的显微图像和对应能谱结果[11]

3.3.2 太阳能级硅的制备方法

太阳能级硅是一种纯度较高、适用于制备太阳能电池的经济型硅材料，含有的特征杂质含量列于表 3.1 中。

目前，生产太阳能级多晶硅的工艺可分为化学法和冶金法两大类，总结至图 3.6 中。冶金法和化学法本质区别在于在生产过程中硅是否发生化学反应，冶金法生产多晶硅过程中硅元素不发生价态上的变化，而化学法生产多晶硅过程中硅元素会发生价态上的变化。化学法包括改良西门子法[12,13]、硅烷热分解法[14]、流态床反应法[15-17]、高纯 SiO_2 熔盐电解法。世界上生产多晶硅的工厂主要有10家，使用西门子技术的有 7 家。现在改良西门子法、硅烷法和流化床法分别占据国际多晶硅市场份额的 78%、20% 和 1%。西门子法生产的 9 个 9 级别的高纯硅价格每千克 35 美元（2009 年），但用于太阳能的多晶硅只需要 6 个 9 的级别，期望的价格是每千克 15 美元[18]。所以，把高纯硅用来光伏发电时，还必须掺入一定的杂质，这意味着能源的双重浪费。因此，通过先得到的高纯电子用硅来生产太阳能多晶硅的工艺是不可取的。冶金法作为一种低成本可以直接制造太阳能级多晶硅的方法则越来越受到重视。

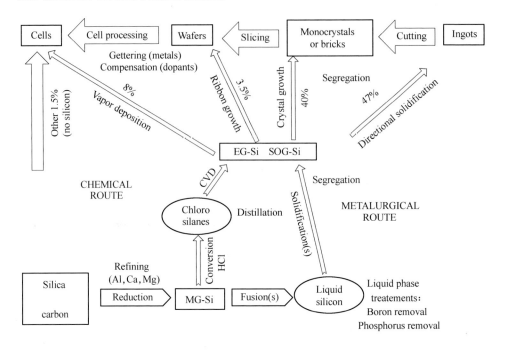

图 3.6　生产太阳能级硅材料的工艺和与杂质有关的现象[23]

冶金法精炼制备太阳能级硅的特点之一在于提纯过程中依靠硅中杂质的物理化学变化降低杂质的含量，而硅纯度提高但其本身并未发生价态上的变化。冶金法主要由湿法冶金、粉末冶金、氧化精炼、定向凝固、真空熔炼、特种场熔炼等技术组合而成。相对于化学法而言，冶金法具有以下优点[19~22]：（1）生产成本低，化学法的总生产成本大约每千克 22~25 欧元，而冶金法大约为每千克 13 欧元；（2）环境友好，不排放 $SiCl_4$ 等有害气体；（3）生产操作比较安全，化学法涉及的硅烷中间产物不但有毒，而且极易发生爆炸；（4）能耗更低，比化学法低 25% 左右。

经过近些年的发展，我国多晶硅产业在工艺技术、产业规模等方面都取得了突破性的进展，同时已经具备了千吨级高纯多晶硅生产的基本条件。但总体来看我国多晶硅产业发展仍处于起步阶段，生产能力和产品质量仍然不能满足我国光伏市场的需求，同时产品质量和价格缺乏市场竞争力，工艺和设备落后，还没有建立起从科研、设计、建设到设备制造的比较完备的产业体系，多晶硅相关测试和试验的技术规范尚不健全。冶金法生产太阳能级高纯多晶硅的理论和工艺基础还没有完全建立。

3.3.3 电子级硅的制备方法

电子级硅纯度高,多用于微电子工业,而等外品及头尾料才用于太阳能电池的制备。

电子级硅材料的传统制备方法为化学气相沉积法(CVD),又称为西门子法,如图 3.7(a)所示。该方法的反应机理为:1373K 温度下,前驱体三氯氢硅(trichlorosilane,TCS,$SiHCl_3$)在氢气作用下发生自身还原反应,在硅芯上沉积制备得到高纯多晶硅,其主要反应方程式如下:

$$2SiHCl_3 \Longrightarrow SiH_2Cl_2 + SiCl_4 \tag{3.3}$$

$$SiH_2Cl_2 \Longrightarrow Si + 2HCl \tag{3.4}$$

$$HCl + SiHCl_3 \Longrightarrow H_2 + SiCl_4 \tag{3.5}$$

$$H_2 + SiHCl_3 \Longrightarrow 3HCl + Si \tag{3.6}$$

目前应用该方法的公司主要有德国的 Wacker、美国的 Asimi、Hemlock 等[24,25]。由于电子级硅较高的价格以及有限的产量限制了其在太阳能电池行业中的大规模使用。此外,该方法还涉及有害原料及产物,造成了生产过程中的安

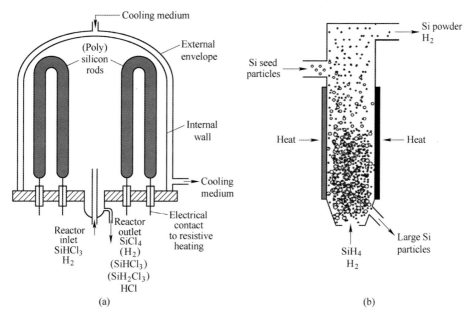

图 3.7 太阳能级硅制备方法示意图
(a) 西门子法[26];(b) 流化床法[27]

全隐患，有悖于新能源安全和环保的生产理念。

美国 Union Carbide Chemicals 还提出了流化床法，该方法又称为硅烷热分解法，其过程简述为：首先使用 $SiCl_4$、H_2 和 Si 作为原料，在流化床设备中制备得到 $SiHCl_3$；再通过多步歧化反应生成产物 SiH_4，将其提纯处理后通入流化床，如图 3.7(b) 所示；最后通过连续热分解后沉积制得高纯粒状或棒状多晶硅产品。该过程的主要反应如下：

$$SiH_4 \Longleftrightarrow Si + 2H_2 \tag{3.7}$$

与西门子方法相比，该方法具有生产温度低（>923K，主要温度1123K）、无需附加冷却装置、成本相对较低等优点。但该方法使用易燃性的有毒气体硅烷，需要进行严格的密封保护，并且流化床反应器内热分解生成的细小硅微粒也给回收造成了一定的难度。以上问题制约了流化床法的大规模生产应用。

参 考 文 献

[1] Czochralski J. A new method for the measurement of the crystallization rate of metals[J]. Zeitschrift für physikalische Chemie, 1918, 92: 219-221.

[2] 萧如珀, 杨信男, 译. 1954 年 4 月 25 日: 贝尔实验室示范了第一个实用的硅太阳能电池[J]. 现代物理知识, 2013, 2: 56-57（译自 APS News, 2009 年 4 月）.

[3] SOR. Light-sensitive electric device including silicon[N]. 1948-06-15.

[4] Rappaport P, Loferski J J, Linder E G. The electron-voltaic effect in germanium and silicon pn junctions[J]. RCA review, 1956, 17.1: 100-128.

[5] Fischer H, Pschunder W. Investigation of photon and thermal induced changes in silicon solar cells[C]. in Proceedings of 10th IEEE Photovoltaic Specialists Conference, 1974: 404.

[6] Authier B H. German patent. 1975.

[7] Fischer H, Pschunder W. Low-cost solar cells based on large-area unconventional silicon[J]. IEEE Transactions on Electron Devices, 1977, 24(4): 438-442.

[8] Green MA. Third generation concepts for photovoltaics[C]. in Photovoltaic Energy Conversion, Proceedings of 3rd World Conference on 2003.

[9] Energy information administration. Annual Energy Review 2016.

[10] Schei A, Tuset J K, Tveit H. Production of High Silicon Alloys, Chap. 12[M]. Tapir Forlag, Trondheim 1998.

[11] 于兰平, 许晓慧, 经立江. 冶金硅中杂质相存在形式研究[J]. 材料导报: 纳米与新材料专辑, 2011(S1): 529-532.

[12] 陈德胜. 如何提高工业硅的产品质量[J]. 轻金属, 2003(5): 1.

[13] 杰克逊 K A. 材料科学与技术丛书: 半导体工艺[M]. 屠海令, 万群, 译. 北京: 科学出版社, 1999.

[14] 李永青. 硅烷法制备多晶硅工艺的探讨[J]. 河南化工, 2010, 19: 28-30.

[15] 张鸣剑,李润源,代红云. 太阳能多晶硅制备新技术研发进展[J]. 新材料产业,2008, 29(6):20-33.

[16] 阳旦棠,王樟茂. 多相流反应工程[M]. 杭州:浙江大学出版社,1996.

[17] 阳永荣,戎顺熙. 湍动流态化的流型与流型过渡[J]. 化学反应工程与工艺,1990,16 (2):63-65.

[18] Nordstrand E F, Tangstad M. Removal of boron from silicon by moist hydrogen gas[J]. Metall Mater Trans B, 2012, 43B(4):814-822.

[19] Koji A, Eichiro O, Hitoshi S. Directional solidification of polycrystalline silicon ingots by successive relaxation of supercooling method[J]. Journal of Crystal Growth, 2007, 308:5.

[20] Rannveig K, Oyvind M, Brigit R. Growth rate and impurity distribution in multicrystalline silicon for solar cells[J]. Materials Science and Enginering:A, 2005, 413:545-549.

[21] Miki T, Morita K, Sano N. Themodynamics of phosphorus in molten silicon[J]. Metallurgical and Materials Transaction B, 1996, 27(12):937.

[22] Rogers I O. Handbook of semiconductor silicon technology[M]. New Jersey:Noyes Pub, 1990.

[23] Delannoy Y. Purification of silicon for photovoltaic applications[J]. Journal of Crystal Growth, 2012, 360:61-67.

[24] 蒋荣华,肖顺珍. 国内外多晶硅发展现状[J]. 半导体技术,2001,2601:7-10.

[25] 龙桂花,吴彬,韩松,等. 太阳能级多晶硅生产技术发展现状及展望[J]. 中国有色金属学报,2008,18(1):386-392.

[26] Ceccaroli B, Lohne O. Solar grade silicon feedstock. in Handbook of Photovoltaic Science and Engineering, 2003:153-204.

[27] Ranjan S, Balaji S, Panella R A, et al. Silicon solar cell production[J]. Computers & Chemical Engineering, 2011, 35(8):1439-1453.

4 硅中杂质与缺陷

相对于单晶硅材料，多晶硅的生产工艺相对简单，成本较低，对杂质和晶体学缺陷的控制能力也相对较弱，这就造成多晶硅含有较高含量的杂质和缺陷，因此具有较低的光电转换效率。

硅中的杂质可以划分为三类：掺杂元素（B、P等），轻元素杂质（C、O、N、H）和金属杂质（Fe、Ti、Cu、Ti等）。硅中各杂质的性质特殊，其溶解度会随着温度的降低而减小，如图4.1所示。硅中的缺陷也划分为三类：晶界、位错、微缺陷。本章将重点关注硅中的杂质和缺陷，同时介绍杂质的物理化学性质和缺陷的形成及其影响。

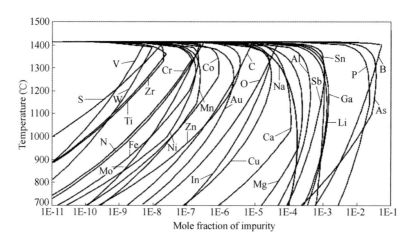

图4.1 硅中杂质溶解度曲线图[1]

4.1 硅中杂质及其热力学性质

4.1.1 掺杂元素

4.1.1.1 硼杂质

硼原子最外层具有3个价电子，是制备P型硅的主要受主杂质，其含量应严格控制在0.15ppm范围内。在利用碳热还原反应制备硅材料过程中，木炭等材料的使用会引入较高含量的硼杂质，而这部分硼杂质会与氧结合成为硼氧复合体，降低少数载流子寿命，进而降低太阳能电池的光电转换效率。可以说，硼是硅中"又爱又恨"的一种特殊杂质。

表 4.1 有关硅中硼杂质热力学性质的相关研究情况

研究者	时间	温度（K）	研究方法和内容	文献
Noguchi et al.	1994	1723～1923	利用硅熔体与固相 BN 相平衡关系，测定硼的活度系数	[2]
Tanahashi et al.	1998	1723，1773	利用 Si-B 熔体与固相 BN 或固相 Si_3N_4 相平衡关系，测定硼的活度	[3]
Inoue et al.	2003	1773	利用硅熔体与固相 BN 相平衡关系，测定硼的活度系数，同时测定 B、Ca 之间相互作用系数	[4]
Yoshikawa et al.	2005	1693～1773	利用 Si-B 熔体与固相 BN 和 Si_3N_4 相平衡关系，测定硼的活度系数	[5]
Wu	2012	—	利用 CompuTherm Pandat 7.0 软件计算 Si-B 二元合金相图	[6]
Khajavi et al.	2015	1583，1533，1483	利用硅固相与 Si-Fe 熔体的相平衡关系测定硼的自相互作用系数和活度系数	[7]

截至目前，有关硅中硼杂质热力学性质的研究结果总结于表 4.1 中，部分研究结果列举如下：

$$\lg \gamma^{\ominus}_{B(1)\ in\ molten\ Si} = -\frac{11100}{T} + 5.82(1723 \sim 1923K)$$

（Noguchi 等）(4.1)

$$\ln \gamma^{\ominus}_{B(1)\ in\ molten\ Si} = 2.5(1732K)$$
$$\ln \gamma^{\ominus}_{B(1)\ in\ molten\ Si} = 2.3(1732K) \quad (Tanahashi\ 等)(4.2)$$

$$\lg \gamma^{\ominus}_{B(1)\ in\ molten\ Si} = \frac{289}{T} + 1.19(1693 \sim 1773K)$$

（Yoshikawa 和 Morita）(4.3)

$$\ln \gamma^{\ominus}_{B\ in\ solid\ Si} = (16317 \pm 282)\left(\frac{1}{T}\right) - (7.06 \pm 0.18)(1483 \sim 1583K)$$

（Khajavi 等）(4.4)

依据 Khajavi 等的研究结果，硅中硼的自相互扩散系数分别为 96±12（1583K）、111±28（1533K）、159±45（1483K）。

Si-B 二元相图如图 4.2 所示，其中图 4.2(b) 是 Si-B 合金中富 Si 区域的放大图像。

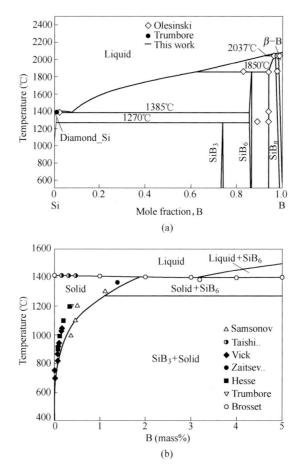

图 4.2　Si-B 合金计算相图(a)[6]及 Si-B 相图中富 Si 区域图(b)[8]

4.1.1.2　磷杂质

磷原子最外层具有 5 个价电子，是制备 N 型硅的主要施主杂质，其在太阳能级多晶硅中的含量应严格控制在 0.1ppm 范围内。

表 4.2　有关硅中磷杂质热力学性质的相关研究情况

研究者	时间	温度（K）	研究方法和内容	文献
Olesinski et al.	1985	—	研究 Si-P 二元合金相图	[9]
Miki et al.	1996	1723~1848	利用 Si-P 熔体与磷气体之间的平衡关系考察真空除磷的热力学原理	[10]
Shimpo et al.	2004	1723	利用硅与铅液相中 P 的相平衡关系测定 P 的自相互作用系数和 P、Ca 之间的相互作用系数	[11]
Liang et al.	2014	—	研究 Si-P 二元合金相图	[12]

表4.2汇总了硅中磷杂质热力学性质的相关研究结果。例如，Shimopo等在1723K温度下利用硅与铅液中磷杂质的相平衡关系测定得到磷的自相互作用系数，数值为13.8(±3.2)，同时获得P、Ca之间的相互作用系数。此外，Miki等计算了磷从气态溶解到硅熔体中的吉布斯自由能变，以此吉布斯自由能变为根据，计算P与Ca的饱和蒸气压，如公式(4.5)~(4.8)，进一步得到硅中P与P_2蒸气平衡分压与温度的关系图，如图4.3所示。

P从气态溶解到硅熔体中的吉布斯自由能变为：

$$\frac{1}{2}P_2(g) = P(\text{mass pct, in Si}) \tag{4.5}$$

$$\Delta G^\ominus = -139000(\pm 2000) + 43.4(\pm 10.1)T(\text{J/mol}) \tag{4.6}$$

当P以摩尔浓度代替质量浓度时，表达式如下：

$$\frac{1}{2}P_2(g) = P(x,\text{in Si}) \tag{4.7}$$

$$\Delta G^\ominus = -387000(\pm 2000) + 142(\pm 10.1)T(\text{J/mol}) \tag{4.8}$$

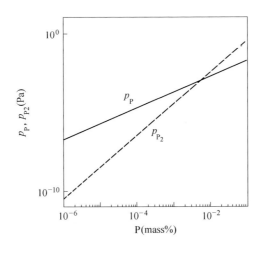

图4.3 硅中磷与P、P_2蒸气的平衡分压之间的关系图

Si-P二元相图如图4.4所示，其中图4.4（b）是Si-P合金中富Si区域放大图像。

4.1.2 金属元素

4.1.2.1 铁、钛杂质

铁、钛是硅中深能级杂质，它们会在硅体中形成深能级中心或沉淀，影响材料和器件的电学性能。其中，铁是硅中最常见的金属杂质，由于其在硅中的溶解

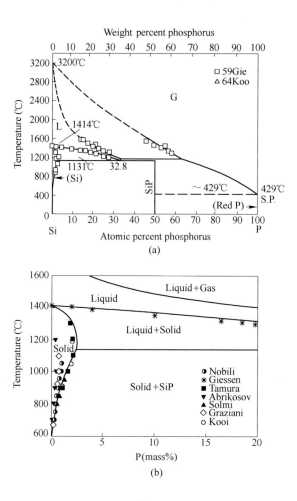

图 4.4 Si-P 二元合金相图 (a)[9] 及 Si-P 相图中富 Si 区域图 (b)[8]

度很小，且分凝系数远小于 1，因此，几乎所有的铁原子都能在硅中形成铁沉淀，其稳定相为棒状的 α-FeSi$_2$，同时，铁与硼杂质依靠静电吸引易形成铁硼复合体，这种反应能在室温下发生，其反应速度取决于硼杂质浓度。

Miki 等[13]利用 Si-Fe 熔体与 Pb 熔体相平衡之间的关系，得到了铁在硅中的活度系数以及自相互作用系数：

$$\ln \gamma_{Fe(1) in\ molten\ Si}^{\ominus} = -\frac{13200}{T} + 4.10 \qquad (4.9)$$

$$\varepsilon_{Fe\ in\ molten\ Si}^{Fe} = \frac{75600}{T} - 40.7\ (1723 \sim 1823K) \qquad (4.10)$$

同时，Si-Fe 合金混合吉布斯自由能变的表达式如下：

$$\Delta G_{\text{Si-Fe}}^{\text{M}} = -135x_{\text{Fe}} + 791x_{\text{Fe}}^2 - 4420x_{\text{Fe}}^3 (\text{kJ/mol}) (x_{\text{Fe}} < 0.075)(1723\text{K})$$
(4.11)

Si-Fe 二元合金相图如图 4.5 所示，由该体系富 Si 区域图可以看出，铁在硅中存在逆向固溶度，在 1623K 温度左右，铁在硅中的固溶度达到最大值，仅为 5ppm，如图 4.5 (b) 所示。

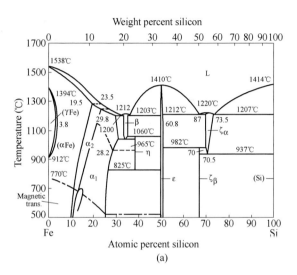

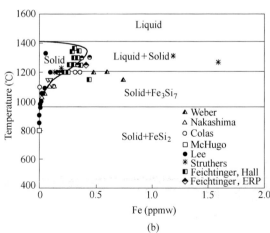

图 4.5 Si-Fe 二元合金相图 (a)[14] 及 Si-Fe 相图中富 Si 区域图 (b)[8]

针对钛杂质，Miki 等[15] 利用金属 Pb 测定了 1723K 温度下钛在硅熔体中的热力学性质：

$$\gamma_{\text{Ti(1) in molten Si}}^{\ominus} = 4.48 \times 10^{-4}, \varepsilon_{\text{Ti in molten Si}}^{\text{Ti}} = 3.97(1723\text{K}) \quad (4.12)$$

$$\Delta G_{\text{Si-Ti}}^{\text{M}} = -188x_{\text{Ti}} + 512x_{\text{Ti}}^2 - 1720x_{\text{Ti}}^3 (\text{kJ/mol}) (x_{\text{Ti}} < 0.1) \quad (4.13)$$

Chen 等[16]、Hocine 和 Mathiot[17]分别采用深能级瞬态谱（DLTS）技术测得了硅中钛的溶解度。Si-Ti 二元合金相图如图4.6所示[18]。

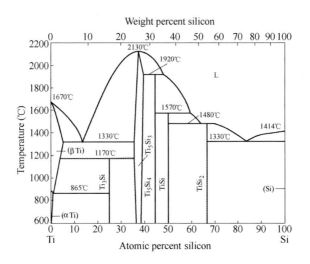

图 4.6 Si-Ti 二元合金相图[18]

4.1.2.2 铝杂质

有关硅中铝杂质热力学性质的相关研究结果汇总至表4.3，依据表中所述方法，将其相关热力学研究结果列举如下：

$$\ln\gamma_{\text{Al(1)in molten Si}}^{\ominus} = -1.8(\pm 0.1), \varepsilon_{\text{Al in molten Si}}^{\text{Al}} = 260(\pm 10)(1723\text{K})$$

$$(\text{Tanahashi 等})(4.14)$$

$$\ln\gamma_{\text{Al(1)in molten Si}}^{\ominus} = -1.21(\pm 0.01), \varepsilon_{\text{Al in molten Si}}^{\text{Al}} = 42(\pm 1)(1773\text{K}) \quad (4.15)$$

$$\ln\gamma_{\text{Al(1)in molten Si}}^{\ominus} = -\frac{3610}{T} + 0.452(1723 \sim 1823\text{K})$$

$$(\text{Miki 等})(4.16)$$

$$\varepsilon_{\text{Al in molten Si}}^{\text{Al}} = \frac{100000}{T} - 40.1 \quad (4.17)$$

$$RT\ln\gamma_{\text{Al(s)in Si}}^{\ominus} = 93.200(\pm 1000) - 14.5(\pm 0.8)T(\text{J/mol})(1016 \sim 1622\text{K})$$

$$(\text{Yoshikawa 和 Morita 等})(4.18)$$

Si-Al 二元合金相图如图4.7所示。由该图可以看出，Si-Al 合金为简单的二元共晶体系，无中间化合物生成。1473K 温度左右，铝在硅中的固溶度达到最大值，约为400ppm。

表4.3 有关硅中铝杂质热力学性质的相关研究情况

研究者	时间	温度（K）	研究方法和研究内容	文献
Tanahashi et al.	1999	1723，1773	利用硅熔体与固态莫来石-Al_2O_3，莫来石-SiO_2、SiO_2 相平衡关系测定铝在硅中的活度系数与自相互作用系数	[19]
Miki et al.	1998	1723～1848	利用 Si-Al 合金熔体与固相 Al_2O_3、$Al_6Si_2O_{13}$ 相平衡关系测定铝在硅中的活度系数	[20]
Miki et al.	1999	1723～1823	利用 Si-Al 合金熔体与 Pb 熔体相平衡的关系测定铝在硅中的活度系数	[21]
Yoshikawa et al.	2003	1016～1622	利用温度梯度区域熔炼方法测定铝在固相硅中的溶解度和活度系数	[22]

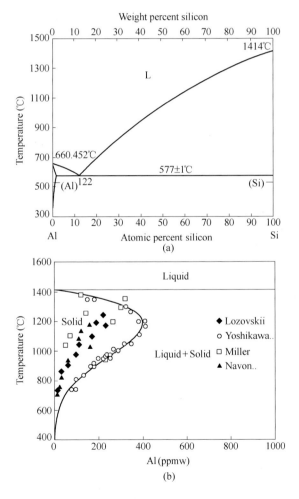

图 4.7 Si-Al 二元合金相图（a）[23] 及 Si-Al 相图中富 Si 区域放大图（b）[8]

4.1.2.3 钙、镁、锌杂质

有关硅中钙杂质热力学性质的相关研究结果总结至表4.4。依据所述方法，

表4.4 有关硅中钙、镁、锌杂质热力学性质的相关研究情况

元素	研究者	时间	温度（K）	研究方法和研究内容	文献
Ca	Miki et al.	1998	1723~1823	利用 Si-Ca 熔体与 CaO-SiO$_2$（饱和 SiO$_2$）熔体的相平衡关系测定钙在硅中的活度系数	[20]
Ca	Miki et al.	1999	1723~1823	利用 Si-Ca 熔体与 Pb 熔体相平衡关系，测定钙活度系数与自相互作用系数	[21]
Ca	Tanahashi et al.	1999	1773	利用硅熔体与 CaO-SiO$_2$ 熔渣相平衡关系测定钙溶解反应的吉布斯自由能变和钙的活度系数	[24]
Ca	Oliveira Pinto et al.	2000	1823, 1923	利用 Si-Ca 合金熔体与含有饱和 SiO$_2$ 的 CaO-SiO$_2$ 渣剂的平衡关系测定钙在硅中的活度系数	[25]
Ca	Jakobsson et al.	2015	1873	利用硅熔体与 CaO-SiO$_2$ 熔渣相平衡之间的关系测定钙活度系数	[26]
Mg	Miki et al.	1999	1698~1768	利用硅熔体与 MgO-SiO$_2$-Al$_2$O$_3$（MgSiO$_3$、SiO$_2$ 饱和）与 Pb 熔体相平衡关系测定镁在硅中的活度系数	[21]
Mg	Jung et al.	2007	1873	利用 Mg-Si 与 Mg-Sn 相图计算硅熔体中镁的活度系数	[27]
Mg	Jakobsson et al.	2015	1873	利用硅熔体与 MgO-SiO$_2$ 熔渣相平衡关系测定镁活度系数	[26]
Zn	Fuller et al.	1975	1273~1573	采用霍尔效应及电导率方法测定硅中锌的溶解度	[28]
Zn	Carlson	1957	1326~1363	采用电导率方法测定硅中锌的溶解度	[29]
Zn	Blouke et al.	1970	1073~1273	测定硅中锌的溶解度	[30]
Zn	Olesinski	1985	—	绘制 Si-Zn 二元合金相图	[31]
Zn	Perret et al.	1989	1273	采用扩散电阻法测定硅中锌的溶解度	[32]

硅熔体中钙的活度系数、自相互作用系数与温度之间的表达式如下：

$$\ln\gamma_{Ca(1) \text{ in molten Si}}^{\ominus} = -\frac{14300}{T} + 1.55 \quad (\text{Miki 等})(4.19)$$

$$\varepsilon_{Ca \text{ in molten Si}}^{Ca} = \frac{55600}{T} - 22.1(1723 \sim 1823\text{K}) \quad (4.20)$$

$$\gamma_{Ca}^{\ominus} = 0.00059(1823\text{K}), \gamma_{Ca}^{\ominus} = 0.00091(1923\text{K})$$

$$(\text{Tanahashi 等})(4.21)$$

硅中钙杂质的标准溶解吉布斯自由能变表达式如下：

$$\Delta G = -160\text{kJ}(1773\text{K}) \quad (\text{Tanahashi 等})(4.22)$$

Si-Ca 二元合金相图如图 4.8 所示。

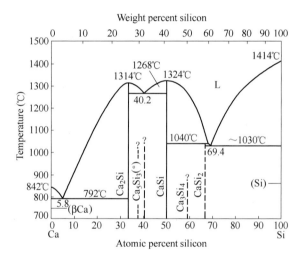

图 4.8 Si-Ca 二元合金相图[33]

有关硅中镁杂质热力学性质的相关研究结果总结至表 4.4。依据所述方法，以纯液相金属镁为标准态，硅中镁的活度系数表达式以及自相互作用系数如下：

$$\ln\gamma_{Mg(1) \text{ in molten Si}}^{\ominus} = -\frac{11300}{T} + 4.51(1698 \sim 1798\text{K})$$

$$(\text{Miki 等})(4.23)$$

$$\ln\gamma_{Mg(1) \text{ in molten Si}}^{\ominus} = -1.74(1873\text{K}) \quad (\text{Jung 等})(4.24)$$

$$\ln\gamma_{Mg(1) \text{ in molten Si}}^{\ominus} = -1.71 \pm 0.16(1873\text{K})$$

$$(\text{Jakobsson 和 Tangstad})(4.25)$$

$$\varepsilon_{Mg \text{ in molten Si}}^{Mg} = 6.02(1723\text{K}) \quad (\text{Miki 等})(4.26)$$

Si-Mg 的二元合金相图如图 4.9 所示，与 Si-Ca 合金体系相似，二者都存在中间相，当硅中钙、镁杂质含量较高时，它们会与硅形成中间相并以夹杂物形式析出。

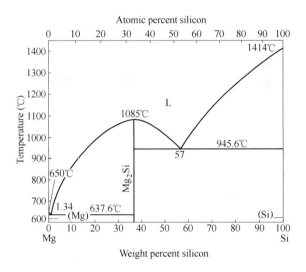

图 4.9　Si-Mg 二元合金相图[34]

有关硅中锌杂质热力学性质的相关研究结果总结至表 4.4。Yoshikawa 和 Morita 依据表格中数据，获得硅中镁的活度系数表达式 (4.27)。图 4.10 为 Si-Zn 二元合金相图。

$$RT\ln\gamma_{Zn(s)\text{in solid Si}}^{\ominus} = 254000(\pm 6400) - 61.4(\pm 4.8)T \quad (4.27)$$

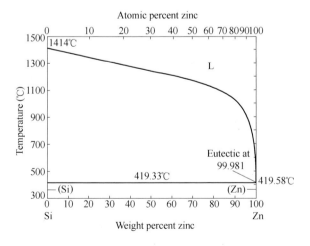

图 4.10　Si-Zn 二元合金相图[35]

4.1.2.4 金、银、锡杂质

有关硅中金杂质热力学性质的相关结果总结至表 4.5 中。依据 Yoshikawa 和 Morita 的汇总结果，获得 Au 杂质的活度系数表达式：

$$RT\ln\gamma_{\text{Au(s) in solid Si}}^{\ominus} = 214000(\pm 5900) - 59.2(\pm 4.3)T(1873\text{K})$$

（Yoshikawa 等）(4.28)

表 4.5 有关硅中金、银、锡杂质热力学性质的相关研究情况

元素	研究者	时间	温度（K）	研究方法和研究内容	文献
Au	Struthers	1956	—	利用 Au 同位素测定不同温度下硅中金的固溶度	[36]
	Cagnina	1969	1273 1373	利用放射性示踪剂法测定硅中金的固溶度	[37]
	Stolwijk et al.	1983	1073~1371	采用中子活化分析方法测定硅中金的固溶度	[38]
	Okamoto	1983	—	测定 Si-Au 合金相图	[39]
	Yoshikawa et al.	2010	—	汇总相关固相硅中 Au 热力学性质相关结果	[40]
Ag	Sakao et al.	1974	1373~1598	利用 Si 在液相 Fe 与 Ag 之间的相平衡关系考察 Ag-Si 熔体的热力学性质	[41]
	Rollert et al.	1986	1287~1598	采用中子活化分析法测定硅中银的固溶度	[42]
	Olesinski et al.	1989	—	测定 Ag-Si 二元合金相图	[43]
Sn	Trumbore	1960	—	测定硅中锡的固溶度	[1]
	Olesinski et al.	1984	—	测定 Si-Sn 二元合金相图	[44]
	Jacobs et al.	1996	400~1700	测定 Si-Sn 合金热力学性质	[45]

Si-Au 合金相图如图 4.11 所示，该合金属于简单的二元共晶体系，无中间化

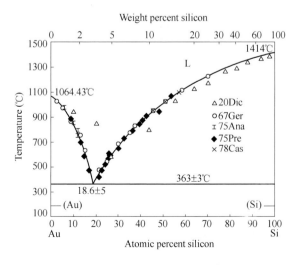

图 4.11 Si-Au 二元合金相图[39]

有关硅中银杂质热力学性质的相关研究结果总结至表 4.5 中。依据 Rollert 等的研究结果，获得 Ag 杂质的活度系数表达式：

$$RT\ln\gamma_{Ag(s)\text{in solid Si}}^{\ominus} = 280000(\pm 14000) - 71.5(\pm 9.6)T \quad (4.29)$$

Si-Ag 合金相图如图 4.12 所示，该合金属于简单的二元共晶体系，无中间化合物生成。

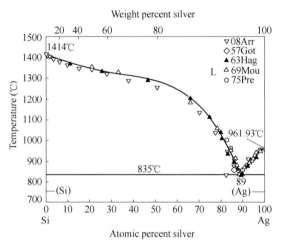

图 4.12　Si-Ag 二元合金相图[43]

有关硅中锡杂质热力学性质的相关研究结果总结至表 4.5 中。以 Trumbore 测定结果为基础，Yoshikawa 和 Morita 获得硅固相中锡杂质的活度系数表达式：

$$RT\ln\gamma_{Sn(s)\text{in solid Si}}^{\ominus} = 50500(\pm 5400) + 3.56(\pm 4.0)T \quad (4.30)$$

Si-Sn 合金相图如图 4.13 所示，该合金属于简单的二元共晶体系，无中间化

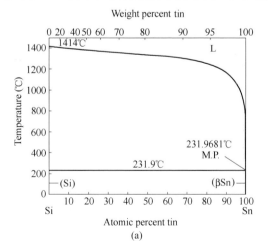

(a)

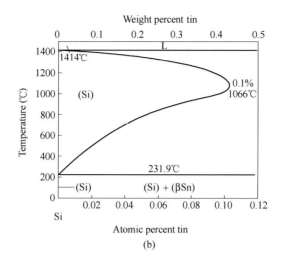

图 4.13 Si-Sn 二元合金相图（a）及 Si-Sn 相图中富 Si 区域放大图（b）[44]

合物生成，并且该合金具有极低的共晶温度，约为 505K；在 1339K 温度时，锡在硅中溶解度达到 0.1%。

4.1.2.5 铜、镍杂质

有关硅中铜杂质热力学性质的相关研究结果总结至表 4.6 中。Yoshikawa 和 Morita 采用温度梯度区域熔炼方法获得硅固相中铜杂质的活度系数表达式：

$$RT\ln\gamma_{Cu(s)\text{in solid Si}}^{\ominus} = 166000(\pm3500) - 47.6(\pm2.8)T(975\sim1602\text{K})$$

(Yoshikawa 等)(4.31)

表 4.6 有关硅中铜、镍杂质热力学性质的相关研究情况

元素	研究者	时间	温度（K）	研究方法和研究内容	文献
Cu	Olesinski et al.	1986	—	测定固相硅中铜的溶解度、绘制 Si-Cu 相图	[46]
	Chromik et al.	1999	—	热力学分析 Si-Cu 合金相图	[47]
	Yan et al.	2000	—	热力学分析 Si-Cu 合金相图	[48]
	Yoshikawa et al.	2005	975~1602	采用温度梯度区域熔炼方法测定固相硅中铜的活度系数	[49]
Ni	Aalberts et al.	1962	1173~1648	采用中子活化技术测定固相硅中镍的溶解度	[50]
	Wiehl et al.	1982	873~1523	采用中子活化技术测定固相硅中镍的溶解度	[51]
	Nash et al.	1987	—	绘制 Si-Ni 合金相图	[52]
	Acker et al.	1999	—	采用非线性贝叶斯算法考察 Si-Ni 合金体系	[53]
	Tokunaga et al.	2003	—	考察 Si-Ni 合金热力学性质	[54]
	Istratov et al.	2005	973~1473	采用中子活化分析技术测定 p-Si、n-Si 中镍的溶解度	[55]

Si-Cu 合金相图如图 4.14 所示，该合金体系存在中间化合物；在 1473～1573K 温度时，锡在硅中最大溶解度达到 0.002%。

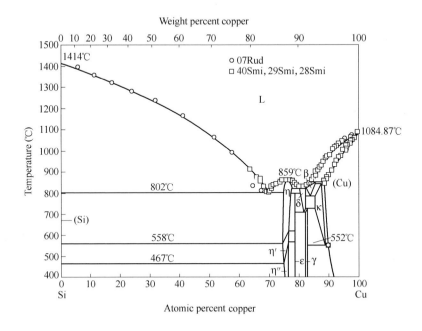

图 4.14 Si-Cu 二元合金相图[46]

有关硅中镍杂质热力学性质的相关研究结果总结至表 4.6 中。以相关研究结果为基础，Yoshikawa 和 Morita[40] 获得硅固相中镍杂质的活度系数表达式：

$$RT\ln\gamma^{\ominus}_{Ni(s) \text{ in solid Si}} = 93900(\pm 2200) - 15.5(\pm 2.1)T \quad (4.32)$$

Si-Ni 合金相图如图 4.15 所示，该合金体系存在中间化合物。

4.1.3 轻质元素杂质

4.1.3.1 氧杂质

氧是硅中一种十分常见的杂质，主要来源于硅熔炼过程中使用的石英坩埚（SiO_2）与大气环境。一般来说，氧原子会以间隙态占据硅晶格位置，呈电中性，不会对硅材料及其器件的性能产生明显影响；但高浓度的间隙氧会在晶体生长或者热处理时形成热施主、新施主、氧沉淀以及诱生其他的晶体缺陷，这不仅影响硅晶片力学性能，降低其寿命，同时影响其电学性能[56]。因此，太阳能级硅中氧含量应控制在 5.0ppmw 范围内[57]。

有关硅熔体中氧杂质热力学性质的相关研究情况列于表 4.7 中。表中各研究

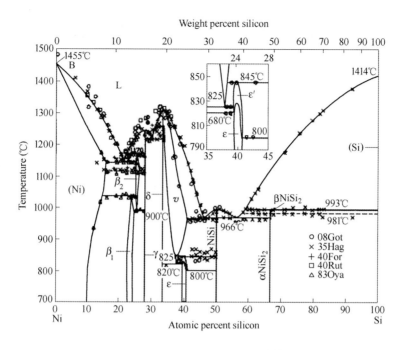

图 4.15　Si-Ni 二元合金相图[52]

者获得的数据结果相差较大，究其原因可能为 Si-SiO$_2$ 相平衡过程会受到气态产物 SiO 的干扰。Si-O 相图如图 4.16 所示。

表 4.7　有关硅中氧杂质热力学性质的相关研究情况

研究者	时间	温度（K）	研究方法和内容	文献
Kaiser et al.	1958	1685	采用区域熔炼方法，O$_2$ 气氛下测定硅熔体中氧的溶解度	[58]
Yatsurugi et al.	1973	1685	采用区域熔炼方法，O$_2$ 气氛下测定硅熔体中氧的溶解度	[59]
Hirata et al.	1990	1698~1820	利用硅与 SiO$_2$ 之间相平衡关系测定硅中氧的溶解度	[60]
Huang et al.	1993	1720~1815	利用硅与 SiO$_2$ 之间相平衡关系测定硅中氧的溶解度，同时考察 Sb 的影响	[61]
Narushima et al.	1994	1693~1823	O$_2$ 气氛下利用硅与 SiO$_2$ 之间的相平衡关系测定硅中氧的溶解度	[62]
Okamoto	2007	—	考察 Si-O 二元相图	[63]

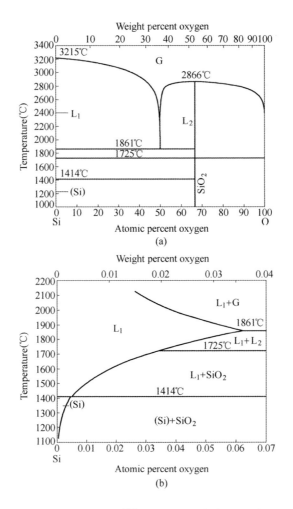

图 4.16 Si-O 二元相图 (a)[63] 及 Si-O 相图中富 Si 区域图 (b)[63]

4.1.3.2 氮杂质

硅中氮杂质主要来源于石墨或石英坩埚的涂层材料 Si_3N_4 以及大气等气氛环境。在硅料熔炼过程中通常选用高熔点 Si_3N_4 作为坩埚的涂层材料,这样不仅可以避免坩埚中氧、碳杂质污染硅熔体,同时还能避免硅凝固过程中与坩埚发生粘连、导致坩埚破损。但不可避免的是 Si_3N_4 会部分溶解进入硅熔体,造成硅中氮含量升高。氮杂质与同主族的 P、As 等性质不同,它既不是施主杂质,也不会引入电学中心,却会起到抑制硅中微缺陷、增强机械强度的作用,因此,直拉单晶硅过程中通常使用氮气气氛。但值得注意的是,当硅中氮杂质超过其固溶度时,它便会以氮化硅形式析出,由于其介电常数与硅基体不同,会影响太阳能电池性能。在制备多晶硅过程中,氮还会与氧作用形成氮氧复合体,但由于该复合体是浅能级杂质，对硅材料造成的影响较小。

有关硅中氮杂质热力学性质的相关研究总结于表 4.8，Si-N 相图如图 4.17 所示。

表 4.8 有关硅中氮杂质热力学性质的相关研究情况

研究者	时间	温度（K）	研究方法和内容	文献
Kaiser 和 Thurmond	1959	1685	N_2 或 NH_3 气氛下利用硅熔体与 Si_3N_4 相平衡关系测定硅中氮的溶解度	[64]
Yatsurugi et al.	1973	1685	采用区域熔炼技术利用硅熔体与固相 Si_3N_4 相平衡关系测定硅中氮的溶解度	[59]
Narushima et al.	1994	1723～1873	N_2-20% H_2 气氛下利用硅熔体与 β-Si_3N_4 固相相平衡关系测定硅中氮的溶解度，同时得到氮溶解反应的标准吉布斯自由能变	[65]
Ma et al.	2003	—	绘制 Si-N 相图	[66]
H. Dalaker et al.	2009	1701～1815	Ar-N_2 气氛下利用硅熔体与 Si_3N_4 相平衡关系，测定硅熔体中氮杂质的溶解度，同时得到氮溶解反应的标准吉布斯自由能变	[67]

4.1.3.3 碳杂质

碳是硅中的非电活性杂质，处于硅晶体的替代位置。对于冶金硅而言，其主要杂质为碳，这是因为在冶金硅前期制备中，碳主要来源于高温碳热还原反应过程，而在冶金硅后续精炼过程中，碳主要来自于石墨发热体和炉内剩余气体。当硅中碳含量高于其固溶度后，会以 SiC 形式析出，其形貌为团簇状或细纤维状，

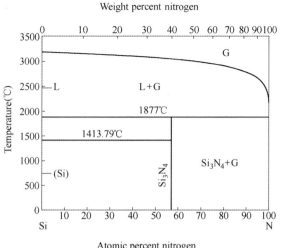

(a)

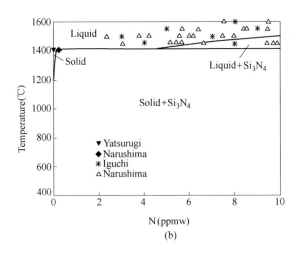

图 4.17 Si-N 二元相图 (a)[66] 及 Si-N 相图中富 Si 区域图 (b)[8]

易诱生缺陷，导致材料的电学性能降低。硅中碳杂质热力学性质的相关研究总结于表 4.9，Si-C 相图如图 4.18 所示。

表 4.9 有关硅中碳杂质热力学性质的相关研究情况

研究者	时间	温度（K）	研究方法和内容	文献
Scace et al.	1959	1833～3173	Ar 气氛下测定硅中碳的溶解度，并绘制 Si-C 合金相图	[68]
Nozaki	1970	1685	利用 SiC 与硅熔体相平衡关系，采用中子活化技术测定硅中碳的溶解度，绘制 Si-C 合金相图	[69]
Oden et al.	1987	1973～2423	真空或氩气环境下研究 Al-Si-C 三元合金相图	[70]
Yanaba et al.	1997	1723～1873	Ar-CO 气氛环境下利用硅熔体与 SiC 相平衡关系测定硅熔体中碳的溶解度	[71]
Dalaker et al.	2009	1687～1832	Ar 气氛下利用硅熔体与 SiC 相平衡关系测定硅熔体碳的溶解度，同时考察添加硼的影响，得到硅中溶解反应的标准吉布斯自由能变	[72]

4.1.3.4 氢杂质

氢常见于单晶硅材料中，通常采用含氢气氛热处理、氢等离子工艺、氢离子注入等方式引入。室温下，硅中氢不能以单独氢原子或氢离子形式存在，而是以复合体形式出现。除 H-O 复合体外，氢还会与硅中各种金属杂质以及硅中其他缺陷作用形成复合体，而这些复合体多为电中性。因此，硅中掺杂氢可以用来钝化杂质和缺陷的电活性。硅中氢杂质热力学性质的相关研究总结于表 4.10。

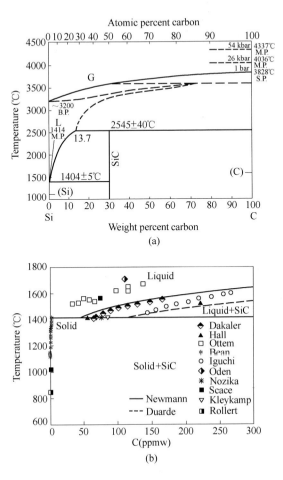

图 4.18 Si-C 二元相图 (a)[73] 及 Si-C 相图中富 Si 区域图 (b)[8]

表 4.10 硅中氢杂质热力学性质的相关研究情况

研究者	时间	温度（K）	研究方法和内容	文献
McQuaid et al.	1991	1073～1573	H_2 气氛下将含 B 的单晶硅进行热处理，淬火后测定氢杂质的溶解度	[74]
McQuaid et al.	1993	1573	H_2 气氛下将含 B 的单晶硅进行热处理，淬火后测定氢杂质的溶解度	[75]
Binns et al.	1993	1173～1573	H_2 气氛下将含 B 的 Si 进行热处理，淬火后测定氢杂质的溶解度	[76]
Acco et al.	1996	573～773	结合 SAXS、SIMS、IR 技术测定非晶硅中氢杂质的溶解度	[77]
Danesh et al.	2004	—	H_2-SH_4 气氛下采用化学气相沉积方法制备非晶硅，采用中子活化技术和红外光谱分析技术测定非晶硅中氢杂质的溶解度	[78]

4.2 硅中杂质动力学性质

硅晶体中并不是所有晶格格点都存在原子,部分原子会在热激发作用下脱离所在的格点跑到格点间隙中去,导致晶体中出现了空位和间隙原子,如图4.19所示。当杂质原子从 A 格点调到邻近的 B 格点(空位), B 格点的空位则相应地跳到了 A 格点,实现了晶体中空位的相互替换,即空位扩散机制。当杂质原子从一个晶格中的间隙位置 C 迁移至另一个间隙位置 D 时,即形成间隙扩散机制,由这种扩散机制又发展了推填扩散机制,即一个间隙原子可以把它临近的、在晶格结点上的原子"推到"附近间隙中,而自己则"填"到被推出原子的原来位置上。原子的扩散行为需要克服一定的势垒高度 Q(图4.20),可以看出,激活能越低,杂质在硅中扩散就越容易,其扩散速度越快。当晶体存在位错和层错时,特定杂质在这些地方的扩散激活能比其在正常硅晶格处的扩散激活能低。对同一种杂质,其在位错和层错处的扩散速度要比在正常晶格处快很多。

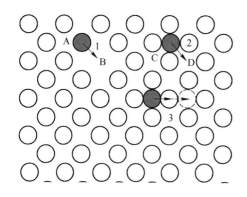

图 4.19 晶体中扩散机制示意图[79]
1—空位;2—间隙;3—推填

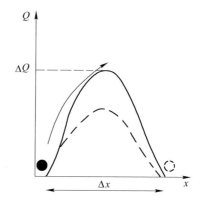

图 4.20 杂质原子克服势垒移动示意图

采用 Arrhenius 方程可以表征杂质在固体硅中的扩散系数:

$$D = D_0 \exp(-Q/(kT)) \tag{4.33}$$

式中,D_0 为扩散因子;Q 为激活能;T 为绝对温度;k 为气体常数。D_0 和 Q 可通过实验测定或理论计算得到。温度是影响扩散系数的最重要的因素之一,当扩散激活能增大,温度对杂质元素扩散系数的影响就越大。上述公式同样适用于杂质在液相硅中扩散行为研究。表 4.11 汇总了多种杂质在固相硅、液相硅中的相关参数。

表 4.11　固、液相硅中杂质的扩散因子与激活能[80]

杂质	固相硅 D_0	Q	液相硅 D_0	Q	杂质	固相硅 D_0	Q	液相硅 D_0	Q
Ag	4.37×10^{-1}	222.3	7.1×10^{-4}	34.1	Fe	1.3×10^{-3}	65.6	8.0×10^{-4}	46.3
Al	1.37×10^{5}	337.8	3.8×10^{-3}	24.1	Ga	8.0×10^{-3}	270.5	3.45×10^{-4}	77.5
As	1.39×10^{-3}	275.9	6.7×10^{-4}	17.7	In	1.15×10^{1}	373.6	2.9×10^{-4}	10.2
Au	2.72×10^{-1}	180.8	5.9×10^{-4}	35.4	Li	2.5×10^{-3}	63.2	1.41×10^{-3}	11.8
B	1.54×10^{-5}	199.0	2.7×10^{-4}	11.5	Mn	1.3×10^{-3}	67.5	7.8×10^{-4}	40.6
Bi	1.60×10^{1}	346.3	5.4×10^{-5}	15.0	N	2.7×10^{1}	225.9	1.2×10^{-3}	19.5
C	1.90×10^{0}	293.3	7.55×10^{-4}	4.6	Ni	3.5×10^{-2}	183.3	1.05×10^{-3}	46.6
Co	9.0×10^{4}	270.2	4.6×10^{-4}	47.7	O	1.3×10^{-1}	244.1	1.05×10^{-3}	17.5
Cu	1.15×10^{-1}	115.7	1.5×10^{-3}	40.6	P	5.9×10^{3}	327.9	2.0×10^{-3}	17.7
Cr	3.0×10^{-3}	77.2	—	—	S	1.04×10^{1}	246.4	3.0×10^{-3}	17.5
Sb	4.06×10^{0}	379.0	9.2×10^{-4}	17.7	Si	8.82×10^{6}	464.2	2.8×10^{-3}	27.5
Te	4.3×10^{-2}	289.7	1.3×10^{-3}	23.2	Ti	1.15×10^{-1}	198.9	1.12×10^{-3}	52.8
Zn	6.9×10^{0}	207.3	1.2×10^{-3}	23.4					

图 4.21 汇总了固、液相硅中多种杂质的扩散情况。由图可以看出，过渡族

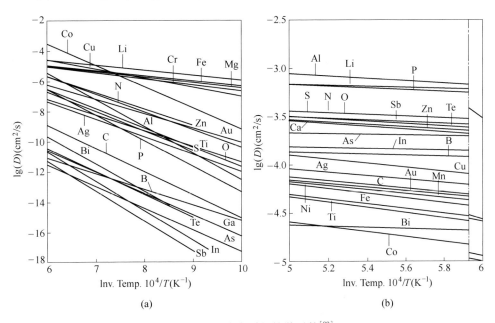

图 4.21　硅中杂质的扩散系数[80]
（a）固相硅；（b）液相硅

金属杂质在硅中具有非常大的扩散系数,因此又被称为快扩散杂质,这一类杂质常通过推填机制和分解扩散机制进行扩散(分解扩散就是替代位置杂质原子分解为间隙杂质原子和空位后,以间隙机制进行的扩散)。如 Cu 和 Ni 等快扩散杂质,即使将硅熔体进行淬火处理,这些杂质也不会在硅晶格中溶解,而是沉淀、析出。室温下 Cu 的扩散系数也能达到 $2.8 \times 10^{-7} cm^2/s$,这就意味着 Cu 在室温温度条件便可扩散穿透整个硅片。B、In 等杂质的扩散系数相对较小,因此又被称为慢扩散杂质,这一类杂质常通过空位机制扩散。在高温退火或冷却处理下,快扩散杂质会扩散至硅样品的表面或体内沉淀,而慢扩散杂质一般是与其他杂质形成有害的复合体。

硅中杂质的扩散行为会受到其他元素的影响,由图 4.22 可以看出,随着硅中 B 掺杂浓度的升高,Cu 的有效扩散系数随之降低。这是受主 B 原子会对施主 Cu 原子产生俘获作用。

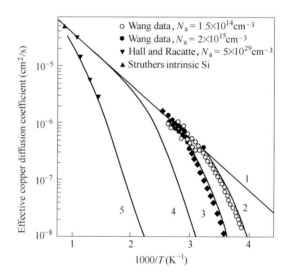

图 4.22 不同 B 掺杂浓度硅片中 Cu 的有效扩散系数[81]

4.3 硅中缺陷

单晶硅、多晶硅中都存在不同数量的晶格缺陷,将这些缺陷按照结构特征(或尺度特征分类)可以分为:点缺陷、线缺陷、面缺陷和体缺陷(表 4.12);将缺陷按照晶体生长加工过程可以分为原生缺陷和二次诱生缺陷,又称为工艺诱生缺陷。前者是指在硅晶体生长过程中形成的缺陷,后者指在硅片器件加工过程中形成的缺陷。不同类型的缺陷对于晶硅太阳能电池会产生不同程度的影响,如位错是限制直拉单晶硅电池光电转换效率的重要因素,而点缺陷对晶硅电池的电学性能并没有严重的危害,但当点缺陷与其他杂质相互作用形成特殊结构时,则会显示出一定的危害。下面将主要对硅中点缺陷、位错的形成原因、特点及其影响分别进行介绍。

表 4.12 硅晶体中缺陷几何尺度分类[82]

点缺陷（零维缺陷）	本征点缺陷	空位，自间隙硅原子
	非本征点缺陷	替代性杂质原子，间隙位杂质原子
线缺陷（一维缺陷）	位 错	螺型位错、刃型位错
	位错环	
面缺陷（二维缺陷）	层 错	
	晶 界	
体缺陷（三维缺陷）	沉 淀	
	空 洞	D-缺陷
	间隙原子团	B-缺陷

4.3.1 点缺陷[83]

硅中的点缺陷包括空位、自间隙原子和杂质原子。其中，空位和自间隙原子称为本征点缺陷，而杂质原子称为非本征点缺陷，包含替代性和间隙位两种杂质原子。硅原子在其周期性排列的晶格上会发生热振动，当硅原子振动能量达到一定程度时，它会脱离自身的晶格位置而进入其他晶格格点位置，形成自间隙硅原子，而缺少这个硅原子的晶格位置则成为空位。产生的空位和自间隙原子的平衡浓度会受到温度影响，当温度增加时，其平衡浓度随之增加，除此之外，平衡浓度还会受到应力、电子浓度等因素的影响。公式（4.34）表征 N_t 个晶格位置的晶格中形成 N_V 个空位所引起的自由能变化值 ΔG_V：

$$\Delta G_V = N_V(-\Delta S_V T + \Delta H_V) - kT\ln\frac{N_t!}{N_V!(N_t - N_V)!} \quad (4.34)$$

进一步，空位和自间隙原子的平衡浓度分别可以表征为：

$$C_V^* = \exp\left(\frac{\Delta S_v}{k}\right)\exp\left(\frac{-\Delta H_v}{kt}\right) \quad (4.35)$$

$$C_t^* = \exp\left(\frac{\Delta S_t}{k}\right)\exp\left(\frac{-\Delta H_t}{kt}\right) \quad (4.36)$$

对于无限大的硅晶体而言，其体内的空位和自间隙原子成对出现，其平衡浓度相等：

$$C_V^* = C_t^* = \exp\left(\frac{\Delta S_v + \Delta S_t}{2k}\right)\exp\left(-\frac{\Delta H_v + \Delta H_t}{kt}\right) \quad (4.37)$$

而对于具有表面的有限大硅晶体而言，其表面的存在对于空位和自间隙原子的平衡浓度具有重要的作用，空位和自间隙原子可以通过扩散而移动，并且在表面独立的产生和湮没，因此，空位和自间隙原子的浓度是不等的。图 4.23 汇总了有关晶体硅中本征点缺陷杂质的浓度与温度之间的关系图[84-90]。

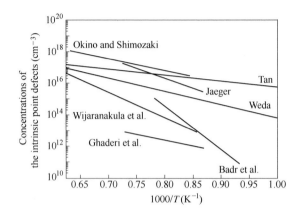

图 4.23　硅中本征点缺陷浓度与温度的关系图

区别于本征点缺陷，硅中的另一类点缺陷是由外界引入晶格中的杂质原子，这种占据了硅晶格的杂质原子被称为非本征点缺陷。常见的例子是向高纯硅中合理添加 B、P 等掺杂元素，这些元素虽然称为硅中的非本征缺陷，但却是生产者有意而为之，因为这些掺杂元素可以有效调整硅材料的电学性能。杂质原子分为替代位杂质和间隙杂质。前者是指位于晶格空隙的杂质，这种杂质会引起晶格膨胀；后者是指位于晶格位置的杂质，当这种杂质大于硅原子尺寸时，会引起晶格膨胀，相反，小于硅原子尺寸时，会引起晶格收缩。此外，杂质原子还会与本征点缺陷产生影响，图 4.24 显示了大尺寸杂质原子对空位和自间隙原子的作用：假设杂质原子均匀分布在硅晶格中，点缺陷的势能 $u(r)$ 与点缺陷和杂质之间的距离 r^3 成反比例关系，具有公式（4.38）存在。

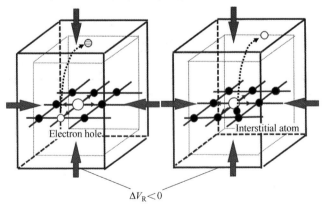

图 4.24　大尺寸杂质原子对空位和自间隙原子作用示意图[91]

$$u(r) = -Qr_0^3/r^3 \tag{4.38}$$

式中，Q 为距离杂质原子 r_0 位置的势能。点缺陷浓度与杂质浓度之间的关系采用公式（4.39）表征：

$$C_{\text{I,V}} = C_{\text{I}_0,\text{V}_0} \exp(160 Q r_0^3 n/kT) \tag{4.39}$$

式中，$C_{\text{I}_0,\text{V}_0}$ 为单晶硅中不含有杂质时点缺陷的平衡浓度；T 为绝对温度。

如果杂质原子引入的拉应力或压应力改变势能 Q，则利用杂质原子体积（V）与硅原子体积（V_{Si}）的差值来表征势能差 ΔQ，则具有关系式（4.40）存在：

$$\Delta Q = K|V - V_{\text{Si}}| \tag{4.40}$$

由此可以看出，当向晶体硅中引入大尺寸、高浓度的杂质原子时，晶体硅将产生压应力，空位的平衡浓度将会提高，而间隙原子的浓度将降低。

4.3.2 位错

位错是直拉单晶硅、铸造多晶硅材料中的主要缺陷，其中铸造多晶硅含有较高的位错密度，其数值约为 $10^{3\sim8}/\text{cm}^2$[92]。在一定外力作用下，晶体中一部分区域会发生一个或多个原子滑移，另一部分区域将远离已滑移区，其内部原子呈完整晶格排布，这就造成两者边界处原子发生严重"错配"，这个原子错配的过渡区称为位错，属于一维线缺陷。一般来说，晶体密排面之间的键和最弱，因此密排面通常是优先滑移面，优先方向为原子线密度最大的方向。晶硅中（111）密排面的 <110> 方向最易发生位错运动。位错主要分为刃型位错、螺型位错和混合位错三种类型。图 4.25(a) 为晶体中刃型位错的示意图，其产生过程可以描述为：在外应力作用下，晶体上部的原子面将发生自右向左方向的滑移，当外力停止作用时，原子面的滑移运动停止，而晶体内部出现一个多余的半原子面。刃型位错如同在完成的晶体中插入半个原子面。图 4.25(b) 为晶体中螺型位错的示意图：螺型位错是在外切应力作用下，原子面沿着一根与其垂直的轴线方向螺旋上升，每旋转一圈，原子面便上升一个原子间距，造成部分晶体滑移。螺型位错区的原子排布呈现轴对称，所有与位错线相垂直的晶面将由原来的平面变成以位错

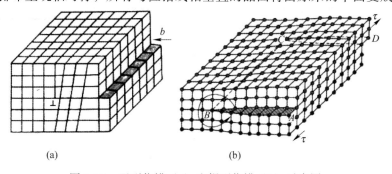

图 4.25 刃型位错（a）和螺型位错（b）示意图

线为中心轴的螺旋面。对于直拉单晶硅，其中位错的引入方式主要有：热应力、机械应力、空位和自间隙原子的过饱和、夹杂物产生的应力；对于铸造多晶硅，其中位错产生一方面在于硅晶体凝固过程中温度梯度产生的热应力，另一方面是在晶体切割片加工过程中产生的机械应力。图 4.26 显示了晶硅中位错形貌图像，由于位错与晶体表面交界处存在晶格畸变，此处受到腐蚀将择优发生化学反应，形成腐蚀坑。

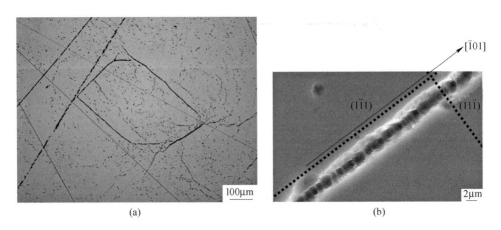

图 4.26　晶硅中位错腐蚀坑（a）及腐蚀坑放大图像（b）[93]

晶硅中位错主要受温度、压力、杂质原子等因素影响。图 4.27[94] 显示了退火处理前后晶硅中位错数量的变化情况。由图可以看出，提高退火温度，晶硅位错数量可以显著降低，当退火温度为 1639K 时，位错密度降低约 95%，如图 4.27(a)所

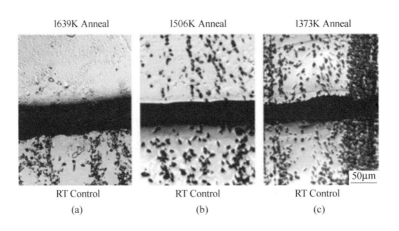

图 4.27　不同退火温度下晶硅中腐蚀坑密度变化图
（上部分为退火后样品图像，下部为对比样品）
(a) 1639K；(b) 1506K；(c) 1373K

示。作者认为，这是由于高温下促进位错运动，造成短时间内位错湮没所致，这与文献[95,96]中的结果一致。

由于位错属于晶体缺陷，在这个区域处具有较大的晶格畸变，其能量会高于一般完整晶体。一些碳杂质原子和金属杂质原子容易在晶硅的位错处富集，从而降低缺陷处的能量，析出生成沉淀，成为新的电活性中心，进而造成晶硅电池片漏电，降低其光电转换效率，更甚者，还会造成晶硅电池片报废。此外，富集在晶硅位错缺陷处的杂质还会造成晶硅切片过程中发生断线问题。由此可见，在晶硅材料制造、加工过程中要对位错进行严格控制。此外，还会与机械应力与电阻率有关[97]。

4.3.3 晶界

与单晶硅电池相比，多晶硅电池原料的结晶速度较快，硅原子来不及形成一个完整的单一硅晶粒，而是凝固成许多个硅晶粒。这种结构相同而取向不同的晶粒之间的界面，称为晶界，是一种二维面缺陷（图 4.28）。正是由于晶体中存在晶界，使得多晶硅材料的光电转换效率低于单晶硅材料。

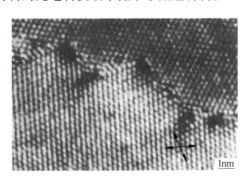

图 4.28 多晶硅的高分辨图像[98]

根据相邻晶粒之间位向差不同，失配角 $\theta_t < 15°$ 的晶界称为小角度晶界，被认为是由位错组成，通常采用位错模型进行分析；失配角 $\theta_t > 15°$ 的晶界称为大角度晶界，通常采用重合位置点阵模型（Coincident Site Lattice，CSL）进行分析。下面将简要介绍这两种模型：

（1）位错模型。到目前为止，小角度晶界的位错模型已经得到了普遍的认可，该模型是由 Burgers 和 Bragg 于 1940 年提出的，随后得以不断发展与完善。

假设多晶硅晶界上存在一定密度的刃型位错，其矢量为 b，位错密度 $1/D$ 可以表示为：

$$\frac{1}{D} = \frac{2\sin(\theta/2)}{b} \tag{4.41}$$

式中，D 为相邻位错之间的间距。当 θ 数值较小时，上式可以简化为：

$$\frac{1}{D} \approx \frac{\theta}{b} \tag{4.42}$$

（2）CSL 模型。CSL 模型说明在大角度晶界结构中会存在一定数量重合的点阵原子，而这些重合的原子可以组成一个新的点阵，称为 CSL 点阵，采用 Σ 表示 CSL 单胞体积与晶体点阵单胞体积之比。当三维 CSL 绕 ［hkl］晶向旋转 θ 角度，存在：

$$\theta = 2\tan^{-1}(y/x)\sqrt{N} \tag{4.43}$$

式中，x，y 为正整数，并且：

$$N = h^2 + k^2 + l^2 \tag{4.44}$$

则利用公式（4.45）可以得到 Σ 数值：

$$\Sigma = x^2 + Ny^2 \tag{4.45}$$

当 Σ 数值越小，重合几率越大，CSL 密度越小。极端特殊情况下，$\Sigma=1$，表示完全重合，即没有发生旋转或平移。同时，不同类型晶界显示不同的电学复合特性，其中，孪晶晶界 $\Sigma3$ 属于浅能级复合中心，而其余晶界均属于深能级复合中心，是少数载流子的复合中心。

晶界对于晶硅的影响主要表现为以下几个方面[99]：

（1）电学性能：由于相邻两个晶粒具有不同取向，会造成晶格失配，引起晶格应变、形成杂质富集或耗尽区、产生悬挂键等，这些因素相互作用共同决定了多晶硅晶界的复合活性。Mandurah 等认为晶界与晶粒之间存在异质结，在本征上可以形成一个宽能带半导体，而不同晶界显示出不同的电学性质[100]。洁净的小角度晶界在室温下基本不显电活性，并且其所占比例不高，但由于小角度晶界在低温下具有很强的复合能力，超过普通晶界，形成为高密度浅能级的复合中心，将是影响多晶硅太阳能电池性能的一个致命缺陷。而洁净的大角度晶界在室温下不显电活性。

（2）机械性能：当位错向晶界的方向滑移时，需要克服点阵阻力和晶界与位错之间的交互作用产生的阻力。而依靠热激活和应力释放得到的能量不足以克服位错滑过晶界所需的阻力，因此，晶界能有效阻止位错滑移，使之不能穿过晶界而继续滑移。进而影响晶硅的塑性变形。

参 考 文 献

[1] Trumbore F A. Solid solubilities of impurity elements in germanium and silicon[J]. Bell System Technical Journal, 1960, 39: 206-233.

[2] Noguchi R, Suzuki K, Tsukihashi F, Sano N. Thermodynamics of boron in a silicon melt[J]. MMTB, 1994, 25: 903-907.

[3] Tanahashi M, Fujisawa T, Yamauchi C. Activity of boron in molten silicon[J]. Journal-Mining and Materials Processing Institute of Japan, 1998, 114: 807-812.

[4] Inoue G, Yoshikawa T, Morita K. Effect of calcium on thermodynamic properties of boron in molten silicon[J]. High Temperature Materials and Processes, 2003, 22: 221-226.

[5] Yoshikawa T, Morita K. Thermodynamic property of B in molten Si and phase relations in the Si-Al-B system[J]. Materials Transactions, 2005, 46: 1335-1340.

[6] 伍继君. 冶金法制备太阳能级硅过程中氧化精炼除硼应用基础研究[D]. 昆明: 昆明理工大学, 2012.

[7] Khajavi L T, Morita K, Yoshikawa T, Barati M. Thermodynamics of boron distribution in solvent refining of silicon using ferrosilicon alloys[J]. Journal of Alloys and Compounds, 2015, 619: 634-638.

[8] Nakajima K, Usami N. Crystal growth of Si for solar cells[M]. Springer Verlag, 2009.

[9] Olesinski R, Kanani N, Abbaschian G. The P-Si (phosphorus-silicon) system[J]. Journal of Phase Equilibria, 1985, 6: 130-133.

[10] Miki T, Morita K, Sano N. Thermodynamics of phosphorus in molten silicon[J]. MMTB, 1996, 27: 937-941.

[11] Shimpo T, Yoshikawa T, Morita K. Thermodynamic study of the effect of calcium on removal of phosphorus from silicon by acid leaching treatment[J]. MMTB, 2004, 35: 277-284.

[12] Liang S M, Schmid-Fetzer R. Modeling of thermodynamic properties and phase equilibria of the Si-P system[J]. Journal of Phase Equilibria and Diffusion, 2014, 35: 24-35.

[13] Miki T, Morita K, Sano N. Thermodynamic properties of titanium and iron in molten silicon[J]. MMTB, 1997, 28: 861-867.

[14] von Goldbeck O K. Fe-Si Iron-Silicon, in: IRON-Binary Phase Diagrams[M]. Springer Berlin Heidelberg, Berlin, Heidelberg, 1982: 136-139.

[15] Miki T, Morita K, Yamawaki M. Measurements of thermodynamic properties of iron in molten silicon by knudsen effusion method[J]. Journal of the Mass Spectrometry Society of Japan, 1999, 47: 72-75.

[16] Chen J W, Milnes A G, Rohatgi A. Titanium in silicon as a deep level impurity[J]. Solid-State Electronics, 1979, 22: 801-808.

[17] Hocine S, Mathiot D. Titanium diffusion in silicon[J]. Applied Physics Letters, 1988, 53: 1269-1271.

[18] Massalsky T B (Ed.). Binary Alloy Phase Diagram[M]. ASM, 1990.

[19] Tanahashi M, Tanida K, Hayashi H, Fujisawa T, Yamauchi C. Thermodynamics of the Si-Al-O System[J]. Shigen-to-Sozai, 1999, 115: 97-102.

[20] Miki T, Morita K, Sano N. Thermodynamic properties of aluminum, magnesium, and calcium in molten silicon[J]. MMTB, 1998, 29: 1043-1049.

[21] Miki T, Morita K, Sano N. Thermodynamic properties of Si-Al, -Ca, -Mg binary and Si-Ca-

Al, -Ti, -Fe ternary alloys[J]. JIM, Materials Transactions, 1999, 40: 1108-1116.

[22] Yoshikawa T, Morita K. Solid solubilities and thermodynamic properties of aluminum in solid silicon[J]. Journal of The Electrochemical Society, 2003, 150: G465-G468.

[23] Murray J, McAlister A. The Al-Si (aluminum-silicon) system[J]. Journal of Phase Equilibria, 1984, 5: 74-84.

[24] Tanahashi M, Mouri N, Fujisawa T, Yamauchi C. Thermodynamics of the Si-Ca-O system at 1773 K[J]. Materials Transactions-JIM, 1999, 40: 594-599.

[25] de Oliveira Pinto E, Takano C. Activity of calcium in dilute liquid Si-Ca alloy[J]. MMTB, 2000, 31: 1267-1272.

[26] Jakobsson L K, Tangstad M. Thermodynamic activities and distributions of calcium and magnesium between silicon and CaO-MgO-SiO_2 slags at 1873K (1600℃) [J]. MMTB, 2015, 46: 595-605.

[27] Jung I H, Kang D H, Park W J, Kim N J, Ahn S. Thermodynamic modeling of the Mg-Si-Sn system[J]. Calphad, 2007, 30: 192-200.

[28] Fuller C S, Morin F J. Diffusion and electrical behavior of zinc in silicon[J]. Physical Review, 1957, 105 : 379-384.

[29] Carlson R O. Double-acceptor behavior of zinc in silicon[J]. Physical Review, 1957, 108 : 1390-1393.

[30] Blouke M, Holonyak N, Streetman B, Zwicker H. Solid solubility of Zn in Si[J]. Journal of Physics and Chemistry of Solids, 1970, 31: 173-177.

[31] Olesinski R W, Abbaschian G J. The Si-Zn (silicon-zinc) system[J]. Bulletin of Alloy Phase Diagrams, 1985, 6: 545-548.

[32] Perret M, Stolwijk N A, Cohausz L. Kick-out diffusion of zinc in silicon at 1262 K[J]. Journal of Physics: Condensed Matter, 1989, 1: 6347.

[33] Hugh Baker (Editor) . ASM Handbook, Alloy Phase Diagrams[M]. in: ASM International, USA, 1992: 2.121.

[34] Hugh Baker (Editor) . ASM Handbook, Alloy Phase Diagrams[M]. in: ASM International, USA, 1992: 2.282.

[35] Hugh Baker (Editor) . ASM Handbook, Alloy Phase Diagrams[M]. in: ASM International, USA, 1992: 2.368.

[36] Struthers J D. Solubility and diffusivity of gold, iron, and copper in silicon[J]. Journal of Applied Physics, 1956, 27: 1560-1569.

[37] Cagnina S. Enhanced gold solubility effect in heavily n - type silicon[J]. Journal of The Electrochemical Society, 1969, 116: 498-502.

[38] Stolwijk N A, Schuster B, Hölzl J, Mehrer H, Frank W. Diffusion and solubility of gold in silicon[J]. Physica B + C, 1983, 116: 335-342.

[39] Okamoto H, Massalski T B. The Au-Si (gold-silicon) system[J]. Bulletin of Alloy Phase Diagrams, 1983, 4: 190-198.

[40] Yoshikawa T, Morita K, Kawanishi S, Tanaka T. Thermodynamics of impurity elements in solid

silicon[J]. Journal of Alloys and Compounds, 2010, 490: 31-41.

[41] Sakao H, Elliott J F. Thermodynamic properties of liquid Ag-Si alloys[J]. Metallurgical Transactions, 1974, 5: 2063-2067.

[42] Rollert F, Stolwijk N, Mehrer H. Solubility, diffusion and thermodynamic properties of silver in silicon[J]. Journal of Physics D: Applied Physics, 1987, 20: 1148-1155.

[43] Olesinski RW, Gokhale A B, Abbaschian G J. The Ag-Si (silver-silicon) system[J]. Bulletin of Alloy Phase Diagrams, 1989, 10: 635-640.

[44] Olesinski R, Abbaschian G. The Si-Sn (silicon-tin) system[J]. Journal of Phase Equilibria, 1984, 5: 273-276.

[45] Jacobs M H G, Spencer P J. A thermodynamic evaluation of the system Si-Sn[J]. Calphad, 1996, 20: 89-91.

[46] Olesinski R W, Abbaschian G J. The Cu-Si (copper-silicon) system[J]. Bulletin of Alloy Phase Diagrams, 1986, 7: 170-178.

[47] Chromik R R, Neils W K, Cotts E J. Thermodynamic and kinetic study of solid state reactions in the Cu-Si system[J]. Journal of Applied Physics, 1999, 86: 4273-4281.

[48] Yan X, Chang Y A. A thermodynamic analysis of the Cu-Si system[J]. Journal of Alloys and Compounds, 2000, 308: 221-229.

[49] Yoshikawa T, Morita K. Thermodynamics of solid silicon equilibrated with Si-Al-Cu liquid alloys [J]. Journal of Physics and Chemistry of Solids, 2005, 66: 261-265.

[50] Aalberts J H, Verheijke M L. The solid solubility of nickel in silicon determined by neutron activation analysis[J]. Applied Physics Letters, 1962, 1: 19-20.

[51] Wiehl N, Herpers U, Weber E. Study on the solid solubility of transition metals in high-purity silicon by instrumental neutron activation analysis and anticompton-spectrometry[J]. Journal of Radioanalytical Chemistry, 1982, 72: 69-78.

[52] Nash P, Nash A. The Ni-Si (nickel-silicon) system[J]. Bulletin of Alloy Phase Diagrams, 1987, 8: 6-14.

[53] Acker J, Bohmhammel K. Optimization of thermodynamic data of the Ni-Si system[J]. Thermochimica Acta, 1999, 337: 187-193.

[54] Tokunaga T, Nishio K, Ohtani H, Hasebe M. Thermodynamic assessment of the Ni-Si system by incorporating ab initio energetic calculations into the CALPHAD approach[J]. Calphad, 2003, 27: 161-168.

[55] Istratov A A, Zhang P, McDonald R J, Smith A R, Seacrist M, Moreland J, Shen J, Wahlich R, Weber E R. Nickel solubility in intrinsic and doped silicon[J]. Journal of Applied Physics, 2005, 97: 023505.

[56] Lee S H, Kang J W, Kim D H. Multi scale modeling and simulation for oxygen precipitate behavior in silicon wafer[J]. Journal of nanoscience and nanotechnology, 2011, 11: 5980-5984.

[57] Hopkins R H, Rohatgi A. Impurity effects in silicon for high efficiency solar cells[J]. Journal of Crystal Growth, 1986, 75: 67-79.

[58] Kaiser W, Breslin J. Factors determining the oxygen content of liquid silicon at its melting point

[J]. Journal of Applied Physics, 1958, 29: 1292-1294.

[59] Yatsurugi Y, Akiyama N, Endo Y, Nozaki T. Concentration, solubility, and equilibrium distribution coefficient of nitrogen and oxygen in semiconductor silicon[J]. Journal of The Electrochemical Society, 1973, 120: 975-979.

[60] Hirata H, Hoshikawa K. Oxygen solubility and its temperature dependence in a silicon melt in equilibrium with solid silica[J]. Journal of Crystal Growth, 1990, 106: 657-664.

[61] Xinming H, Kazutaka T, Hitoshi S, Eiji T, Shigeyuki K. Oxygen solubilities in Si melt: influence of Sb addition[J]. Japanese Journal of Applied Physics, 1993, 32: 3671.

[62] Narushima T, Matsuzawa K, Mukai Y, Iguchi Y. Oxygen solubility in liquid silicon[J]. Materials Transactions, JIM, 1994, 35: 522-528.

[63] Okamoto H. O-Si (oxygen-silicon)[J]. Journal of Phase Equilibria and Diffusion, 2007, 28: 309-310.

[64] Kaiser W, Thurmond C D. Nitrogen in silicon[J]. Journal of Applied Physics, 1959, 30: 427-431.

[65] Narushima T, Ueda N, Takeuchi M, Ishii F, Iguchi Y. Nitrogen solubility in liquid silicon[J]. Materials Transactions-JIM, 1994, 35: 821-826.

[66] Ma X, Li C, Wang F, Zhang W. Thermodynamic assessment of the Si-N system[J]. Calphad, 2003, 27: 383-388.

[67] Dalaker H, Tangstad M. Temperature dependence of the solubility of nitrogen in liquid silicon equilibrated with silicon nitride[J]. Materials Transactions, 2009, 50: 2541-2544.

[68] Scace R I, Slack G A. Solubility of carbon in silicon and germanium[J]. The Journal of Chemical Physics, 1959, 30: 1551-1555.

[69] Nozaki T, Yatsurugi Y, Akiyama N. Concentration and behavior of carbon in semiconductor silicon[J]. Journal of The Electrochemical Society, 1970, 117: 1566-1568.

[70] Oden L L, McCune R A. Phase equilibria in the Al-Si-C system[J]. Metallurgical Transactions A, 1987, 18: 2005-2014.

[71] Yanaba K, Akasaka M, Takeuchi M, Watanabe M, Narushima T, Iguchi Y. Solubility of carbon in liquid silicon equilibrated with silicon carbide[J]. Materials Transactions-JIM, 1997, 38: 990-994.

[72] Dalaker H, Tangstad M. Time and temperature dependence of the solubility of carbon in liquid silicon equilibrated with silicon carbide and its dependence on boron levels[J]. Materials Transactions, 2009, 50: 1152-1156.

[73] Hugh Baker (Editor). ASM Handbook, Alloy Phase Diagrams[M]. in: ASM International, USA, 1992: 2.113.

[74] McQuaid S A, Newman R C, Tucker J H, Lightowlers E C, Kubiak R A A, Goulding M. Concentration of atomic hydrogen diffused into silicon in the temperature range 900-1300℃[J]. Applied Physics Letters, 1991, 58: 2933-2935.

[75] McQuaid S A, Binns M J, Newman R C, Lightowlers E C, Clegg J B. Solubility of hydrogen in silicon at 1300℃[J]. Applied Physics Letters, 1993, 62: 1612-1614.

[76] Binns M, McQuaid S, Newman R, Lightowlers E. Hydrogen solubility in silicon and hydrogen defects present after quenching[J]. Semiconductor Science and Technology, 1993, 8: 1908.

[77] Acco S, Williamson D, Stolk P, Saris F, van der Boogaard M, Sinke W, van der Weg W, Roorda S, Zalm P. Hydrogen solubility and network stability in amorphous silicon[J]. Physical Review B, 1996, 53: 4415.

[78] Danesh P, Pantchev B, Schmidt B, Grambole D. Hydrogen solubility limit in hydrogenated amorphous silicon[J]. Semiconductor Science and Technology, 2004, 19: 1422.

[79] 胡赓祥, 蔡珣, 戎咏华. 材料科学基础[M]. 上海: 上海交通大学出版社, 2008.

[80] Tang K, Øvrelid E J, Tranell G, Tangstad M. Critical assessment of the impurity diffusivities in solid and liquid silicon[J]. JOM, 2009, 61: 49-55.

[81] 王维燕. 直拉单晶硅中铜沉淀及其复合活性[D]. 杭州: 浙江大学, 2009.

[82] Mori T. Modeling the linkages between heat transfer and microdefect formation in crystal growth: examples of Czochralski growth of silicon and vertical Bridgman growth of bismuth germanate [D]. Massachusetts Institute of Technology, 2000.

[83] 阙端麟. 硅材料科学与技术[M]. 杭州: 浙江大学出版社, 2000.

[84] Tan T, Gösele U, Morehead F. On the nature of point defects and the effect of oxidation on substitutional dopant diffusion in silicon[J]. Applied Physics A, 1983, 31: 97-108.

[85] Wada K, Inoue N. Depth profile of bulk stacking fault radius in Czochralski silicon[J]. Journal of Applied Physics, 1985, 58: 1183-1186.

[86] Okino T, Shimozaki T. Thermal equilibrium concentrations and diffusivities of intrinsic point defects in silicon[J]. Physica B: Condensed Matter, 1999, 273-274: 509-511.

[87] Jäger H U, Feudel T, Ulbricht S. Modeling of defect-phosphorus pair diffusion in phosphorus-implanted silicon[J]. Physica Status Solidi (a), 1989, 116: 571-581.

[88] Wijaranakula W. Numerical modeling of the point defect aggregation during the Czochralski silicon crystal growth[J]. Journal of the Electrochemical Society, 1991, 139: 604-616.

[89] Ghaderi K, Hobler G, Budil M, Mader L, Schulze H J. Determination of silicon point defect parameters and reaction barrier energies from gold diffusion experiments[J]. Journal of Applied Physics, 1995, 77: 1320-1322.

[90] Badr E, Pichler P, Schmidt G. Modeling platinum diffusion in silicon[J]. Journal of Applied Physics, 2014, 116: 133506-133508.

[91] Tanahashi K, Kikuchi M, Higashino T, Inoue N, Mizokawa Y. Concentration of point defects in growing CZ silicon crystal under the internal stresses: effects of impurity doping and thermal stress[J]. Physica B Condensed Matter, 1999, 273: 493-496.

[92] Macdonald D, Cuevas A. Understanding carrier trapping in multicrystalline silicon[J]. Solar Energy Materials & Solar Cells, 2001, 65: 509-516.

[93] Ervik T, Stokkan G, Buonassisi T. Mjϕs Ø, Lohne O. Dislocation formation in seeds for quasi-monocrystalline silicon for solar cells[J]. Acta Materialia, 2014, 67: 199-206.

[94] Hartman K, Bertoni M, Serdy J, Buonassisi T. Dislocation density reduction in multicrystalline silicon solar cell material by high temperature annealing[J]. Applied Physics Letters, 2008,

93: 2108.
[95] Nes E, Recovery revisited[J]. Acta Metallurgica et Materialia, 1995, 43: 2189-2207.
[96] Doris K. On the Theory of Plastic Deformation[C]. Proceedings of the Physical Society, Section A, 1951, 64: 140.
[97] Reimann C, Friedrich J, Meissner E, Oriwol D, Sylla L. Response of as grown dislocation structure to temperature and stress treatment in multi-crystalline silicon[J]. Acta Materialia, 2015, 93: 129-137.
[98] Cunningham B, Ast D G. High resolution electron microscopy of grain boundaries in silicon[C]. MRS Proceedings, 1981, 5: 21-26.
[99] Seager C H. Grain boundaries in polycrystalline silicon[J]. Annual Review of Materials Science, 1985, 15: 271-302.
[100] Mandurah M M, Saraswat K C, Kamins T. A model for conduction in polycrystalline silicon-part I: theory, Electron Devices[J]. IEEE Transactions, 1981, 28: 1163-1171.

5 多晶硅的精炼方法

冶金法是使用冶金硅作为原料，针对硅中杂质的物理化学性质施加多种手段逐步降低杂质含量，最终制备得到纯度较高的太阳能级多晶硅。在冶金硅精炼过程中，依据硅中杂质性质可以分为B、P、金属杂质和SiC、Si_3N_4等夹杂物，针对这些杂质和夹杂物所采取的精炼手段主要有酸洗精炼、凝固精炼、造渣氧化精炼等。依据最新研究报道，本章将相关手段的研究特点及现状汇总至表Ⅰ~表Ⅳ中，并在后续章节中进行详细介绍。

表Ⅰ 冶金法生产太阳能级硅中B杂质的去除技术和已经达到的水平

技术名称	技术细节	B水平	研究者	年代	文献
吹气精炼法	向硅液顶部喷吹H_2-H_2O气体	降低至约0.1ppm	Safarian et al.	2016	[1]
吹气精炼法	向硅液中喷吹H_2O-Ar(N_2,H_2)，B主要以HBO方式去除	由24.8ppm降低到2.01ppm	Safarian et al.	2014	[2]
吹气精炼法	向硅液中吹入H_2O/H_2	由64ppm降低到0.5ppm	Sortland et al.	2014	[3]
吹气精炼法	向硅液中吹入H_2O-O_2,O_2	由35ppm降低到18ppm	Wu,Ma et al.	2014,2013	[4,5]
吹气精炼法	采用真空感应加热，并向硅液顶部喷吹H_2-H_2O-Ar气体，B以BH_2或者BOH的形式去除。	2~3h将B降低到<1ppm	Tangstad et al.	2012	[6]
吹气精炼法	向硅液中喷吹O_2或H_2O-O_2气体，B以B_xO_y和$B_xH_yO_z$去除。	由18ppm降低到2ppm	Ma et al.	2009	[7]
吹气精炼法	利用太阳光反射镜使炉内温度达到3473K，而后吹入H_2O-Ar，B以BOH的形式去除	50min可以把B从10ppm降低到2ppm	Flamant et al.	2006	[8]
吹气精炼法	向硅液中吹入含O、H、Cl的气体，以Ar气为载气	由20~60ppma降低至0.3ppma	Khattak et al.	2001	[9,10]
造渣精炼法	采用CaO-SiO_2-K_2CO_3渣系，精炼温度1823K	由22ppm降低到1.8ppm	Ma et al.	2016	[11]
造渣精炼法	采用CaO-SiO_2-ZnO渣系	由12.94ppm降低到2.18ppm	Wu et al.	2016	[12]
造渣精炼法	采用CaO-SiO_2渣系	L_B值为0.72~1.58	Ma et al.	2015	[13]
造渣精炼法	采用CaO-Na_2O-SiO_2渣系	B去除率>90%	Safarian et al.	2015	[14]

续表 I

技术名称	技术细节	B 水平	研究者	年代	文献
造渣精炼法	采用 Na_2O-SiO_2 渣系	由 10.6ppm 降低至 0.65ppmw	Luo et al.	2014	[15]
造渣精炼法	采用 CaO-SiO_2 渣系	由 18ppm 降低至 1.8ppm	Wu et al.	2014	[16]
造渣精炼法	采用 CaO-SiO_2-Al_2O_3 渣系	lgL_B = 0.66 ~ 2.58	Min et al.	2014	[17]
造渣精炼法	采用 CaF_2-Al_2O_3-CaO-SiO_2 渣系，B 以 B_2O_3 形式去除	由 25ppm 降低到 4.4ppm	Li et al.	2014	[18]
造渣精炼法	采用 CaO-SiO_2-$CaCl_2$ 渣系氧氯化除硼	由 148ppm 降低到 21ppm	Wang et al.	2015, 2014	[19,20]
造渣精炼法	采用 Na_2O-SiO_2 渣系	由 120ppm 降低到 <20ppm	Safarian et al.	2013	[21]
造渣精炼法	采用 CaO-SiO_2 或 CaO-Li_2O-SiO_2 渣系，B 以 $Li_2O \cdot 2B_2O_3$ 或 $CaO \cdot B_2O_3$ 形式去除	1 ~ 3ppm	Ma et al.	2012	[22]
造渣精炼法	采用 CaO-SiO_2-LiF 渣系，B 以 $Li_2O \cdot 2B_2O_3$ 形式去除	由 22ppm 降低到 1.3ppm	Ma et al.	2012	[23]
造渣精炼法	采用 CaO-SiO_2-CaF_2 渣系，B 以 B_2O_3 形式去除	1 ~ 3ppm	Luo et al.	2011	[24]
造渣精炼法	采用 SiO_2-CaO-Al_2O_3 渣系，精炼温度 1823K，保温时间 2h	由 1.5ppm 降低到 0.2ppm	Li et al.	2011	[25]
造渣精炼法	采用 SiO_2-CaO 渣系，CaO/SiO_2 = 0.55 ~ 1.21	L_B = 5.5 ~ 4.3	Morita et al.	2009	[26]
造渣精炼法	采用 65% SiO_2-CaO 渣系	由 7ppm 降低至 1.6ppm	Fujiwara et al.	2003	[27]
造渣精炼法	对比采用 CaO-SiO_2、CaO-MgO-SiO_2、CaO-BaO-SiO_2、CaO-CaF_2-SiO_2 渣系	L_B = 1.0 ~ 1.7	Suzuki et al.	1994	[28]
造渣精炼法	采用 CaO-SiO_2 和 CaO-MgO-SiO_2 渣系	<3ppm	Liaw et al.	1983	[29]
造渣精炼法 + O_2	采用 CaO 基渣系进行造渣精炼并通入 O_2	由 14ppm 降低到 7.6ppm	Tanahashi et al.	2014	[30]
造渣精炼法 + Cl_2	采用 CaO-SiO_2 渣系并通入一定量 Cl_2	硅中 B 含量约 400ppm，渣中 B 含量由约 350ppm 降低至约 300ppm	Nishimoto et al.	2011	[31]
造渣精炼法 + 合金体系	采用 Na_2O-SiO_2-CaO 渣系，Si-Sn 合金作为净化介质	由 12.92ppm 降低到 0.98ppm	Li et al.	2016	[32]
造渣精炼法 + 合金体系	采用 CaO-SiO_2-$CaCl_2$ 渣系，Si-Cu 合金作为净化介质	由 3.12ppm 降低到 0.35ppm	Luo et al.	2016	[33]

续表 I

技术名称	技术细节	B 水平	研究者	年代	文献
造渣精炼法+合金体系	采用 $CaO\text{-}SiO_2\text{-}Na_2O\text{-}Al_2O_3$ 渣系，Si-Cu 合金作为净化介质	$L_B = 47$	Li et al.	2014	[34]
造渣精炼法+合金体系	采用 $CaO\text{-}SiO_2\text{-}CaF_2$ 渣系，Si-Sn 合金作为净化介质	由 33ppm 降低到 0.3ppm	Ma et al.	2014	[35]
造渣精炼+机械搅拌	采用 $CaO\text{-}SiO_2$ 渣系进行造渣精炼，同时进行搅拌，精炼温度 1823K	由 440ppm 降低至 60ppm	Du et al.	2015, 2014	[36,37]
造渣精炼+电流强化	采用 $CaO\text{-}SiO_2\text{-}Al_2O_3$ 渣系进行造渣精炼，同时施加电流强化杂质去除	由 375ppm 降低至 1ppm	Islam et al.	2014	[38]
等离子法	微波-等离子处理法	由 7ppm 降低到 6ppm	Xie et al.	2013	[39]
电磁感应加热辅助等离子体熔炼法	采用 $Ar\text{-}H_2O$ 作为反应气体	由 22ppm 降低到 0.2ppm	Cai et al.	2012	[40]
等离子体法+氢气/水蒸气	采用 4.3%～4.6% H_2 与 50.4%～50.6% H_2O 混合气体精炼冶金硅	由 5～10ppm 降低到 <0.1ppm	Nakamura et al.	2004	[41]
等离子熔化+吹气法	等离子熔化硅液，同时通入 H_2 和 O_2 反应气体。B 以 BO、BOH、BH 等形式挥发，其中 BOH 为主要形式	由 15ppm 降低到 2ppm	Alemany et al.	2002	[42,43]
合金凝固精炼法	Si-Al 合金中添加 Ti 形成 TiB_2 沉淀，促进 B 析出	Al-29.3% Si 合金中，B 杂质表观分配系数为 0.0471	Chen et al.	2016	[44]
合金凝固精炼法	Si-Al 合金中添加 Ti 形成 TiB_2 沉淀，促进 B 析出	降低至 1.2	Lei,Ma et al.	2016	[45]
合金凝固精炼法	Si-Cu 合金凝固精炼+王水酸洗	去除率 58.7%	Luo et al.	2016	[46]
合金凝固精炼法	Si-Al 合金中添加 Hf，促进 B 去除	由 153ppm 降低至 2.7ppm	Ma et al.	2016	[45]
合金凝固精炼法	Si-Al 合金凝固精炼提纯冶金硅，配合旋转磁场	由 65ppm 降低到 4.67ppm	Wang et al.	2015	[47]
合金凝固精炼法	Si-Al 合金凝固精炼配合感应搅拌	B 杂质表观分凝系数 0.37	Chen et al.	2015	[48]
合金凝固精炼法	Si-Ga 合金凝固精炼去除 B	去除率 83.28%	Chen et al.	2015	[49]
合金凝固精炼法	Si-Al 合金凝固精炼去除 B	去除率 74.3%	Li et al.	2015	[50]
合金凝固精炼法	Si-Al-Sn 合金凝固精炼提纯冶金硅，Sn 可增加初晶硅回收率	由 14.8ppm 降低到 3.9ppm	Li et al.	2014	[51]
合金凝固精炼法	Si-Al 合金凝固精炼提纯冶金硅，添加 Zn 以提高初晶硅回收率同时促进合金相分离	由 14.8ppm 降低到 2.4ppm	Li et al.	2014	[52]

续表I

技术名称	技术细节	B水平	研究者	年代	文献
合金凝固精炼法	Si-Cu合金添加金属Ca去除B	去除率44.4%	Luo et al.	2013	[53]
合金凝固精炼法	Sn-Si合金凝固精炼去除B	由15ppm降低到0.12ppm	Guo et al.	2011	[54]
合金凝固精炼法	Si-Al合金凝固精炼提纯冶金硅	去除95%以上,B达到0.8~1.9ppm	Morita et al.	2009,2005,2003	[55-57]
合金凝固精炼法	Si-Al合金中添加Ti形成TiB_2沉淀,促进B析出	由170ppm降低到1.1ppm	Yoshikawa et al.	2005	[58]
热处理+淬火+酸洗精炼	粒径为74~44μm的硅粉在1273K温度下热处理2h后立即淬火处理,再经$HF+HNO_3$混酸处理	由128ppm降低到10.9ppm	Sun et al.	2013	[59]
湿法酸洗法	硫酸-氢氟酸混合酸浸取工业硅粉	由6.9ppm降低到3.9ppm	Tang et al.	2011	[60]
电子束精炼	将单晶硅片在1273K温度热氧化1h,利用电子束热效应和注入的负电荷作用去除B	去除率4.83%	Tan et al.	2014	[61]

表II 冶金法生产太阳能级硅中P的去除技术和已经达到的水平

技术名称	技术细节	P水平	研究者	年代	文献
吹气精炼法	向硅液中吹入H_2O-O_2,O_2	由184ppm降低到112ppm	Wu,Ma et al.	2014,2013	[4,5]
吹气精炼法	向硅液中吹入H_2O-Ar	由94ppm降低到11ppm	Xing et al.	2013	[62]
等离子法	微波-等离子处理法	由22ppm降低到0ppm(检测不到)	Xie et al.	2013	[39]
电子束精炼法	在9kW、15kW、21kW下电子束精炼提纯冶金硅	由3320ppmw降低至7ppmw	Tan et al.	2013	[63]
电子束精炼法	在5~7Pa低真空条件下,采用电子束熔化,精炼时间1h	由200ppm降低到1ppm	Miyake et al.	2006	[64]
电子束精炼法	电子束辐射法蒸发去除P杂质	由25ppm降低到0.1ppm	Hamazawa et al.	2003,2004	[65,66]
电子束精炼法	5~7Pa真空条件下,采用电子束精炼,时间1h	由2ppm降低到0.1ppm	Miyake et al.	2003	[67]
电子束精炼法	在0.01Pa真空条件下,采用电子束精炼,时间0.5h	降低到3ppm	Ikeda et al.	1992	[68]
造渣精炼	采用$CaO-SiO_2-CaCl_2$渣系,随后配合酸洗精炼	去除率:93.0%~98.3%,P含量降低至0.43ppm	Ma et al.	2016	[69]

续表 Ⅱ

技术名称	技术细节	P 水平	研究者	年代	文献
造渣精炼法+合金体系	采用 CaO-SiO_2-Na_2O-Al_2O_3 渣系，Si-Cu 合金作为净化介质	$L_P = 1.1$	Li et al.	2014	[34]
造渣精炼+酸洗	采用 CaO-SiO_2-CaF_2 渣系，随后施加酸洗精炼	去除率:80%	Jung et al.	2011	[70,71]
真空感应精炼法	真空感应炉精炼冶金硅	由 15ppm 降低到 ~1ppm	Luo et al.	2011	[72]
真空感应熔炼法	在 1873K、0.012~0.035Pa 真空度条件下精炼冶金硅,熔炼 1h	由 15ppm 降低到 8ppm	Zheng et al.	2009	[73]
真空熔炼+定向凝固	真空条件下进行定向凝固去除 P 杂质	由 1.11×10^3 wt.% 降低至 10ppmw	Li et al.	2014	[74]
合金凝固精炼法	Si-Al-Sn 合金凝固精炼去除 P 杂质	由 32.8ppm 降低到 6.9ppm	Luo et al.	2016	[75]
合金凝固精炼法	Si-Cu 合金凝固精炼,并进行王水酸洗处理去除 P	去除率42.2%	Luo et al.	2016	[46]
合金凝固精炼法	Si-Al 合金去除冶金硅中 P	当硅含量为 39.1%、29.3%、19.4% 时,P 杂质表观分凝系数分别为 0.0207、0.00822、0.00679	Chen et al.	2016,2015	[76,77]
合金凝固精炼法	Si-Ga 合金凝固精炼去除 P	去除率:14.84%	Chen et al.	2015	[49]
合金凝固精炼法	Si-Cu 合金添加金属 Ca 去除 P	去除率:>60%	Luo et al.	2013	[53]
合金凝固精炼法	Si-Sn 合金添加金属 Ca 去除 P	去除率:17.8%	Wang et al.	2013	[78]
合金凝固精炼法	Si-Al 合金凝固精炼去除 P,由于 1173~1373K 下 P 和 Al 在固态硅中具有很强的亲和力,在液态 Si-Al 合金中 P 是以 AlP 的形式存在	去除率:95.0%~98.5%	Morita et al.	2003	[56]
合金凝固精炼法	向硅中添加金属 Ca 去除 P 杂质。熔硅中 Ca 和 P 存在很强的亲和力,致使 P 的活度系数降低,从而导致 P 的固液分配系数减小	去除率达80%	Shimpo et al.	2004	[79,80]
真空熔炼法	真空精炼法去除 P。随着精炼时间延长,P 去除率提高	去除率达97.3%	Ma et al.	2007	[81]
真空熔炼法	在 0.027Pa 条件下真空精炼 1h	由 32ppm 降到 6~7ppm	Suzuki et al.	1990	[82]
真空熔炼法	1915K,真空度 $8.0 \times 10^{-3} \sim 3.6 \times 10^{-2}$ Pa 的条件下,真空精炼去除 P	降到 0.1ppm 以下	Yuge et al.	1997	[83]
酸洗精炼法	在熔融冶金硅中掺入一定量的钙,然后再粉磨酸洗	降低到约3ppm	Luo et al.	2015	[84]
区域熔炼法	采用区域熔炼方法提纯冶金硅,移动速度 1~10 mm/min	硅纯度由 99% 提升至 99.999%	Mei et al.	2012	[85]

表Ⅲ 冶金法生产太阳能级硅中金属杂质的去除技术和已经达到的水平

技术名称	技术细节	金属杂质水平	研究者	年代	文献
真空定向凝固熔炼	采用真空熔炼技术去除冶金硅中金属Ca,建立Ca分布数学模型	Ca 由约70ppm降低至0.1ppm	Wei et al.	2016	[86]
定向凝固熔炼	采用定向凝固技术去除冶金硅中金属Fe	Fe去除效率99.95%	Luo et al.	2016	[87]
定向凝固法	在 6×10^4 Pa 气压下采用定向凝固法去除冶金硅中金属杂质	硅纯度:99.999%。Cu:28.56→0.1ppm; Mn:10.53→0.01ppm; Na:1096.91→0.2ppm	Tan et al.	2015	[88]
定向凝固法	采用定向凝固技术去除冶金硅中金属Al	Al去除率99.67%	Wu, Ma et al.	2015	[89]
定向凝固法	采用定向凝固法去除CaO和Ca	—	Luo et al.	2015	[90]
定向凝固法	采用真空定向凝固法去除冶金硅中Al和Ca杂质	Al去除率59.1%,Ca去除率47.6%	Tan et al.	2014	[91]
定向凝固法	采用真空定向凝固方法去除冶金硅中金属杂质	Fe、Ni、Cu金属杂质去除率>90%	Tan et al.	2011	[92]
定向凝固法	采用定向凝固法去除冶金硅中金属杂质	硅锭顶部 Fe、Al、Cu、Ti、V、Mn、Cr、Ni、Zr等金属杂质总含量约120ppm	Martorano et al.	2011	[93]
定向凝固法	采用定向凝固法去除冶金中金属杂质,硅锭尺寸 ϕ130mm×120mm	去除率 Al:96.4%, Fe:90.5%, Ca:96.6%, Ti:95.7%, Cu:96.3%	Liu et al.	2010	[94]
电子束精炼法	采用电子束精炼冶金硅,电子束功率12~6.6kW,精炼时间45min	硅纯度提升至>7N	Lee et al.	2015, 2014	[95] [96]
电子束精炼法	采用电子束精炼提纯冶金硅,考察不同电子束模式效果	硅纯度由99.806%提升至99.996%~99.944%	Jang et al.	2013	[97]
电子束精炼法	采用电子束精炼去除冶金硅中金属Al	精炼1920s,功率21kW,Al含量由80.5ppm降低至0.5ppm	Tan et al.	2011	[98]
电子束精炼法	采用电子束熔炼去除金属杂质,真空:10^{-2}Pa,熔炼时间:30min	Al去除率:75%;Ca去除率:89%;P去除率:93%	Maeda et al.	1992	[68]
电子束+定向凝固精炼法	采用电子束熔炼同时利用定向凝固技术去除金属杂质,处理150kg硅料	Fe:1000~1500→<1ppm; Al:600~800→<1ppm; Ti:150~200→<1ppm	Yuge, Kato et al.	2004	[99]
吹气精炼法	向硅液中吹入 H_2O-O_2、O_2 气体	Ca、Al杂质去除率超过90%, Fe、Cu、V杂质去除率低于17%	Wu, Ma et al.	2014, 2013	[4,5]
分布结晶法	将冶金硅缓慢加热至熔点之下并进行离心,通过分离硅固相与金属杂质液相提纯冶金硅	Al: 2666→104.2ppmw; Cu: 83.03→1.7ppmw; Ti: 503.5→12.6ppmw; Fe: 3253→70.5ppmw	Lee et al.	2011	[100]
造渣精炼+酸洗精炼	采用 $CaO-SiO_2-CaF_2$ 渣系进行造渣精炼,随后进行酸洗处理	Fe降低至约1ppm,Al降低至约4ppm,Ca降低至约11ppm,Ti降低至约10ppm	Luo et al.	2013	[101]

续表Ⅲ

技术名称	技术细节	金属杂质水平	研究者	年代	文献
合金凝固精炼方法	采用 Si-Cu 合金凝固精炼去除金属 Fe(1343~1603K)	Fe 降低至 2.75ppm	Luo et al.	2016	[102]
合金凝固精炼法	采用 Si-Al、Si-Sn 合金凝固精炼提纯冶金硅	金属杂质去除率 99.9wt%	Guo et al.	2013	[103]
合金凝固精炼法	采用 Si-Cu 合金添加金属 Ca 去除金属杂质	Fe:96.13%,Al:95.62%,Ca:91.95%	Luo et al.	2013	[53]
合金凝固精炼法	采用 Si-Na 合金去除金属 Fe	Fe 杂质由 3200ppm 降低至 1.5ppm	Morito et al.	2013	[104]
合金凝固精炼+定向凝固方法	采用 Si-Al-Sn 合金定向凝固法精炼生长高纯晶体硅	获得块状晶体硅,Al、Sn 含量控制在其固溶度范围内	Li et al.	2015	[105]
合金凝固精炼+定向凝固方法	采用 Si-Sn 合金定向凝固法精炼生长高纯晶体硅	总金属杂质含量由 58.3ppm 降低至 7.6ppm,去除率达 87%	Guo et al.	2014	[106]
合金精炼-高温淬火-酸洗	在 Si-Fe 合金体系中,采用高温淬火与酸洗复合精炼提纯冶金硅	硅料中杂质元素总去除率淬火前为 76.82%,淬火后为 96.05%	Guo et al.	2014	[107]
合金凝固精炼法+气泡吸收	采用 Si-Al 合金凝固精炼同时注入 H_2	杂质含量由 777.57ppmw 降低至 10.8ppmw	Ma et al.	2014	[108]
合金凝固精炼+酸洗精炼	采用 Si-Cu 合金凝固精炼,随后进行 HNO_3-HCl 酸洗处理	杂质总含量由 5277ppm 降低至 225.5ppm	Mitrasinovic et al.	2013	[109]
酸洗精炼法	采用 HF+H_2O_2 酸洗处理冶金硅	冶金硅纯度由 99.74% 提升至 99.99%	Luo et al.	2016	[110]
酸洗精炼法	使用混合酸液 CH_3COOH+HNO_3+HF 提纯冶金硅粉	25h 酸洗精炼后,硅粉纯度由 99.74% 提升至 99.99%,Fe 去除率 99.92%	Kim et al.	2015	[111]
酸洗精炼法	采用 HF、HCl、HNO_3 酸洗处理冶金硅,同时配合超声处理	Al、Fe、Ca、Ti、Cu 金属杂质总含量由 5851ppm 降低至 504ppm	Li et al.	2009	[112]
酸洗精炼法	采用酸洗精炼法去除 Fe 和 Ti 杂质	Fe 去除率:85%~96%,Ti 去除率:80%~93%	Morita et al.	2002	[113]
酸洗精炼法	采用 HNO_3、H_2SO_4、HCl、HF 酸液试剂进行酸洗处理,考察硅粉粒径、时间、温度等因素的影响	将硅粉纯度由 99.8% 提升至 99.9%	Santos et al.	1990	[114]
酸洗精炼法	采用 HF、HCl 酸洗处理冶金硅	Al:1500→20ppm;Mg:45→0.5ppm;Ti:250→0.2ppm;Fe:1800→5ppm	Dietl	1983	[115]
酸洗精炼+高温热处理	将冶金硅粉在 973~1173K 进行热处理并配合酸洗精炼	1173K 热处理对杂质去除效果明显,经 HF 酸洗后,硅粉纯度由 99.1% 提升至 99.976%	Khalifa et al.	2012	[116]

表Ⅳ 冶金法生产太阳能级硅中 SiC、Si_3N_4 夹杂物的去除技术和已经达到的水平

技术名称	技术细节	SiC、Si_3N_4 夹杂物水平	研究者	年代	文献
电子束熔炼法	采用电子束熔炼含有 SiC 的硅锭并缓慢凝固	SiC 在硅锭底部沉降	Tan et al.	2016	[117]
电磁净化法	利用高频磁场去除硅中 SiC 夹杂物	SiC 夹杂物去除率达到99%	Zhang et al.	2015, 2011	[118, 119]
离心法	利用离心法分离 Si-SiC-有机溶剂混合物	SiC 夹杂物去除率达到94%	Sergiienko et al.	2014	[120]
物理沉降法	利用物理沉降分离多晶硅切削浆料	SiC 夹杂物含量由 63.3% 降低至 12.8%	Xing et al.	2014	[121]
合金凝固精炼法	利用 Si-Al 合金合金凝固精炼分离 SiC	将 SiC 转化为易于水解的 Al_4C_3	Li et al.	2012	[122]
定向凝固法	采用定向凝固法控制晶体硅生长速度以分离 SiC、Si_3N_4	—	Trempa et al.	2010	[123]
过滤方法	利用石墨、SiC 等过滤器分离硅中 SiC、Si_3N_4 夹杂物	SiC、Si_3N_4 夹杂物去除率达到 99.69%	Zhang et al.	2008	[124]
酸洗+离心法+热处理	采用丙酮、硝酸进行清洗处理，随后进行离心分离，最后热处理分离获得硅	硅回收率达到45%	Lan et al.	2008	[125]
酸洗精炼+沉降法	采用 HF 酸浸蚀沉降方法回收单晶硅切割废浆料中硅粉	硅回收率达到62%	Li et al.	2012	[126]

5.1 酸洗精炼法

5.1.1 酸洗精炼法基本原理

由于 Fe、Al、Ti、Ca 等杂质在固相 Si 中具有极低的固溶度和分凝系数，使得这些杂质具有分凝特性，它们会在 MG-Si 熔体凝固过程中偏聚至剩余熔体，最终在 Si 的缺陷处析出、形成金属单质或多元合金杂质相，如图5.1所示。依据杂质的分布特性，酸洗方法使用浸出剂能将 MG-Si 中杂质最大限度地溶解进入浸出液，从而达到提纯的目的。其中，浸出剂主要以酸性试剂为主，包括硫酸

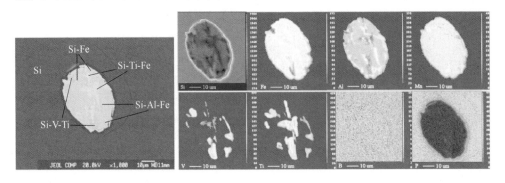

图 5.1 MG-Si 中金属杂质相的 SEM 图和 EPMA 元素面扫面分布图[84]

（H_2SO_4）、盐酸（HCl）、氢氟酸（HF）、王水（$HCl\text{-}HNO_3$）等；MG-Si 浸出过程受硅颗粒大小的影响，对于颗粒内部与浸出液接触不到的杂质是无法去除的，此外，浸出过程还会受到浸出剂浓度、处理温度、是否搅拌等因素有关。

湿法冶金技术作为一种 MG-Si 的初级提纯方法，具有低温除杂的优点。针对金属杂质显示了优异的去除效果，但对于 B、P 等非金属杂质，由于其具有较大的分凝系数，在 Si 中几乎均匀分布，因此，这些杂质的去除效果并不理想。

5.1.2 酸洗精炼法流程

图 5.2 显示了酸洗提纯 MG-Si 的一般工艺流程：首先使用破碎机对 MG-Si 原料进行破碎；随后筛分得到不同粒径的 MG-Si 颗粒；将 Si 料放置于容器或反应釜中，加入浸出剂，在不同温度或搅拌速度条件下进行常规酸洗或高压酸浸；反应一段时间后，对 Si 料进行清洗直至溶液呈中性，随后倾倒浸出液；对酸洗后的 Si 料进行烘干。

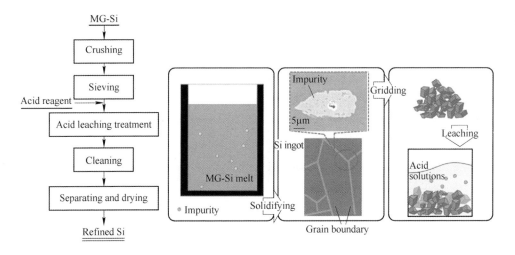

图 5.2 酸洗精炼法提纯 MG-Si 工艺流程图与示意图

5.1.3 酸洗精炼法的影响因素及应用

1927 年 Tucker[127] 首先提出使用酸洗精炼法提纯 MG-Si。随后酸洗精炼法得到不断的发展与改善。Dietl[115]、Santos 等[114]、Mitrasinovic[128] 等研究了 MG-Si 破碎粒径与酸洗效果之间的关系，结果表明：小尺寸 MG-Si 颗粒有利于酸洗提纯，但尺寸过小会不利于酸洗后硅粉的回收，导致提纯硅回收率降低。因此，MG-Si 通常破碎的尺寸选定为 50~150 μm。文献[59，114]进一步报道了酸洗时间、温度和酸洗试剂成分等因素对 MG-Si 提纯效果的影响。

Margarido[129,130] 等研究发现，MG-Si 中杂质的种类复杂、数量繁多，具有不

同相结构的杂质会显示出不同的酸洗去除效果,如在盐酸溶液中,不同金属杂质去除效果的难易程度为:

$$CaSi、CaSi_2、CaAl_2Si_{1.5} > Fe\text{-}Al\text{-}Si\text{-}Ca > Al\text{-}Fe\text{-}Si \gg FeSi_2 \quad (5.1)$$

在王水溶液中,则存在:

$$Si\text{-}Al\text{-}Ca、Si\text{-}Al\text{-}Fe\text{-}Ca > CaSi_2 \gg Si\text{-}Fe、Si\text{-}Ti\text{-}Fe、Si\text{-}V\text{-}Ti、Si\text{-}Ca\text{-}Ni \quad (5.2)$$

Fe-Si 基、Ti-Si 基杂质相化学性质稳定,成为酸洗精炼过程难以去除的杂质。针对这种难酸浸去除的杂质,Meteleva-Fischer 等[131]、He 等[132]、Lai 等[84]尝试向 MG-Si 中添加金属 Ca 或金属氧化物 CaO,利用 Ca 元素将难酸浸的 Fe、Ti 杂质转化为易酸溶的钙合金,随后再进行酸洗处理。研究结果表明,Ca 或 CaO 的添加会在硅母相中形成新的 Si-Ca-(Ti,Fe) 杂质相并偏析于硅晶界处,而这种杂质相易溶于 HCl 溶液,经酸洗后,Fe、Al、Ti、Ni 等杂质含量均低于 5ppmw。图 5.3 显示了添加 5wt% 金属 Ca 后的 MG-Si 微观组织形貌图,同时对比其在 298K 温度、不同酸液处理 4 h 后的硅样品 SEM 照片。由此可以清楚看出,HCl + HF 混合溶液具有更显著的除杂效果。Inoue 等[133]报道了 1723K 下 Ca 与 B 之间的相互作用系数,为 -14.6;Shimpo 等[79]也得到了 1723K 下 Ca 与 P 之间的相互作用系数,为 -3.08,并通过实验验证得到:当 Ca 添加量为 5.17% 时,MG-Si 中 P 杂质去除效率高达 80.4%。由此可知,Ca 添加对 MG-Si 中 B、P 杂质也具有一定去除效果。

酸洗方法虽然能有效去除偏析至硅晶界处的杂质,但对于固溶在硅晶体内的

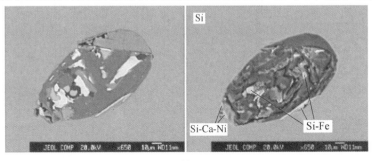

(a)

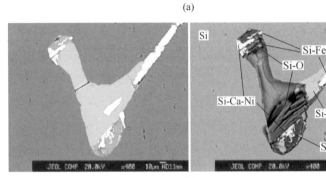

(b)

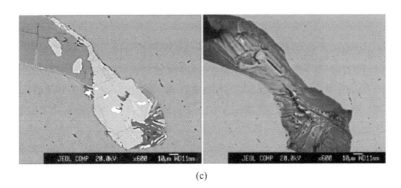

(c)

图 5.3 添加 5wt% 金属 Ca 后，MG-Si 经酸洗处理前后的微观形貌图

(T = 298K；t = 4h)

(a) HCl 浸出液；(b) HCl + HNO_3 混合浸出液；(c) HCl + HF 混合浸出液

杂质去除作用则十分微弱。值得注意的是，杂质在硅中具有逆向固溶解度性质，即低于硅熔点温度下（<1687K），硅中杂质含量随着温度的降低而显著降低，Khalifa 等[116]和 Chung[134]学者利用这一特殊性质尝试将热处理与酸洗处理技术结合起来，实验方法为：将 MG-Si 在 1173K 的温度热处理 1h，随后淬火，再进行酸洗处理。研究发现，MG-Si 中 Al、Fe、Ca、Na、Mg 等主要杂质的含量显著降低，杂质去除率高达 99.997%，这一结果明显优于单一酸洗的处理方法（酸洗除杂效率为 99.97%）。图 5.4 显示了实验设备示意图，该设备由一个管式电阻炉和可以控制炉管定速转动的伺服电机组成，表 5.1 为实验过程的参数。图 5.5 显示了不同热处理条件下 MG-Si 中金属杂质的析出形貌图。通过对比可以看出，受不同升温速度、热处理温度和热处理时间等参数影响，较高的热处理温度会促使硅晶体内部的杂质过饱和析出，并在样品边缘处形成网络结构，而硅晶体内部则无杂质析出物。解释其原因为：MG-Si 经热处理后，杂质依据其逆向固溶度性质过饱和析出、形成液相，并偏析至硅晶界或硅表面，若进一步结合酸洗处理，则可以有效去除这些饱和析出的杂质，从而提升酸洗精炼法的除杂效果。

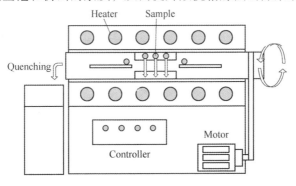

图 5.4 冶金硅热处理使用的实验设备示意图[134]

表 5.1 热处理实验条件[134]

序号	步骤 1			步骤 2			步骤 3			步骤 4		
	温度(K)	加热速度(K/min)	保温时间(h)	温度(K)	加热速度(K/min)	保温时间(h)	温度(K)	加热速度(K/min)	保温时间(h)	温度(K)	加热速度(K/min)	保温时间(h)
1	973	2	6	—			—					
2	1513	2	6	—			—					
3	1683	2	6	—			—					
4	913	2	6	973	4	6	1673	4	6	1673	0.1	4
5	1483	2	6	1513	4	6	1673	4	6	1673	0.1	4

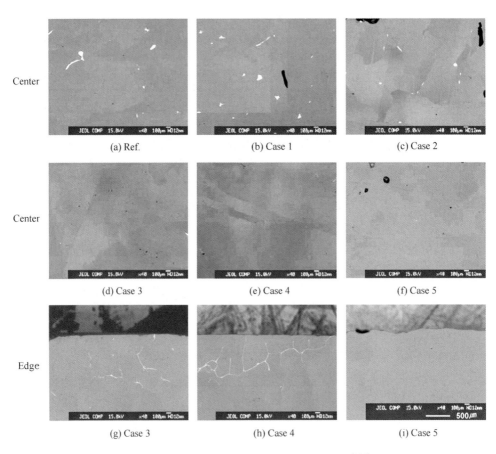

图 5.5 不同热处理条件下 MG-Si 的 SEM 图[134]

5.2 凝固精炼法

5.2.1 凝固精炼法基本原理

利用杂质在硅-固液两相中溶解度相差较大的物理性质，凝固精炼法通过控制硅的凝固过程（凝固速度、热场方向等），将分凝系数较小的杂质富集至液相中，从而凝固得到低杂质含量的高纯固相硅。凝固精炼后，将杂质富集区去除，获得剩余高纯硅料。

硅中各种杂质的去除效果依据其在硅中的分凝系数（k）评价，见表5.2。如杂质分凝系数$k<1$，则在硅凝固过程中杂质会富集在剩余熔体中，固相硅纯度提高（图5.6(a)）；相反，如杂质分凝系数$k>1$，则杂质富集在固相硅中（图5.6(b)）。杂质的分凝行为可采用Scheil公式进行描述：假定在硅凝固界面满足局部平衡，固相硅中无杂质扩散，同时在液相硅中杂质混合均匀的条件下，硅的固相分数（f_s）与杂质分凝系数之间的关系可表示为：

$$C = kC_o(1-f_s)^{k-1} \tag{5.3}$$

表 5.2　硅熔体中主要杂质元素的分凝系数[135,136]

杂质元素	分凝系数	杂质元素	分凝系数	杂质元素	分凝系数
Fe	8.0×10^{-6}	Mn	1.3×10^{-5}	O	0.5
Al	2.0×10^{-3}	Nb	4.4×10^{-7}	Bi	7.0×10^{-4}
Ca	8×10^{-3}	Pd	5.0×10^{-5}	Co	2.0×10^{-5}
Ti	2×10^{-5}	Ta	2.1×10^{-8}	Ga	8.0×10^{-3}
Cu	4.0×10^{-4}	V	4.0×10^{-6}	Mg	3.2×10^{-6}
Mn	1.0×10^{-5}	Zn	1.0×10^{-5}	Mo	4.5×10^{-8}
Ag	1.7×10^{-5}	Sn	1.6×10^{-2}	Ni	1.0×10^{-4}
As	0.3	B	0.8	Sb	2.3×10^{-2}
Cr	1.1×10^{-5}	P	0.35	W	1.7×10^{-8}
In	4.0×10^{-4}	C	5.0×10^{-2}	Zr	1.6×10^{-8}

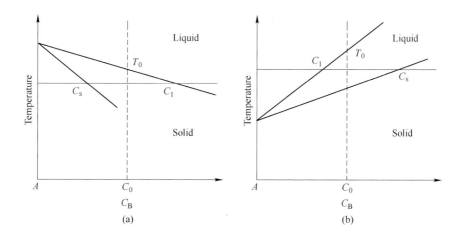

图 5.6　凝固精炼原理
(a) $k<1$；(b) $k>1$

5.2.2 凝固精炼法种类和流程

凝固精炼法主要包括定向凝固、区域熔炼、合金凝固精炼和 Czochralsky 生长法，前三种方法用于生长、提纯多晶硅材料，后者用于生长单晶硅材料。表5.3 汇总了各种方法的异同点，下面就各种方法进行简要介绍。

表 5.3 凝固精炼方法对比

分 类	净化体系	去除杂质	操作温度	主要用途
定向凝固方法	硅	金属杂质	>1687K	硅提纯、铸锭
区域熔炼方法	硅	金属杂质	>1687K	硅提纯
合金凝固精炼方法	二元、多元硅合金	B、P 和金属杂质	<1687K	硅提纯
Czochralsky 生长法	硅	金属杂质	>1687K	单晶硅生长

5.2.2.1 定向凝固方法

针对硅材料，定向凝固技术具有两方面的应用：一是利用杂质的分凝效应提纯 MG-Si；二是通过控制硅凝固组织的晶粒取向，制备粗大、缺陷少的多晶硅铸锭。定向凝固过程中需要调控的参数主要有：晶体生长过程中的温度分布、凝固速度、固-液界面形状等。其中，影响最大的因素为凝固速率。这是因为缓慢的凝固速度可以有效缓解凝固过程中的热应力，进而抑制位错的产生，同时利于杂质的有效分凝。但是在实际生产过程中，过慢的凝固速度会降低生产效率，大大增加成本。因此，在有效控制硅铸锭质量和提高生产效率二者之间应制定合适的凝固速率。

一般地，定向凝固提纯 MG-Si 过程包括[137]：填装硅料→抽真空→加热→熔化→凝固→冷却等多个工序，而多晶硅铸锭过程比上述过程多了一个退火工序。

目前，采用定向凝固方法制备 SOG-Si 材料的技术主要有浇铸法、布里奇曼法、热交换法和电磁铸造法。浇铸法示意图如图 5.7(a) 所示。该方法采用两个坩埚分别进行硅料熔化和结晶，实现硅料的半连续化生产，有效提高生产效率，但也正是由于使用了两个坩埚，使得硅锭二次污染较为严重。布里奇曼法与热交换法相似，都是在同一个坩埚中进行硅料熔化、结晶，通过坩埚脱离加热区形成上下温度梯度从而实现硅料定向结晶，该过程原理图如图 5.7(b) 所示。电磁铸造是一种无坩埚技术，将冷坩埚感应熔炼与连续铸造方法相结合，有效避免了坩埚的污染与损耗，如图 5.7(c) 所示。该方法同样实现熔炼与凝固的连续化过程，十分具有发展前景。但采用该方法制备的硅锭具有较高的位错密度，晶粒尺寸较小，使用该材料制成的电池的转换效率较低。

5.2.2.2 区域熔炼方法

区域熔炼方法采用加热环将待提纯硅棒的局部熔化，随后通过移动加热环或

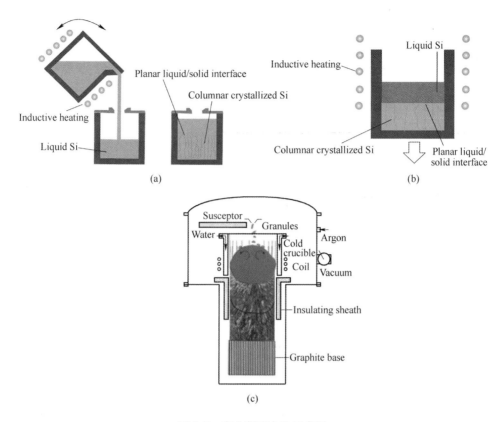

图 5.7 定向凝固方法示意图
(a) 浇铸法[138]; (b) 布里奇曼法[138]; (c) 电磁铸造法[139]

硅棒的方式将熔体从硅棒的头部移动至尾部,熔区所经过的再凝固区域中硅的纯度提高,大部分杂质富集至硅锭的尾部。这种方法适合于小容量的金属液精炼,通过控制熔区移动多次,即像"扫帚"一样将杂质扫向硅棒的尾部,实现硅棒提纯,达到所需纯度。依据上述性质,区域熔炼方法还可用于区域致匀[140],即向硅棒添加一种目的元素,使之均匀分布,同时避免偏析。区域熔炼所需设备的示意图如图 5.8 所示。

除了杂质的分凝系数外,金属区域熔炼效果还会受到仪器参量的影响,如硅棒长度、熔区移动速率、熔区长度、熔炼次数等。

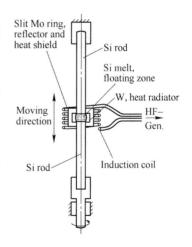

图 5.8 硅材料区域熔炼示意图

5.2.2.3 Czochralski 生长法

Czochralski 生长法又称为直拉法,该方法是由波兰科学家 Czochralski 建立的一种晶体生长方法,发展至今已经成为制备单晶硅材料的主要方法。

Czochralski 方法的设备示意图如图 5.9(a)所示。其流程为:(1)装料、熔料;(2)籽晶与熔硅的熔接:加入籽晶至距离液面 3~5 mm 距离以预热籽晶,随后下降籽晶至液面下,将籽晶与熔硅充分接触,即熔接;(3)引细颈:该工艺可以有效避免籽晶与熔硅因温度差形成的位错;(4)放肩;(5)转肩:当硅晶体进入等径生长时,提高拉速,促进晶体等径生长。最终制备得到一个主体为圆柱体、尾部为圆锥体硅单晶,如图 5.9(b)所示。

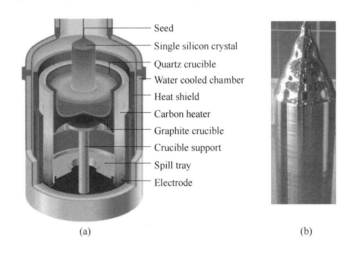

图 5.9 Czochralski 晶体炉示意图 (a)[141]和单晶硅晶体 (b)[142]

5.2.2.4 合金凝固精炼方法

合金凝固精炼方法将在 5.3 节中进行详细介绍。

5.2.3 凝固精炼法的影响因素及应用

定向凝固技术作为一种非常有效的 MG-Si 提纯方法,整个纯化过程是一个物理过程,不涉及任何化学反应,大部分杂质通过两次和多次的定向凝固精炼便可达到 SOG-Si 纯度要求。例如 Liu 等[143]通过两次定向凝固法处理便将硅纯度由 99.7% 提升至 99.998%,其中,Fe<0.05%、Al<0.01%、Ca<0.1%、B:0.22%、P:16.0ppmw、Ni<0.01%、Ti<0.005%、Cu<0.01%、Ge:1.3ppmw。

Liu 等[94]、Martorano 等[93]以及 Bellmann[144]系统地研究了定向凝固过程中硅凝固速度、下拉速度、流体结构等参数对硅锭中杂质分布的影响。图 5.10 显示了 MG-Si 在不同拉速下的宏观图像[93]。采用定向凝固技术制备的硅铸锭中会含有大量柱状晶,且与热流方向一致;随着下降速度(v)的增加,柱状晶晶体宽度减小。这是因为样品的冷却速度等于温度梯度与下降速度的乘积,当设备的温度梯度一定时,提高下降速度会加速样品冷却,同时增加柱状晶的形核几率,因此形成细长的柱状晶。Li 等[145]研究了特形坩埚对硅锭晶体结构的控制:使用底部具有 15mm 凹口的坩埚可得到具有 {112} 择优取向的硅铸锭,同时提升硅中少数载流子寿命以及孪晶比例。Yeh 等[146]采用活化冷却束斑技术诱导孪晶生长,抑制位错密度。

(a) MG-Si,v=5m/s
(b) RMG-Si,v=5m/s
(c) RMG-Si,v=20m/s
(d) RMG-Si,v=110m/s

图 5.10 定向凝固制备硅锭的宏观形貌图[93]

(RMG-Si—提纯的 MG-Si;v—下降速度)

此外,定向凝固技术还可以有效去除 MG-Si 中的 C 杂质。如 Arafune 等[147]提出了定向凝固方法与连续松弛过冷方法(Successive Relaxation of Supercooling,SRS)相结合的手段用于去除 MG-Si 中 C、SiC 杂质。对比传统的定向凝固方法,该方法可将硅中 C 杂质去除效率提高 10 倍之多，同时还能有效抑制小尺寸硅晶粒的形成，最终生产得到高品质多晶硅铸锭。图 5.11 显示了定向凝固后 SiC 颗粒在硅铸锭不同位置上的分布情况[148]。

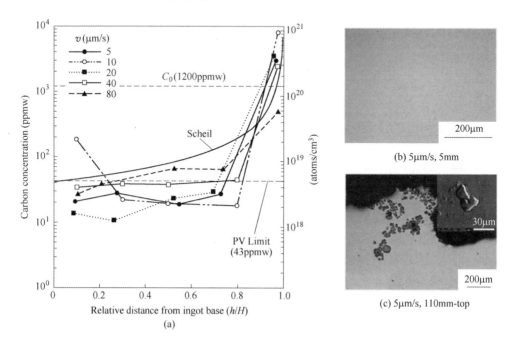

图 5.11　定向凝固去除硅中 SiC 夹杂物[148]

上述研究结果表明，定向凝固技术对于硅中金属杂质和 C 杂质都具有优越的去除效果，但该技术对于 B、P、O 等这些非金属杂质则去除效果甚微，由于这些杂质在硅中的分凝系数接近 1.0，导致它们无法有效从硅熔体中偏析出来。

5.3　合金凝固精炼法

5.3.1　合金凝固精炼法基本原理

日本东北大学 Obinata 和 Komatsu 学者[149]于 1957 年首次报道 Si-Al 合金中初晶硅纯度提高的现象，随后学者们不断地进行尝试与研究，时至今日已将合金凝固精炼法发展成为一种新型、有效的 MG-Si 低温精炼方法。该方法又被称为熔析精炼法。

合金凝固精炼法原理如图 5.12 所示。该方法基于分离结晶原理，采用 Al、Cu 等低熔点金属与冶金硅共熔，在熔体冷却过程中晶体硅优先析出，杂质依据分凝行为富集至熔体,使得晶体硅中杂质含量大幅度降低,最后结合酸洗等手段分离、获得高纯晶体硅。

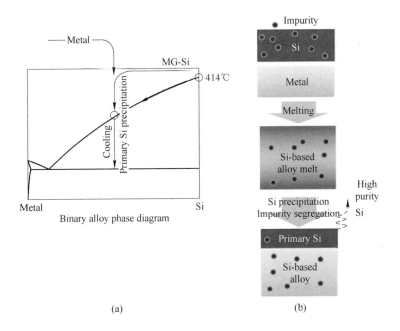

图 5.12 硅二元合金相图(a)及合金凝固精炼原理图(b)

在合金凝固精炼过程中,杂质在硅固相与合金熔体之间的分凝系数表征为:

$$k_i = \frac{x_i^S}{x_i^L} = \frac{\gamma_i^L}{\gamma_i^S}\exp\left(\frac{-\Delta G_i^\ominus}{RT}\right) \quad (5.4)$$

式中,x_i^S,x_i^L 分别为杂质 i 在硅固相与合金熔体中的摩尔含量;γ_i^S,γ_i^L 分别为杂质 i 在硅固相与合金熔体中的活度系数;$\Delta G_i^\ominus$ 为杂质 i 的熔化吉布斯自由能;T 为温度。由于添加金属与杂质之间的交互作用强化了杂质的分凝行为,进而提高了杂质的去除效率。表 5.4 为 Morita 等采用温度梯度区域熔炼方法测定的 Si-Al、Si-Sn 体系中多种杂质的分凝系数[55,56,58,150],对比表 5.2,合金中杂质的分凝系数相比单组元硅体系显著降低了 1~2 个数量级,尤其是 B、P 杂质。

表 5.4 杂质在 Si-Al、Si-Sn 体系中的分凝系数[55,56,58,150]

元素	Si-Al 合金			Si-Sn 合金		
	1073K	1273K	1473K	1605K	1633K	1666K
Fe	1.7×10^{-11}	5.9×10^{-9}	3.0×10^{-7}	1.2×10^{-5}	2.8×10^{-5}	6.7×10^{-5}
Ti	3.8×10^{-9}	1.6×10^{-7}	9.6×10^{-7}	7.8×10^{-4}	7.8×10^{-5}	5.7×10^{-6}
Cr	4.9×10^{-10}	2.5×10^{-8}	2.5×10^{-7}	6.8×10^{-7}	6.9×10^{-7}	8.6×10^{-7}

续表5.4

元素	Si-Al 合金			Si-Sn 合金		
	1073K	1273K	1473K	1605K	1633K	1666K
Mn	3.4×10^{-10}	4.5×10^{-8}	9.9×10^{-7}	1.7×10^{-5}	1.1×10^{-5}	8.0×10^{-6}
Ni	1.3×10^{-9}	1.6×10^{-7}	4.5×10^{-6}	1.3×10^{-4}	1.1×10^{-4}	1.0×10^{-4}
Cu	9.2×10^{-8}	4.4×10^{-6}	2.5×10^{-5}	1.0×10^{-4}	3.1×10^{-4}	7.1×10^{-4}
Zn	2.2×10^{-9}	1.2×10^{-7}	2.1×10^{-6}	4.7×10^{-6}	6.3×10^{-6}	1.2×10^{-5}
Ag	1.9×10^{-8}	1.7×10^{-6}	6.6×10^{-6}	3.0×10^{-6}	4.8×10^{-6}	1.1×10^{-5}
Au	1.5×10^{-11}	6.1×10^{-9}	3.6×10^{-7}	6.9×10^{-6}	7.9×10^{-6}	1.2×10^{-5}
Ga	2.1×10^{-4}	8.9×10^{-4}	2.4×10^{-3}	1.5×10^{-3}	1.8×10^{-3}	2.8×10^{-3}
In	1.1×10^{-5}	4.9×10^{-5}	1.5×10^{-4}	8.8×10^{-5}	1.7×10^{-4}	4.0×10^{-4}
Sb	3.4×10^{-3}	3.7×10^{-3}	8.2×10^{-3}	3.0×10^{-3}	4.6×10^{-3}	1.0×10^{-2}
Pb	9.7×10^{-5}	2.9×10^{-4}	1.0×10^{-3}	1.8×10^{-4}	4.3×10^{-4}	1.7×10^{-3}
Bi	1.3×10^{-6}	2.1×10^{-5}	1.7×10^{-4}	1.3×10^{-5}	2.4×10^{-5}	6.5×10^{-5}
Al	1.4×10^{-4}	4.9×10^{-4}	1.2×10^{-3}	7.6×10^{-4}	2.0×10^{-3}	2.7×10^{-3}
P	4.0×10^{-2}	8.5×10^{-2}	1.6×10^{-1}	—	—	—
B	7.6×10^{-2}	2.2×10^{-1}	4.9×10^{-1}	—	—	—

对比5.2章节中介绍的定向凝固、区域熔炼等凝固精炼法，合金凝固精炼法使用二元或多元硅合金作为硅的净化体系，金属的添加不仅扩宽了硅的析出温度（温度范围：硅合金液相线温度~合金共晶温度），同时有效地降低了 MG-Si 精炼温度，使得 MG-Si 可以在低于其熔点的温度下（<1687K）进行精炼处理。更重要的是，元素之间的交互作用降低了杂质的分凝系数，强化了杂质的分凝去除效果，显示出低温精炼、高效除杂的优异特性，成为目前的研究热点。

5.3.2 合金凝固精炼法流程

图 5.13 为合金凝固精炼法流程图。首先将硅与低熔点金属共熔化处理，形成二元或多元合金熔体；随后控制降温，促使硅作为初生相从熔体中缓慢析出，与此同时，杂质依据分配规律择优富集于合金熔体中；最后选用酸洗等方式分离初晶硅，其纯度得到有效提高，剩余合金回收后经处理可重复使用或用作其他。

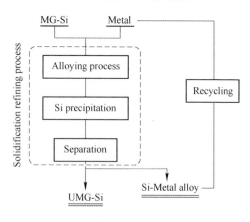

图 5.13 合金凝固精炼法流程图

5.3.3 合金凝固精炼法的影响因素及应用

5.3.3.1 金属选择依据

采用合金凝固精炼法提纯 MG-Si，首先需要选用合理的合金体系。对于熔剂金属（Me）的选择，通常依据以下三个基本原则。

(1) 金属价格相对低廉，无毒性、环境友好；

(2) Si-Me 合金体系中，仅硅作为初晶相析出，同时应避免中间化合物的生成；

(3) 熔剂金属对 Si 具有较大的溶解能力，并在固相 Si 中具有较小的固溶度和分凝系数，以避免熔剂金属对初晶硅造成污染。

依据上述原则，可选用 Al、Fe、Sn 和 Cu 等常见金属作为合金凝固精炼过程使用的熔剂金属，其物理性质列于表5.5。

表5.5 熔剂金属的物理性质

金属	熔点(K)	是否有中间化合物生成	价格(人民币万元/t)	297K 密度(g/cm^3)
Al	933	×	1.3	2.7
Fe	1811	√	0.2	7.87
Sn	505	×	12.5	7.37
Cu	1358	√	4.6	8.96
In	430	×	350	7.31
Zn	693	×	1.6	7.14
Na	371	√	1.5	0.97
Au	1337	×	—	19.30

5.3.3.2 杂质分凝行为和去除效率

A Si-Al 二元合金体系

金属 Al 因其价格低廉、制备技术成熟，成为合金凝固精炼法中熔剂金属的首要选择。同时 Al 对 Si 具有较大的溶解度，Si、Al 合金化后能显著降低 Si 的初晶温度，且共晶温度仅为850K，经凝固精炼后的副产品 Si-Al 合金还可经再处理用于功能合金等行业中。以上种种优良特性使 Si-Al 合金成为合金凝固精炼方法中研究最为广泛的合金体系。

应用 Si-Al 合金提纯冶金硅最早始于1957年[149]。随后，Gumaste 等[151]使用 Si-Al 合金成功地将 MG-Si 中 Fe 杂质含量由890ppm降低至15ppm，Ti 杂质含量由230ppm降低至2ppm。东京大学的 Morita 和 Yoshikawa[55,56,58,152-155]对 Si-Al 合金进行了深入的热力学研究和精炼实验研究。如采用温度梯度区域熔炼方法[55,56,58]测定出不同温度下 Si-Al 合金中 B、P 以及金属杂质的分凝系数，结果列于表5.4

中。由该数据表明：杂质在 Si-Al 合金中的分凝系数明显低于其在 Si 中的数值，并且分凝系数随着温度的降低而进一步减小。从理论上证实了合金凝固精炼法具有降低杂质分凝系数、强化杂质分凝的作用。在此基础之上，Morita 和 Yoshikawa 又进行了 Si-Al 合金凝固精炼提纯 MG-Si 的研究，实验结果如图 5.14 所示[58]。在 1273K 精炼温度下，采用一次 Si-Al 凝固精炼法便可去除约 99% 的 Fe、Ti 杂质，达到太阳能级多晶硅纯度要求，同时还可以有效去除 95%~98.6% 的 B、P 杂质。Gu 等[156]将粉末冶金技术与合金凝固精炼法相结合，有效降低了 Si-Al 合金的熔炼温度，节约了能耗，其提纯结果为，B：$8\rightarrow1.55$ppmw，P：$13\rightarrow0.41$ppmw，Cu：$210\rightarrow0.2$ppmw，Ti：$550\rightarrow0.12$ppmw，Fe：$3200\rightarrow0.21$ppmw。Ban 等[157]研究了不同电磁场强度下 Si-Al 合金精炼的除杂过程，研究发现：具有较小分凝系数的金属杂质不仅会富集在合金相中，部分杂质还会与 Si 形成类似如 Al_7Fe_2Si 和 Al_5FeSi 等中间相；当电磁强度 210V，冷却速度 0.5K/min 时，B 和 P 杂质的表观分凝系数分别为 0.37 和 0.17。王同敏和李廷举等[47,158]采用旋转磁场的加热方式（RMF）进行冶金硅凝固精炼处理，应用该熔炼技术可以在 Si-Al 合金的边缘部位富集 Si 层，有利于 Si 与合金相的分离。通过对比合金中 Si 含量与杂质去除效果、富 Si 层厚度之间关系发现：采用 RMF 技术可显著提高 B、P 杂质去除效率，B 杂质去除率可由 16.36% 提高至 92.67%，P 杂质去除率可由 27.71% 提高至 83.24%，并且金属杂质的去除率也有小幅度提高。

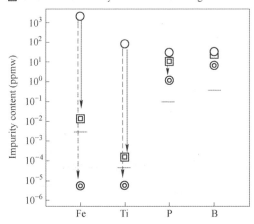

图 5.14　Si-Al 合金凝固精炼与常规凝固方法的除杂效果对比图[58]

李亚琼等[50]详细考察了 Si-Al 合金成分、冷却速度以及冷却阶段等因素的影响。研究发现，Si-Al 合金凝固前期为杂质分凝去除的主要阶段，B 杂质去除率与冷却速度呈反比例关系，即缓慢的冷却速度促进熔体近平衡凝固，有利于杂质分凝去除；而在 Si-Al 合金凝固末期（873~293K），B 杂质去除率与冷却速度呈正比例关系，即较大冷却速度能抑制杂质反扩散污染，同时避免初晶硅表面形成包裹杂质的微 Si 晶粒。图 5.15 显示了 Si-Al 合金凝固末期选用淬火、空气冷却、缓慢冷却方式得到的样品经 HCl 酸洗后的形貌特征。由图 5.15(d)可以看出，一些微 Si 晶粒还存在着微孔结构，这种结构极易夹杂金属熔体，若该晶粒继续生长，则会封闭微孔，最终形成包裹金属杂质的 Si 晶体，难以酸洗提纯，最终导致析出 Si 纯度降低。采用 Si-Al 合金凝固精炼前期慢冷（1173~873K，1K/min）、凝固末期淬火（873K）的强化机制，硅中 B 杂质由初始 14.8ppmw 降低至 1.4ppmw，其去除率高达 90.5 wt%，接近其理论计算值（89.1%），初晶硅纯度为 99.98wt%。

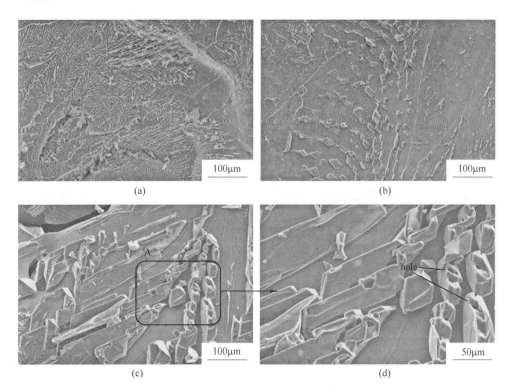

图 5.15 Si-Al 合金经 HCl 酸洗后初晶硅表面 SEM 图[50]
(a) 淬火处理；(b) 空气冷却处理；(c) 缓冷处理；(d) A 区域放大 SEM 图像

Si-Al 合金凝固精炼法显示了高效的除杂特性，但是该方法使用 Al 作为熔剂金属，不可避免地造成熔剂金属 Al 对析出硅的污染，其在初晶硅中的含量约为 300~500ppmw，高于其固溶度。针对初晶硅中这些过量的 Al 杂质，Nishi 等[159]

应用定向凝固方法，成功在 Si-Al 合金中生长得到块状晶体硅，并将初晶硅中 Al 杂质含量有效地控制在其固溶度范围内，不仅避免了金属夹杂污染，提高了 Si 纯度，同时有效地分离得到了块状晶体硅。而对于晶体硅中固溶的金属 Al，还需要在后续净化流程中采用定向凝固或真空熔炼等方法进一步提纯。

为了提高 MG-Si 中 B 杂质的去除效率，Yoshikawa 等[58]尝试向 Si-Al 合金中添加金属 Ti。研究结果发现，利用元素之间较强的吸引作用，Ti 与 B 会发生反应生成针状沉淀物 TiB_2，从而促进 B 杂质去除；同时采用相平衡方法得到 TiB_2 在 Si-Al 熔体中的溶解积：

$$x_{\text{Ti in Si-Al melt}} x^2_{\text{B in Si-Al melt}} = 2.39 \times 10^{-12} (1273K, Si - 60.0\% Al)$$

$$= 9.80 \times 10^{-14} (1173K, Si - 64.6\% Al) \quad (5.5)$$

当 Ti 添加量约为 900ppma 时，B 杂质可由 170ppma 降低至 1.1ppma。

B Si-Sn 二元合金体系

金属 Sn 属于硅中非电活性杂质，Si、Sn 形成合金后具有较低的共晶温度，且无中间相产生。基于 Si-Sn 合金特点，可以采用 Si-Sn 合金进行 MG-Si 精炼提纯研究。依据 B-Sn-Si 相平衡关系，马晓东等[150,160]首先考察了 B 杂质在 Si-Sn 合金中的活度系数，研究发现 Sn 与 B 之间具有较强的排斥作用：1673K 温度下，富 Sn 熔体中 B 杂质活度系数是其在富硅熔体中的 3 倍左右，即 B 杂质处于热力学不稳定状态，如图 5.16 所示。表 5.4 列举了 Si-Sn 合金体系中多种杂质的分凝系数，对比单组元硅体系，大部分杂质的分凝系数均有所降低。经 Si-Sn 合金凝固精炼处理后，硅中杂质的去除情况为：37→14.9ppmw，P：36.2→9.1ppmw，Al：1170→11.0ppmw，Ti：158→1.5ppmw，Fe：2880→49.5ppmw。

郭占成等[54]计算了 1500K 温度下 Si-Sn 合金中 B 杂质分凝系数，其值为 0.038，冶金硅经两次 Si-Sn 合金凝固精炼处理后其 B 杂质含量由 15ppmw 降低至 0.1ppmw。

综合考察 Si-Al 和 Si-Sn 合金的除杂特点，王志等[103]将这两种合金体系相结合，对 MG-Si 先进行 Si-Al 合金凝固精炼，随后进行 Si-Sn 合金凝固精炼，最后采用酸洗处理以分离合金中的初晶硅。通过考察该过程中杂质的去除机制发现：MG-Si 中杂质会形成如 Al-Ca-Mg-Si-P、Ca-Mg-Si、Al-Si-P

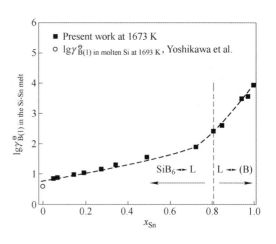

图 5.16 Si-Sn 合金中 B 杂质活度系数与 Sn 含量之间的关系图[160]

等复杂多元相，也会反应生成如 Fe_3Si_7、$Mn_{11}Si_{19}$ 等硅化物，这些杂质相偏聚至晶界，可以通过酸洗方法有效去除。此外，还进行了 Si-Sn 合金精炼-定向凝固分离、提纯 MG-Si 的研究[106]，研究表明，合金定向凝固方法可以有效避免金属 Sn 的夹带污染，能将硅中金属杂质的总含量由 58.3ppm 降低至 7.6ppm，实现杂质的高效去除。

C Si-Cu 二元合金体系

相对于 Al，金属 Cu 更易酸洗去除，且不易被氧化；Cu、Si 形成合金后的共晶温度较低，为 1075K，因此，可以选用 Si-Cu 合金体系作为冶金硅凝固精炼的合金体系。1986 年，Juneja 和 Mukherjee[161] 选用 Si-60wt% Cu 合金，综合合金凝固精炼与酸洗处理两种手段将 MG-Si 中 Fe、Mn、Mg、Cr 和 Ca 等杂质的去除率提高至 95%，B 杂质去除效率较低，为 42%。Aleksandar 等[128] 考察了 Si-Cu 合金精炼效果，重点考察了 Si 与 Cu_3Si 相的分布特点和杂质在各相中的分布情况。Oshima 等[162] 采用相平衡方法讨论了 Si 中 Cu 的热力学性质，1273K 温度下 Si 中 Cu 固溶度约为 10ppma，同时采用定向凝固方法获得块状晶体硅，有效避免了金属 Cu 对初晶硅的污染。

D Si-Fe 二元合金体系

针对 Si-Fe 合金体系，Esfahani 和 Barati[163] 系统研究了合金凝固速度、凝固温度区间、淬火温度等参数对 MG-Si 提纯效果的影响，并优化实验参数。研究发现，将 Si-Fe 合金在高于其共晶温度下进行淬火可以有效提高杂质的去除效率，如图 5.17 所示。Si 中主要杂质含量由初始的 4700ppmw 降低至 50ppmw（Al：10，B：2，Mn：3，Ni：3，Cr：1，Fe：1，P：29ppmw），其中 V、Ba、Li、Be 和 Mg 等金属杂质的含量均低于 0.5ppmw，B 杂质的有效分凝系数降低至 0.07。

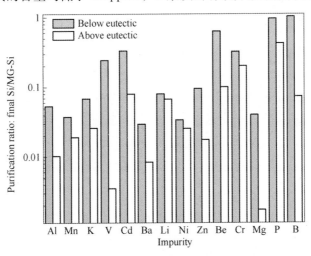

图 5.17 Si-Fe 合金淬火温度对杂质去除的影响[163]

Wu 等[107]进行了 Si-Fe 合金精炼—高温淬火—酸洗提纯 MG-Si 的实验研究。研究发现，Si-Fe 合金未经淬火处理时，杂质去除效率为 76.82%，而经淬火处理后，杂质去除效果可以提升至 96.5%，并且随着淬火温度的升高而逐渐增大。分析其原因为：淬火处理使得高温 Si 发生骤冷而引发断裂，暴露出更多的杂质相，进而增加了杂质与酸液的接触面积，利于酸洗除杂；同时，淬火处理增大了体系中固液界面之间的温度梯度，有效增强了杂质的分凝去除效果。

Khajavi 等[164,165]报道了 Si-Fe 合金中 B 杂质的热力学性质及其去除效果，并得到 B 杂质分凝系数，分别为 0.49 ± 0.01（1583K）、0.41 ± 0.03（1533K）、0.33 ± 0.04（1483K），相比于常规定向凝固方法，Si-Fe 合金定向凝固过程可以有效去除 B 杂质。

E 其他二元硅合金体系

Morito 等[104,166~168]采用 40mol% Si-Na 体系进行 MG-Si 提纯研究。由于 Na 作为熔剂金属具有较高的饱和蒸气压，通过降温分凝和 Na 高温挥发的双重过程，促使初晶硅析出且其纯度提高。研究结果显示，Si 中 Fe 杂质由 3200ppm 降低至 1.5ppm。实验样品结果如图 5.18 所示。

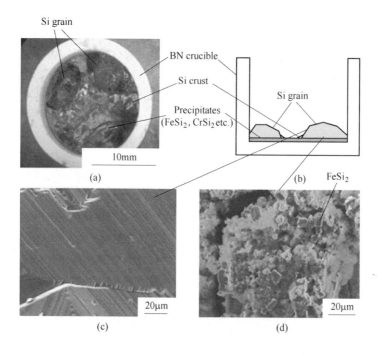

图 5.18 Si-Na 合金凝固精炼后样品照片图[104]

除此之外，Si-Ni[169]、Si-Au[170]等二元合金体系也被应用于合金精炼提纯 MG-Si 的研究。

F Si-Al-Sn 三元合金体系

综合上述二元合金体系，Si-Al 合金体系具有高效的除杂能力、较低的精炼温度以及经济、低廉的提纯成本，因此成为最合适的合金精炼体系。但 Si-Al 合金体系含有较高含量的共晶硅，导致初晶硅回收率偏低，降低了 MG-Si 提纯效率。而对比 Si-Sn 合金体系，该合金体系具有非常低的共晶温度和共晶硅含量：505K 时，共晶硅仅为 4×10^{-5} mol%，同时金属 Sn 又属于 Si 中非电活性杂质，其在 SOG-Si 中所允许含量约为 10ppmw，远高于 SOG-Si 对 Al 元素的允许含量（7.02×10^{-3} ppmw）。基于上述因素，为了提高 Si-Al 合金中初晶硅的回收率，李亚琼等[51,171]考虑向该合金中添加金属 Sn，即建立 Si-Al-Sn 三元合金精炼体系。

首先采用 EPMA 考察了 B 杂质在 Si-Al-Sn 合金中各相中分布，结果如图 5.19 所示。图 5.19(a) 为 40.2mol% Si-Al-10mol% Sn 合金的 BEI 图像，为了更好地区分各相，对图 5.19(a) 进行对比度调整和边界线重新描绘，得到图 5.19(b)，其中白色区域为 Sn 相，白灰色区域为 Al 相，暗灰色区域为 Si 相。对图中 S-T 直线区间进行 Al、Si、Sn、B 四种元素的 EPMA 线扫描分析，结果如图 5.19(c) 所示。依据 B 杂质强度值变化可以看出，B 杂质在各相中呈梯度状分布，其在 Si 相中强度最低，在 α-Al 相中稍有增加，而在 α-Sn 相中最高，该强度信息反映了 B 杂质在 Si-Al-Sn 合金各相中的浓度分布。由此可以粗略判定：Si-Al-Sn 合金凝固后，

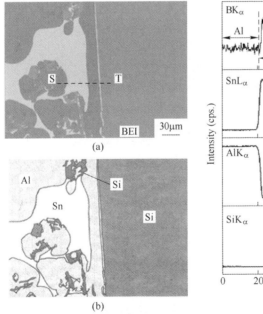
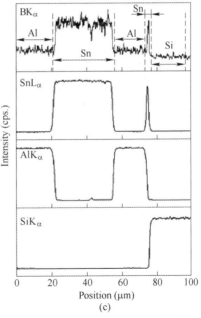

图 5.19　40.2mol% Si-Al-10mol% Sn 合金样品的 EPMA 分析结果
（a）BEI 图像；（b）合金示意图；（c）EPMA 元素线扫描分析[51]

B 杂质在初晶硅中含量最低,少量分布在 α-Al 相中,大量富集在 α-Sn 中。由此可见,Sn 的添加干预了 B 杂质的分凝行为,使其在合金中呈现阶梯状分布。由于 Si-Al-Sn 合金中各相的析出温度和凝固顺序是不同的,同时受 B 杂质分凝系数小于 1 的影响,B 杂质在初晶硅中含量最低,而大量 B 杂质富集在最终凝固的金属 Sn 中。因此判断,MG-Si 经 Si-Al-Sn 合金凝固精炼后纯度提高。

Si-Al-Sn 合金中初晶硅呈板片状形貌,与其在 Si-Al 合金中的形貌相似,因此,Sn 的添加并未改变 Si-Al-Sn 合金中初晶硅板片状形貌特征,但却改变了共晶硅的分布和形貌特征,如图 5.20 所示。Si-Al-Sn 合金中共晶硅分布不均匀,长度变短,相比其在 Si-Al 合金中典型的针片状形貌特征受到弱化,共晶硅各向异性的生长方式受到抑制。如图 5.20(d)所示,在 α-Sn 中三元共晶硅具有较为规则的正八面体形貌。

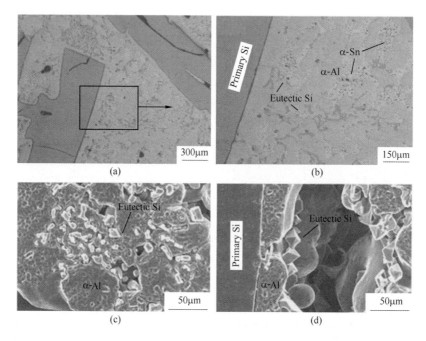

图 5.20 40.2mol% Si-Al-10mol% Sn 合金的 OM 图像 (a) 及放大的 OM 图像 (b),Si-Al-Sn 合金腐蚀后,共晶硅在 α-Al 中的 SEM 图像 (c) 及共晶硅在 α-Sn 中的 SEM 图像 (d)[51]

为了简化研究,李亚琼[171]采用热力学相平衡方法考察了 Al-Sn 合金中 B 杂质的活度系数,以此评价 Sn 添加对 Si-Al 合金中 B 杂质热力学行为的影响,结果如图 5.21 所示。当 Al-Sn 熔体中 Al 含量为 0 时,即在纯 Sn 熔体中,B 杂质活度系数最大;随着 Al 含量增加,B 杂质活度系数逐渐减小;当 Al 含量为 1 时,即纯 Al 熔体中,B 杂质活度系数减小至最小值,1273K 温度下存在如下关系:

$$RT\ln\gamma_{\text{B in molten Sn}}^{\ominus} > RT\ln\gamma_{\text{B in molten Al-Sn}}^{\ominus} > RT\ln\gamma_{\text{B in molten Al}}^{\ominus}(1273\text{K}) \qquad (5.6)$$

由此得到 Al、Sn 熔剂金属对 B 杂质的影响为：B 与 Sn 之间具有较强的排斥作用，显示出较大的拉乌尔正偏差，即在富 Sn 的 Al-Sn 熔体中 B 杂质处于热力学不稳定状态；而金属 Al 的添加能削弱 B 杂质热力学不稳定的性质，使得 B 在富 Al 的 Al-Sn 熔体中处于热力学相对稳定的状态。Xu 等[172]测定了 1173K 下 Sn 与 B 之间的相互作用系数 ε_B^{Sn}，其值为 2506±143，由此进一步验证了 Sn 与 B 之间存在较强的排斥作用。

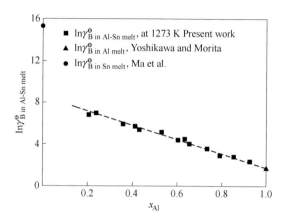

图 5.21　1273K B 杂质在 Al-Sn 熔体中的过剩吉布斯自由能[171]

综合对比 Si-Al、Si-Sn、Si-Al-Sn 合金凝固精炼对 B 杂质的去除效果，结果如图 5.22 所示。高 Al 含量的 Si-Al 合金有利于得到较低的 B 精炼比（定义 B 精炼

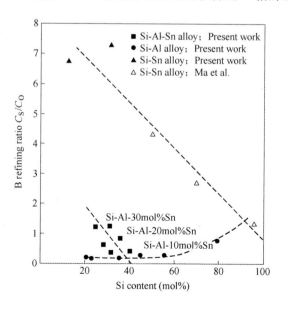

图 5.22　Si-Al、Si-Sn 和 Si-Al-Sn 合金体系中 B 精炼比对比图[171]

比为初晶硅与初始硅合金中 B 杂质含量的比值),除 B 能力增强;而高 Sn 含量的 Si-Sn 合金会得到较高的 B 精炼比,除 B 能力减弱;Si-Al-Sn 合金体系的 B 精炼比介于 Si-Al、Si-Sn 合金二者之间,增加 Al 的含量会降低 B 精炼比,进而提高除硼效率,而增加 Sn 的含量则会增加 B 精炼比,降低除硼效率,三者除硼效果为 Si-Al 合金 > Si-Al-Sn 合金 > Si-Sn 合金。

李佳艳等[173]还考察了金属 Sn 对 Si-Al 合金中初晶硅回收率的影响,研究发现,向 31.86 at% Si-Al 合金中添加 10% 金属 Sn 可以将初晶硅回收率由 62% 提高至 83%,此外,由于金属 Sn 与 Al 与酸液反应速度不同,经酸洗分离初晶硅后,大量丝状 Sn 并未溶解,得以有效回收。综合来看,金属 Sn 的添加虽然使得 Si-Al-Sn 合金中 B 杂质去除效率稍有降低,但却提高了冶金硅的净化效率。

G 其他三元硅合金体系

与金属 Sn 性质相似,Si-Al-Zn[50,174]合金也被用于凝固精炼提纯 MG-Si(见图 5.23),研究表明,金属 Zn 可以有效提高初晶硅的回收率,同时利用其高密度的物理性质,可以强化初晶硅在感应熔炼中上浮从而促进其分离。

5.3.3.3 初晶硅分离方法

熔剂金属的使用大大提高了冶金硅中杂质的去除效果,但却不可避免地造成提纯硅中熔剂金属含量过高、或形成夹杂物。如 Si-Al 合金凝固精炼后,初晶硅中 Al 含量约为 300~500ppmw,高于其固溶度,而 Si-Cu 合金中会形成 Cu_3Si 中间相,难以酸洗去除。因此,如何有效去除熔剂金属、实现熔剂金属的回收利用成为推广合金凝固精炼法的关键所在。

表 5.6 汇总了合金凝固精炼过程相关的初晶硅分离方法,下面将对各个方法进行简要介绍。

表 5.6 合金凝固精炼过程中初晶硅的分离方法

方 法	优 点	合金体系
固-液分离法	分离固相硅并回收金属熔体	Si-Al[151]
重介质分离法	依据 Si 与合金的密度差,选用重介质溶液进行低温物理分离,回收合金	Si-Fe[175],Si-Cu[176],Si-Ni[169]
超重力分离法	利用 Si 与合金的密度差,通过增大重力系数进行硅与合金的高温物理分离,回收金属	Si-Al[177],Si-Sn[54]
电磁分离法	利用电磁场作用下 Si 与熔体不同导电率的性质,获得富集 Si 相,并实现硅溶解-凝固的半连续化过程	Si-Al[154],Si-Al-Sn[173]
定向凝固法	实现块状晶体硅生长,有效避免金属夹杂污染	Si-Al[159],Si-Cu[162],Si-Sn[150],Si-Al-Sn[105,178]
电化学溶解法	依据析出电位不同,电化学分离硅相,回收并精炼金属	Si-Al[179]
酸洗法	有效去除硅中残余金属	适用于各种硅合金体系

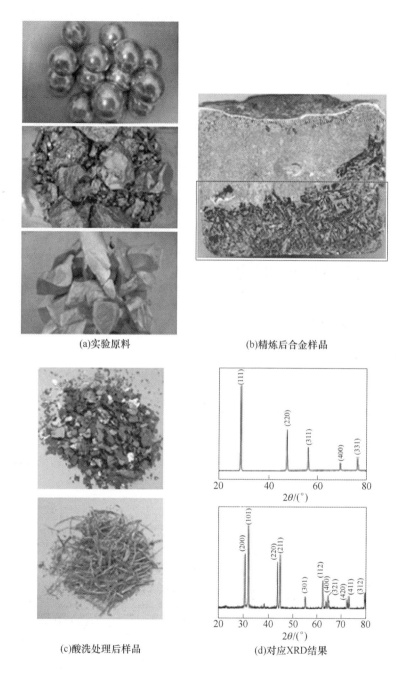

图 5.23 Si-Al-Sn 合金凝固精炼后的初晶硅与金属 Sn 的分离与回收[173]

A 固-液分离法[151]

利用 Si-Al 合金凝固特点，Gumaste 等对冷却至 933K 的过共晶 Si-Al 合金迅速升温，待温度达到973K时，振动坩埚并倾倒合金熔体，将固相初晶硅滞留于坩埚中，随后再对其进行酸洗处理，该方法成为硅合金最初的分离方法。

B 重介质分离法[169,175,176]

Si-Fe合金凝固后含有初晶硅、FeSi$_2$，Esfahani等[175]对该合金进行机械破碎、筛分出不同粒径的合金颗粒，随后利用Si与FeSi$_2$二者之间的密度差选用合理密度的重介质溶液进行分离：密度较小的硅颗粒漂浮至溶液上方，密度较大的FeSi$_2$沉积至溶液底部（图5.24）。此外，重介质分离法的分离效率会受到硅合金凝固速度、破碎颗粒尺寸等参数的影响，研究表明，较大的冷却速度导致初晶硅析出尺寸较小，造成破碎分离困难，进而降低初晶硅分离效率；相同冷却速度条件下，合金的破碎尺寸越小，越有利于初晶硅的分离回收。

图5.24 采用重介质溶液分离Si-Fe合金[175]

该方法同样适用于密度相差较大的Si-Cu[176]、Si-Ni[169]等合金体系。

C 超重力分离法[177,180,181]

王志等尝试在Al-Si、Si-Sn合金凝固过程中施加超重力，促使熔体中析出的初晶硅富集到坩埚底部，从而实现硅与合金的预分离。超重力设备如图5.25所示，主要包含离心旋转系统与加热系统两部分。通过离心旋转方式产生超重力，其离心旋转速度N最高可达5000 r/min，依据公式（5.7），通过增加旋转坩埚的角速度（ω）来增大体系的重力系数（G），从而增大固相Si与合金熔体之间的

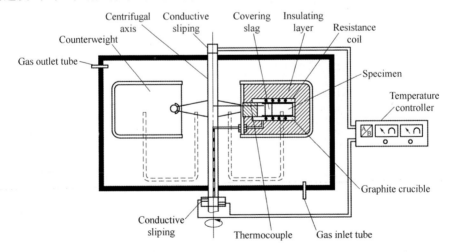

图5.25 超重力设备[177]

受力差异，实现初晶硅富集分离。图 5.26 对比了 Si-Al 合金在常重力（$G=1$）与超重力（$G=403$）条件下的凝固形貌图，经超重力分离后，大部分初晶硅富集至样品底部。

$$G = \frac{\sqrt{g^2 + (\omega^2 r)^2}}{g} = \frac{\sqrt{g^2 + \left(\dfrac{N^2 \pi^2 r}{900}\right)^2}}{g} \tag{5.7}$$

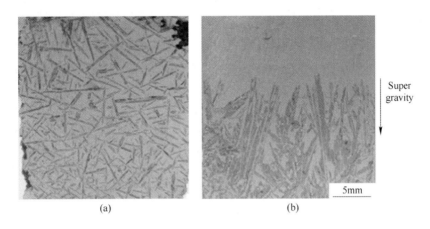

图 5.26　Al-35%Si 合金常重力与超重力条件下凝固后的样品形貌对比图[181]
(a) $G=1$；(b) $G=403$

如若在超重力分离硅合金过程采用带有滤网结构的特制坩埚，则可以进一步改善硅固相与合金液相的分离效果，图 5.27 为文献 [182] 报道的带有滤网

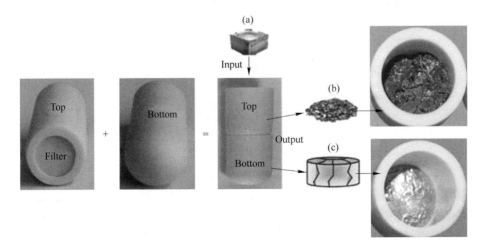

图 5.27　超重力分离法使用带有滤网的坩埚[182]
(a) Si-Al 合金；(b) 顶部 Si-Al 合金粉；(c) 底部 Si-Al 合金锭

双层坩埚。在常重力条件下，初晶硅会被合金溶剂完全包裹，而超重力分离后初晶硅中合金熔剂主要赋存于硅颗粒间接触处和颗粒自身的表面缺陷处，并且这些合金熔剂的表面多为复杂曲面（图5.28），这与Sokolov等[183]所描述的离心固液分离后期液体在固体颗粒间形成凹形弯月形液面的赋存状态一致。基于此，王志等[182]结合实验结果与理论分析，建立了高温体系下超重力强化合金相分离过程模型，如图5.29所示。由图5.29(a)可知，整个超重力分离过程可分为4个阶段：初始阶段、熔化阶段、分离阶段、分离结束。在一定温度下，合金中的熔析剂受热熔化成液相，并在超重力作用下，呈液相的合金熔剂将与固体结晶硅相分离。在此分离过程中，液相在硅颗粒间的分布存在饱和液相区和低液相区两种状态。在饱和液相区中，充足的液体将每个硅颗粒都能很好地包裹起来，液体在硅颗粒中呈连续的状态，如图5.29(b)所示。去除饱和液相区的液体仅需克服硅与合金熔剂间的黏滞作用。而在低液相区，由于液体表面张力的作用，液体不能在硅颗粒中铺开，而是以弯月形聚集于各颗粒的接触处，如图5.29(c)所示。若要去除低液相区需先使液体从凹形弯月液面中脱除，此时需克服毛细管压力 p，该压力可利用拉普拉斯公式确定[184]：

$$p = \sigma\left(\frac{1}{r_2} - \frac{1}{r_1}\right) = \frac{a\sigma}{r_1} \tag{5.8}$$

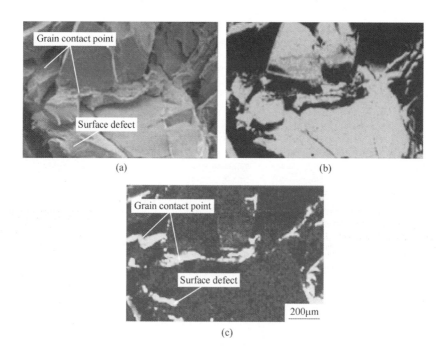

图5.28 超重力分离后合金熔剂赋存状态的SEM图（$G = 400$）[182]

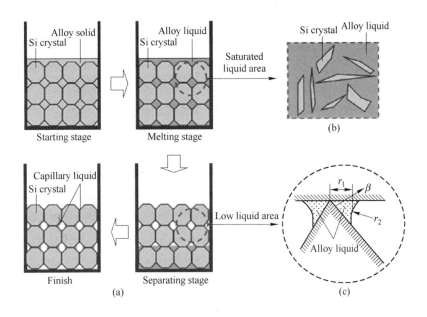

图 5.29 超重力分离行为示意图[182]

D 电磁分离法[50,153,154,157,158,185]

采用感应方式对硅合金进行加热处理，利用电流与磁场相互作用产生的电磁力实现初晶硅分离，其原理如图 5.30 所示。在电磁场中，硅合金熔体中初晶硅固相与合金熔体具有不同的电导率，电磁力促使导电性较差的初晶硅沿其相反方向运动并最终富集[186]。若配合向下的温度梯度可以在合金样品的底部获得富集硅相，相反，则会在样品顶部获得富集硅相，如图 5.31 所示。

马文会等[185]详细考察了感应加热过程中样品上移、下移速度对初晶硅形貌、分

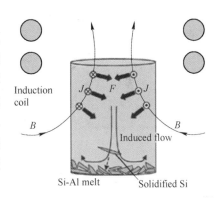

图 5.30 电磁分离 Si-Al 合金示意图[153]

离效果的影响，研究发现，采用较低的样品移动速度，可以获得结合致密、圆状的多边形初晶硅，利于初晶硅有效分离。

Morita 等[154]在感应加热 Si-Al 合金同时添加如图 5.32(a)所示硅源，最终得到的样品形貌如图 5.32(b)~(d)所示，该方法可以实现冶金硅精炼和生长的连续化过程，并分离得到超过 90% 的晶体硅。

李廷举等[158,187,188]采用交变旋转电磁场方法分离硅合金，考察了磁场强度、合金成分等对初晶硅分离效果的影响，研究结果表明，在旋转磁场作用下，铸锭

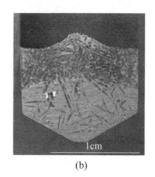

图 5.31 感应加热分离 Si-Al 合金
(a) 底部富集硅相[153]; (b) 顶部富集硅相[50]

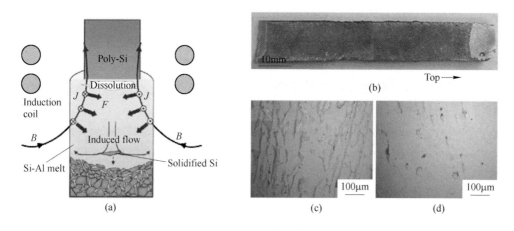

图 5.32 采用感应加热方法连续净化-生长晶体硅示意图 (a) 以及 Si-Al 合金样品整体形貌图 (b), 底部 Si-Al 合金 OM 图 (c), 顶部 Si-Al 合金 OM 图 (d)[154]

外层形成富硅层,硅质量占整个富硅层的 60% 左右,铸锭内层为 Al-Si 共晶组织,如图 5.33 和图 5.34 所示。

E 电化学溶解法[179]

基于铝精炼原理[189],李佳艳等[179]选用 $AlCl_3$-NaCl-KCl 作为电解液、铝硅合金作为阳极、不锈钢作为阴极,在恒电流电解条件下进行硅铝合金低温电解分离。研究结果表明,在电流密度 $50mA/cm^2$、电解温度 473K、电解时间 60min 条件下,Si-50wt% Al 阳极合金经阳极腐蚀后,阴极电极效率达到最大值 93.7%,而富硅阳极泥中含有 90.4% 的多晶硅。该方法同样适用于 Si-Al-Sn 合金体系[190]。

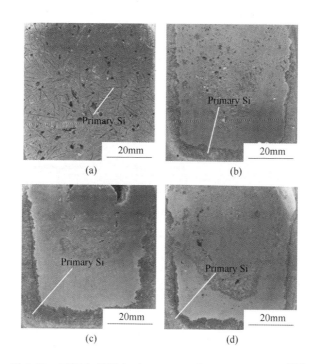

图 5.33　不同电磁强度下 Al-30%Si 合金纵截面形貌图[188]
(a) 0mT；(b) 17mT；(c) 25mT；(d) 32mT

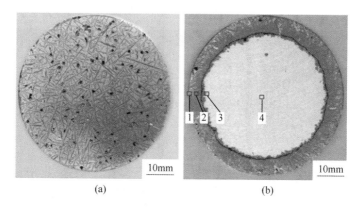

图 5.34　Al-30%Si 合金横截面形貌图[188]
(a) 常规凝固；(b) 旋转磁场凝固 25mT

F　定向凝固法

基于液相外延生长半导体单晶薄膜材料方法，通过施加合理的样品下拉速度与温度梯度，可以在过共晶硅合金中定向生长得到块状晶体硅，从而实现硅合金的分离与提纯。图 5.35 显示了合金定向凝固过程中使用的坩埚和定向设备。该设备由

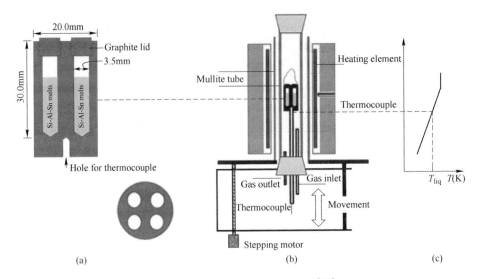

图 5.35 定向设备及样品示意图[105]
(a) 石墨坩埚示意图；(b) 定向设备；(c) 炉内温度曲线

带有伺服电机的加热炉构成，同时采用热电偶监控加热温度与样品底部温度。

Nishi 等[159]首次报道了 Si-Al 合金定向生长块状晶体硅的研究，并将晶体硅中 Al 含量控制在其固溶度范围内。随后，学者们也纷纷考察该方法，并成功在 Si-Cu[162]、Si-Sn[150]等二元合金体系中获得块状晶体，其样品形貌汇总至图 5.36。综合来看，定向凝固方法可以实现初晶硅与合金相的分离，同时剩余的硅

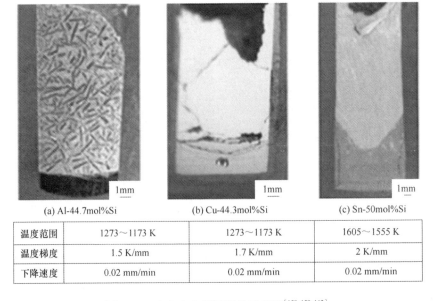

温度范围	1273～1173 K	1273～1173 K	1605～1555 K
温度梯度	1.5 K/mm	1.7 K/mm	2 K/mm
下降速度	0.02 mm/min	0.02 mm/min	0.02 mm/min

图 5.36 合金定向凝固样品形貌图[150,159,162]

在二元硅合金定向凝固分离技术的基础之上，李亚琼等[105,178]尝试定向分离 Si-Al-Sn 三元合金。由于第三组元 Sn 的添加增加了元素之间的交互作用，使得晶体硅的生长过程较为复杂，为此，通过调控 Si-Al-Sn 三元合金的成分、温度梯度以及冷却速度等参数，初步探讨了三元合金中块状晶体硅的定向生长行为和杂质分布情况。研究发现，随着冷却速度的增加，Si-Al-Sn 合金中块状晶体硅的凝固界面形貌变化明显。如图 5.37(a)所示，当冷却速度为 0.063K/min 时，固相 Si 以稳定的生长界面不断向熔体中推进、生长，最终形成具有平整凝固界面形貌的块状晶体硅；如图 5.37(b)所示，随着冷却速度的进一步增加，Si 固相/Si-Al-Sn 液相界面前沿因 Al 和 Sn 的排出、富集会产生较小的成分过冷区，当界面处某些微小的突起进入过冷区后会凸向熔体生长，最终形成具有较粗糙界面形貌的块状晶体硅；如图 5.37(c)所示，当冷却速度继续增大，Si 固相/Si-Al-Sn 液相界面前沿会产生较大的成分过冷区，导致界面处突起进入大过冷区后会继续向熔体中伸展并迅速发展形成 Si 枝晶，最终形成具有粗糙凝固界面形貌的硅枝晶，此时冷却速度为 0.250K/min，其生长高度为 5.97mm。综合来看，熔区内成分过冷会随着冷却速度的增大而加剧，从而导致块状晶体硅的生长速度随着冷却速度的增加而增大。

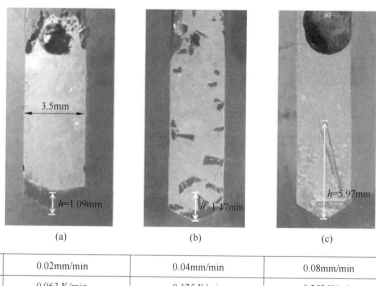

下降速度	0.02mm/min	0.04mm/min	0.08mm/min
冷却速度	0.063 K/min	0.125 K/min	0.252 K/min

图 5.37　不同冷却速度下 26.5mol% Si-53.5mol% Al-Sn
合金定向生长样品的截面形貌图[105]

如图 5.38 所示，通过对比 Si-Al、Si-Sn、Si-Al-Sn 合金体系的 G/R 值与合金 Si

含量之间的关系可以看出,高硅含量的合金熔体与高 G/R 值都有利于合金中晶体硅的稳定生长,从而避免成分过冷发生。而对比二元 Si-Al、Si-Sn 合金体系,三元 Si-Al-Sn 合金所需的 G/R 值较高,即向 Si-Al 合金中添加金属 Sn 会导致三元合金凝固过程趋于不稳定状态,需要向体系中提供更大的 G/R 值以促进其稳定凝固。

Si-Al-Sn 合金定向凝固后的样品经 NaOH 溶液腐蚀后的形貌如图 5.39 所示。可以看出,晶体硅具有明显的晶界,且晶界与其生长方向平行,显示出明显的定向生长取向特征。

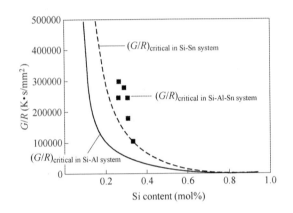 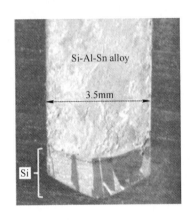

图 5.38　不同合金体系中 G/R 值与合金 Si 含量之间的关系图[105]

图 5.39　定向生长获得的 Si-Al-Sn 合金经 NaOH 腐蚀后图像[178]

G　籽晶-区熔定向凝固技术

依据上述合金定向凝固技术和液相外延技术[191-193]各自特点,李亚琼等[194]提出籽晶-区熔定向凝固新技术,尝试采用该技术制备出具有高结晶质量、高纯度特性的高品质晶体硅,从而达到分离、生长高纯初晶硅的目的。

籽晶-区熔定向凝固技术原理图如图 5.40 所示,该方法使用具有三明治结构的"冶金硅-金属-衬底(籽晶)"进行晶体硅定向生长。其中,高温区冶金硅作为硅源,为晶体硅的生长提供源源不断的硅原子;中间区域低熔点金属熔化后侵蚀冶金硅,形成硅合金熔体,成为硅原子的传输介质,并且溶解的硅原子以扩散、对流模式迁移至低温区,实现质量输运;低温区籽晶为衬底,在浓度差和温度梯度作用下获得定向生长的晶体硅。特别的,选用具有不同取向的籽晶材料作为衬底,可以有效调控晶体硅析出、生长取向,最终获得晶体生长速度可控、品质(纯度、杂质分布)可控、晶体取向可控的近终型晶体硅产品。

对比液相外延与合金凝固精炼技术,籽晶-区熔定向凝固技术的主要优点在于:(1) 利用冶金硅源维持熔体中硅饱和度以促进晶体硅稳定生长;(2) 利用金属与硅形成硅合金以降低晶体硅生长温度,同时实现杂质分凝去除;(3) 利用籽晶作为衬底调控晶体硅生长取向。采用该方法,李亚琼等在 Si-Al 合金、石

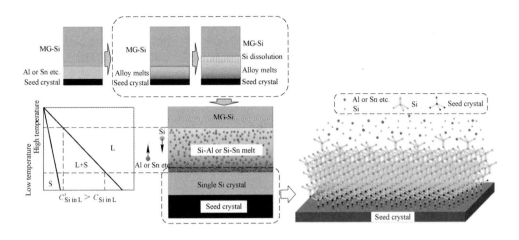

图 5.40 籽晶-区熔定向凝固技术原理图

墨沉底上成功生长得到高度为 4.2mm、结晶质量良好的块状晶体硅，如图 5.41 所示。由于冶金硅源的使用保证了熔体中硅浓度饱和，促使晶体硅生长速度提高约 20 倍。由此表明采用籽晶-区熔定向凝固技术生长晶体硅可以有效加速晶体硅生长。

H 酸洗精炼法

上面所述的各种分离方法对硅合金相分离都起到了一定效果，尤其是定向凝固技术能有效控制熔剂金属的夹带污染。但对于分离后的初晶硅，不可避免地还需要进一步进行酸洗处理去除残余金属、提高纯度，因此，酸洗精炼法是一种适用于各个合金体系的常用精炼方法。

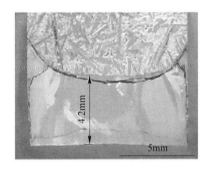

图 5.41 石墨籽晶-区熔定向凝固实验后样品照片

5.4 造渣精炼法

5.4.1 造渣精炼法基本原理

造渣精炼是一种高温液-液萃取提纯 MG-Si 的方法，该方法基于炼钢过程中渣剂对钢液的净化作用原理。通常，向 MG-Si 中加入熔点高于硅的渣剂（常见渣剂如 SiO_2-CaO）进行熔炼，利用渣剂将硅中杂质氧化生成氧化物并迁移进入渣相，最终随着渣-硅的物理分离而被去除，得到提纯硅。造渣精炼方法能有效去除 MG-Si 中的 Al、Mg、Ba、Ca 等杂质，因为它们与氧具有较强亲和力，同时，该方法还被广泛应用于去除 MG-Si 中的 B 杂质，并已成为 SOG-Si 工业制备流程中广泛应用的一种除硼方法。

图 5.42 显示了造渣精炼去除硼杂质的原理图，其过程为：(1) 在浓度梯度和外界条件（如搅拌作用）下熔体中杂质扩散至渣-硅界面处；(2) 近界面处的硼杂质越过硅相界面层到达渣-硅界面处；(3) 渣-硅界面处硼杂质与渣相发生氧化反应，生成硼氧化物；(4) 硼氧化物穿过渣相界面层进入渣相；(5) 渣相界面层的硼氧化物进一步扩散至渣相中，形成更加稳定状态。这一过程中硼氧化反应又可以细分为下述两个独立的反应过程：

在硅熔体中，B 杂质发生反应：

$$[B] + \frac{3}{4}O_2 = \frac{1}{2}B_2O_3 \tag{5.9}$$

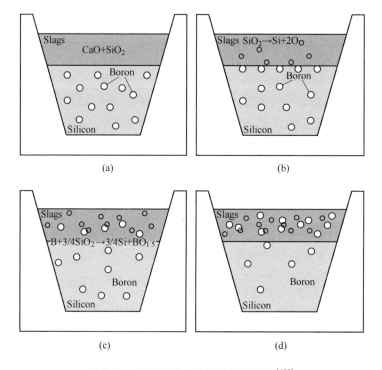

图 5.42 造渣精炼去除硼杂质原理图[195]

生成的硼氧化物进入渣相的反应：

$$\frac{1}{2}B_2O_3 + \frac{3}{2}O^{2-} = BO_3^{3-} \tag{5.10}$$

上述过程的总反应方程式如下：

$$[B] + \frac{3}{2}O^{2-} + \frac{3}{4}O_2 = BO_3^{3-} \tag{5.11}$$

而对于 P 杂质，它以磷化物离子或磷酸盐离子的形式存在于熔渣中，当氧势较低时，造渣精炼过程产物以磷化物为主，发生的反应如下：

$$[P] + \frac{3}{2}O^{2-} \rightleftharpoons P^{3-} + \frac{3}{4}O_2 \tag{5.12}$$

而当氧势较高时，P 杂质主要以磷酸盐形式存在，发生的反应如下：

$$[P] + \frac{3}{2}O^{2-} + \frac{5}{4}O_2 \rightleftharpoons PO_4^{3-} \tag{5.13}$$

上述公式中，氧离子主要由渣剂中碱性氧化物（如 CaO，BaO，Na_2O 等）分解得到，而 O_2 由渣剂中的 SiO_2 提供，分别表征如下：

$$CaO \rightleftharpoons Ca^{2+} + O^{2-} \tag{5.14}$$

$$SiO_2 \rightleftharpoons Si + O_2 \tag{5.15}$$

采用杂质在渣剂与硅相中的含量之比，即分配比表征杂质的去除效果，例如 B 杂质的分配比（L_B）表达式如下：

$$L_B = \frac{(B)}{[B]} = K_1 \cdot \frac{\gamma_B a_{O^{2-}}^{3/2} \cdot p_{O_2}^{3/4}}{\gamma_{BO_3^{3-}}} \tag{5.16}$$

由上式可以看出，B 杂质分配比与熔渣组成、熔渣碱度、硅中 B 和熔渣中组元活度之间存在直接或间接的联系，而 $a_{O^{2-}}$ 与 p_{O_2} 参数是彼此相互制约的，即，SiO_2 作为酸性氧化物可增加渣剂中的氧势，但却会降低渣剂碱度，因此需要调整、优化各参数以提高造渣精炼法对 MG-Si 的提纯效果。

5.4.2 造渣精炼法流程[196]

通常采用电磁感应炉进行 MG-Si 造渣精炼研究，其原因在于：通过电磁搅拌作用来促进熔体中杂质传输，从而提高造渣精炼法的除杂效果。盛放样品的坩埚多为石墨或涂有 SiC 涂层的石墨坩埚。

造渣精炼法的过程通常为：将 MG-Si 放置于坩埚中加热，待硅料完全熔化后加入渣剂，并进行搅拌；将熔体保温并静置一段时间后，采用降温冷却或浇铸的方式分离渣、硅，最终获得提纯硅。造渣精炼流程如图 5.43 所示。

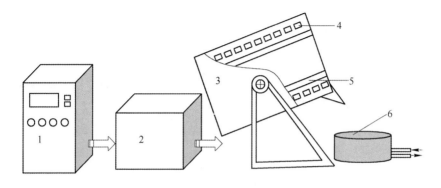

图 5.43 造渣精炼流程示意图[18]

1—控制柜；2—补偿电容；3—炉体；4—感应线圈；5—石墨坩埚；6—水冷铜坩埚

5.4.3 造渣精炼法的影响因素及应用

5.4.3.1 渣剂性质及选择原则

冶金硅造渣精炼过程中通常选用一些来自于矿脉以及岩石等的复合化合氧化物作为渣剂，如 CaO、SiO_2、MgO 等，同时还会添加一定量的非氧化物，如氯化物（NaCl）、氟化物（CaF_2）、硫化物（CaS）以及碳酸盐（Na_2CO_3）等以改变渣剂的性质。具体来说，渣剂性质主要包含黏度、密度、渣硅界面张力等，这些性质对于选择渣剂、理解除杂过程具有重要意义。下面将分别对各个性质进行简要介绍。

A 黏度

黏度是熔体重要性质之一，是推测熔体自身及内部其他物质移动时所受阻力所不可缺欠的物性值。从微观上看，它反映了熔体内原子间的摩擦和相互作用。在冶金硅造渣精炼过程中应选择低黏度渣剂，这样不仅有利于物质混合，同时还利于形成薄边界层以促进硅液与渣剂体系间杂质的传输。

熔体黏度随着温度的提高而降低：

$$\eta = \eta_0 \exp\left(\frac{E_\eta}{RT}\right) \tag{5.17}$$

式中，η_0 为一定温度下熔体的黏度值；E_η 为黏流活化能；R 为气体常数；T 为热力学常数。但是对于聚合物熔体而言，如渣剂，其黏度值与温度之间的关系并不符合上述公式，这是因为酸性渣剂具有较大的黏流活化能，从而导致数据偏差较大[197]。图 5.44 显示了 CaO-SiO_2-CaF_2 渣剂的黏度图[198]。

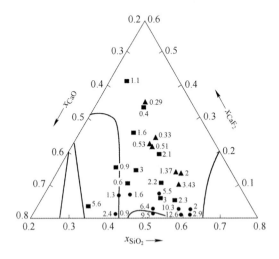

图 5.44　CaO-SiO_2-CaF_2 渣剂黏度（1773K）[198]

B 密度

从微观上看，熔体的密度反映了平均每个原子所占有的空间体积，是准确推测熔体内对流情况所不可缺少的物性值，也是分析熔体结构所需的基本参量[199]。冶金硅造渣精炼过程使用两两互不相溶的熔体，而密度这一物理特性直接影响硅熔体与熔渣之间的分离行为，同时影响硅的回收效率。

通常采用直接阿基米德法和间接阿基米德法测量熔体密度。图 5.45(a) 显示了硅熔体密度与温度之间的关系，图 5.45(b) 显示了 SiO_2-CaO-Al_2O_3 渣剂密度与 SiO_2 含量之间的关系。

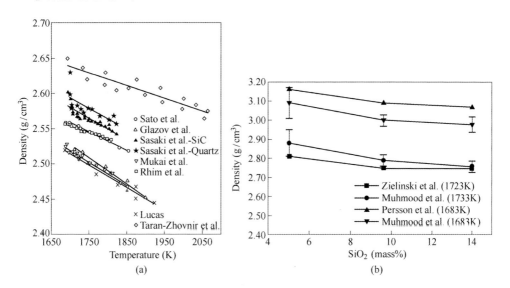

图 5.45 硅熔体密度与温度之间的关系（a）[200] 及 SiO_2-CaO-Al_2O_3
渣剂密度与 SiO_2 含量之间的关系（b）[201]

在冶金硅造渣精炼过程中需要选用与硅密度相差较大的渣剂，使得硅熔体处于渣剂底部或顶部位置，以便有效分离硅与渣剂。

C 表面张力

促使熔体表面收缩的力称为表面张力，它对于熔体化学反应、形核等过程具有重要意义。

一般来说，熔体的表面张力随着温度的增加而降低，在一定温度范围内具有线性关系。例如采用静滴法测定得到 1688~1873K 范围内硅熔体表面张力（mN/m）为：

$$\sigma = 885 - 0.28(T - T_m) \tag{5.18}$$

铺展系数 S 决定着渣剂铺展熔体表面的趋势，表征为：

$$S_{s/m} = \sigma_{g/m} - (\sigma_{g/s} + \sigma_{s/m}) \tag{5.19}$$

式中，g/m，g/s 分别表征气/金属、气/渣界面；渣金界面能下标采用 s/m 表征。

接触角（θ）表达式如下：

$$\cos\theta = \frac{\sigma_{g/ss} - \sigma_{l/ss}}{\sigma_{g/l}} \tag{5.20}$$

当接触角 $\theta > 90°$ 时，S 值为负值，渣金容易分离。图 5.46 显示了 1823K 温度下 SiO_2-CaO-Al_2O_3 渣剂的表面张力与 SiO_2 含量的关系。

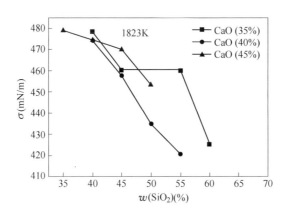

图 5.46　SiO_2-CaO-Al_2O_3 渣剂的表面张力[202]

D　渣剂的选择依据

依据上述硅、渣剂物理性质及造渣精炼原理，渣剂的选择通常依据以下原则[203]：

（1）渣剂具有较低的熔点，从而保证 MG-Si 精炼过程中渣剂处于熔融状态，并且其密度或熔点与硅具有一定差异，以便于造渣精炼后渣、硅两相的有效分离；

（2）依据 MG-Si 中杂质的氧化去除原理，渣剂应具有提供足量的自由氧并将硅液中的 B 杂质氧化的能力；

（3）渣剂应具有较低的黏度，即良好的流动性，以促进渣硅良好接触，从而保证造渣精炼反应的顺利进行，同时避免渣剂在坩埚壁上的粘附；

（4）渣剂的选择应尽量避免向硅中引入新的杂质，从而减少后续提纯工序。

截至目前，已有包含 CaO-SiO_2 二元渣系、三元等多种渣剂用于冶金硅造渣精炼研究，为了进一步提高 B 杂质的去除效果，新的渣剂不断被开发、研究，下面将不同的渣剂进行分类介绍。

5.4.3.2　不同渣系的性质及除硼效率

A　CaO-SiO_2 二元渣系

CaO-SiO_2 是冶金硅造渣精炼法研究和应用最为基础、广泛的二元渣剂。图 5.47 为 CaO-SiO_2 二元相图。该渣剂熔点随着 SiO_2 含量的增加而降低，当 SiO_2 含量为 42.3%～61.3% 时，渣剂熔点介于 1710～1813K 范围，高于硅熔点（1687K）。

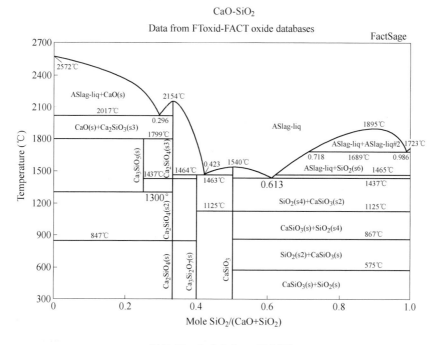

图 5.47　$CaO-SiO_2$ 二元相图

http：//www.crct.polymtl.ca/fact/phase_diagram.php?file=Ca-Si-O_CaO-SiO$_2$.jpg&dir=FToxid

因此，选用该渣剂需要在高于 1710K 的温度下进行冶金硅造渣精炼提纯。

图 5.48 汇总了使用 $CaO-SiO_2$ 渣剂造渣精炼提纯冶金硅的相关研究结果[204~206]。如图所示，L_B 会受精炼温度影响，其值随着精炼温度的增加而稍有提高；同时 L_B 还会受渣剂碱度影响（定义渣剂中 CaO 与 SiO_2 的比值为碱度），

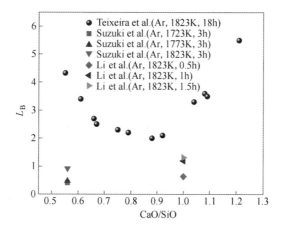

图 5.48　$CaO-SiO_2$ 二元渣系造渣精炼过程中 L_B 值与碱度的关系[204~206]

其值随着碱度的改变而变化明显。如 Teixeira 等[85]将 $CaO-SiO_2$ 渣剂与冶金硅共同放入石墨坩埚，并置于充有氩气保护的电阻炉中在 1823K 下进行造渣除硼研究，由图 5.48 结果可以看出，当 $CaO-SiO_2$ 比值为 0.55~0.8 时，L_B 随碱度的增加而降低，当 $CaO-SiO_2$ 比值为 0.55 时，L_B 为 4.3；当 $CaO-SiO_2$ 比值为 0.8~1.21 时，L_B 随碱度的增加而提高，当 $CaO-SiO_2$ 比值为 1.21 时，L_B 达到最大值为 5.5。这是因为高碱度的渣剂能够提供大量的非桥接氧，导致渣剂黏度等物理性质和熔体结构发生改变，从而影响 L_B。

马文会等[13]选用 CaO-50% SiO_2 渣剂在 1823K 温度下进行造渣精炼除硼研究，结果表明，经 3 h 造渣熔炼，硅中 B 杂质含量可由 22ppm 降低至 4.73ppm，杂质扩散传质为该过程的控制步骤。同时还考察了渣硅比、熔炼时间、温度等参数对于除硼效率的影响[16]：使用 60% $CaO-SiO_2$ 渣剂，当渣硅比 2.5、温度 1873K、熔炼 3 h 时，L_B 值可达到最大值，B 杂质含量由 18ppm 降低至 1.8ppm，除硼率接近 90%。此外还对比了使用 SiO_2 作为渣剂的除硼研究，结果表明，在 1773K 温度下熔炼 2h，B 杂质含量由 18ppm 降低至 16ppm，去除率仅为 11%；当温度升高至 2023K 温度，除硼率提升至 37%。即较高的温度可以提高 SiO_2 的除硼能力，但由于生成的 B_2O_3 呈酸性，难以进入酸性 SiO_2 渣剂中，由此阻止了硅渣界面处 B_2O_3 物质的进一步生成，因而导致除硼效率较低。

B　$CaO-SiO_2-CaF_2$ 三元渣系

在诸多研究中，$CaO-SiO_2-CaF_2$ 是目前最常见的三元渣系。CaF_2 是冶金工业中常用的助熔剂，通过添加 CaF_2 来降低渣剂熔点从而降低能耗。图 5.49 为 $CaO-SiO_2-CaF_2$ 三元相图。由该图可以看出，随着 CaF_2 含量的增加，渣剂熔点可由 1773K 降至 1523K。王新国等[207]研究发现，添加 CaF_2 可以引入 F^-，从而降低 $CaO-SiO_2-CaF_2$ 渣剂黏度，改善流动性。当 CaF_2 添加量为 5% 时，该渣剂黏度降低 60%，但随着温度的升高这种作用将会被减弱。低黏度 $CaO-SiO_2-CaF_2$ 渣剂的使用，不仅利于渣、硅间杂质氧化反应，同时利于渣、硅分离。

罗雪涛等[208]将 $CaO-SiO_2-10\% CaF_2$ 渣系与冶金硅混合，使用中频感应炉进行造渣精炼，研究表明，1873K 温度、$CaO/SiO_2 = 2$，L_B 达到最大值为 4.61。1773~1973K 温度范围内，$\lg L_B$ 与 $1/T$ 呈线性关系。随着渣硅比增大，L_B 也相应增加，但当渣硅比 >3 时，L_B 无明显增加。通过分析造渣精炼前后硅微观组织形貌发现[101]，$CaO-SiO_2-CaF_2$ 渣剂的使用会导致硅中杂质重构而形成 Si-Ca-M 等中间化合物（图 5.50），从而促使 Fe、Al、Ca 等杂质更易酸洗去除。

Teixeira 等[204]使用 $CaO-SiO_2-CaF_2$ 渣剂，固定 CaF_2 含量为 25% 和 40%，并调整 CaO/SiO_2 比分别为 0.3~4.0、0.3~7.0，在 1823K 精炼温度下获得 L_B 值分别为 0.4~4.0、0.3~7.0。而对比相同条件下 $CaO-SiO_2$ 的精炼结果发现，添加 CaF_2 并未明显改善除硼效果。

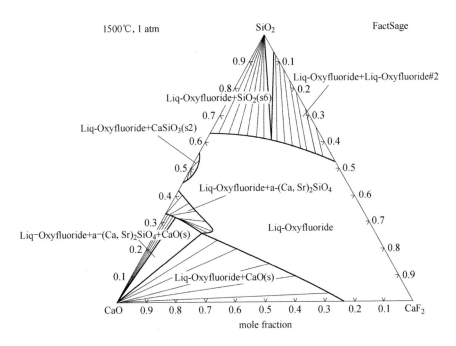
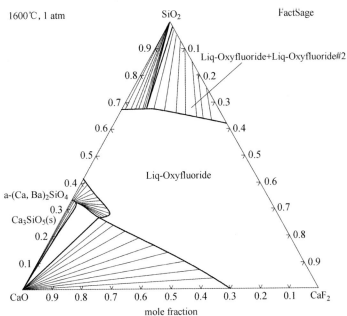

图 5.49 CaO-SiO$_2$-CaF$_2$ 三元相图

(Data from FToxid-FACT oxide databases)

http://www.crct.polymtl.ca/fact/phase_diagram.php?file=Ca-Si-F-O_CaO-SiO$_2$-CaF$_2$-1500C.jpg&dir=FToxid

http://www.crct.polymtl.ca/fact/phase_diagram.php?file=Ca-Si-F-O_CaO-SiO$_2$-CaF$_2$-1600C.jpg&dir=FToxid

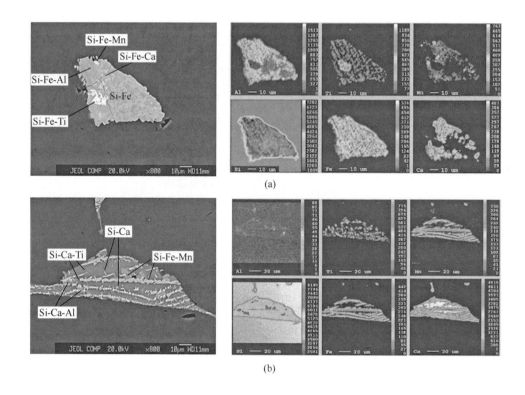

图 5.50 冶金硅（a）与造渣精炼处理后硅（b）微观形貌图[101]

C CaO-SiO$_2$-Al$_2$O$_3$ 三元渣系

除 CaF$_2$ 外，常用的助熔剂还有 Al$_2$O$_3$。1873K 温度下 CaO-SiO$_2$-Al$_2$O$_3$ 三元渣剂的相图如图 5.51 所示。该体系中，Al$_2$O$_3$ 的添加可以明显降低渣剂黏度，改善流动性[209]；而增加 SiO$_2$ 含量则会降低渣剂密度[210]。

李廷举[25]等采用电磁感应熔炼方式进行 CaO-SiO$_2$-Al$_2$O$_3$ 渣剂提纯冶金硅研究。结果表明，在 1823K 温度下精炼 2h，可将冶金硅中 B 杂质含量由 15ppm 降低至 2ppm，同时，Al、Ca、Mg 等金属杂质的去除率分别达到 85%、50.2% 和 66.7%。Dong 等[17]考察了 1773K 温度下 B 在 CaO-SiO$_2$-Al$_2$O$_3$ 渣剂中的溶解行为，并建立了除硼机制：硅中 B 杂质以 BO_3^{3-} 和 B_6^{2-} 形式进入渣剂，并与氧分压成线性关系，同时，L_B 随着碱度的增加而增大。1773K 温度下获得 CaO-SiO$_2$-Al$_2$O$_3$ 渣剂对硼化物吸收能力的表达式为：

$$\lg C_{B_6^{2-}} = 0.31 \lg a_{CaO} - 6.67 \tag{5.21}$$

D Na$_2$O-SiO$_2$ 二元渣系

图 5.52 为 Na$_2$O-SiO$_2$ 二元相图，由于低熔点 Na$_2$O（1405K）的添加，使得

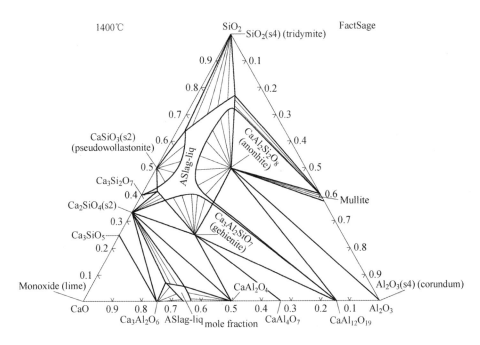

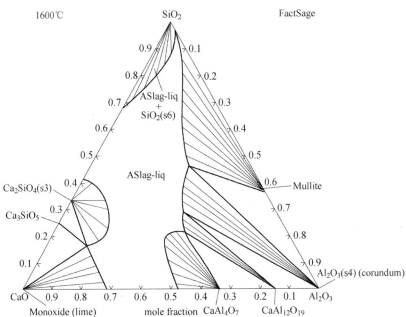

图 5.51 CaO-SiO$_2$-Al$_2$O$_3$ 渣系相图

(Data from FToxid-FACT oxide databases)

http://www.crct.polymtl.ca/fact/phase_diagram.php?file=Al-Ca-Si-O_Al$_2$O$_3$-CaO-SiO$_2$_1400C.jpg&dir=FToxid

http://www.crct.polymtl.ca/fact/phase_diagram.php?file=Al-Ca-Si-O_Al$_2$O$_3$-CaO-SiO$_2$_1600C.jpg&dir=FToxid

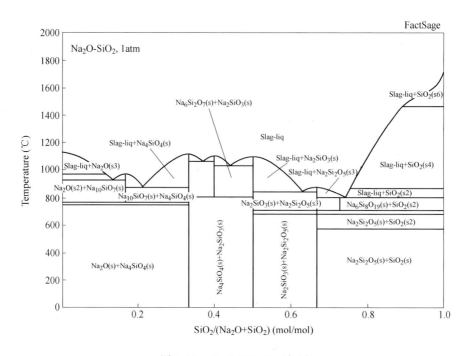

图 5.52 Na_2O-SiO_2 二元相图

(Data from FToxid-FACT oxide databases)

http://www.crct.polymtl.ca/fact/phase_diagram.php?file=Na-Si-O_Na2O-SiO2.jpg&dir=FToxid

渣剂熔点显著降低。罗雪涛和马文会等[15]考察了 Na_2O-SiO_2 渣剂的除硼效果，具体实验步骤为：首先将冶金硅与 Na_2O-SiO_2 渣剂放置于石墨坩埚中，使用感应炉进行加热直至硅、渣完全熔化；随后关闭感应炉电源，静置 2min 以保证渣硅分离，在 1823～2023K 温度下密度较小的渣剂漂浮至顶层；采用高纯石墨片剥除上层熔渣；采用氧化铝管对硅熔体和渣剂取样、检测；重新打开感应炉电源，多次重复上述造渣过程。通过调整温度（1823K、1873K、1923K、1973K、2023K）、保温时间（10～80min）、渣剂成分（Na_2O/SiO_2 = 0.6～4）获得 Na_2O-SiO_2 氧化除硼的机理：当渣剂中 Na_2O 活度与 SiO_2 相当时，渣硅界面处 B 杂质更倾向与 Na_2O 发生反应，生成具有较高饱和蒸气压的 $Na_2B_2O_4$、$Na_2B_4O_7$ 和 $Na_2B_6O_{10}$ 物质，并在高温下逸出渣相；而当渣剂中 SiO_2 活度较高时，渣硅界面处 B 杂质更易与 SiO_2 发生反应，生成 B_2O_3。经多次 Na_2O-SiO_2 造渣精炼后，冶金硅中 B 杂质降低至 0.3ppm。当渣硅比为 1、精炼时间为 30min、Na_2O/SiO_2 = 2、温度为 1973K 时，经 1 次、2 次、3 次造渣精炼后 B 杂质的去除效率分别为 93.87%、96.96%、98.68%，如图 5.53 所示。

Safarian 等[21]考察了 Na_2O-SiO_2 渣剂氧化除硼机理（图 5.54）：B 杂质去除的动力学过程受体系中 Na 的分布情况和传质行为影响，其行为特征具体为：当

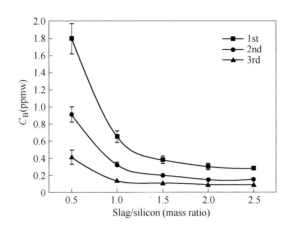

图 5.53　多次造渣后 B 含量与渣硅比关系图[15]
($Na_2O/SiO_2 = 2$，温度 1973K，保温时间 30min)

接触渣剂后，硅熔体中的 Na 含量迅速增加，直至达到最大值后开始减小。转移至熔体中的 Na 会在硅/气界面处蒸发，这一过程同时伴随着渣硅界面处 Na_2O 还原，而渣剂中 Na_2O 的损失由渣/石墨坩埚界面处的反应造成，Na_2O 自身蒸发造成的损失近似可以忽略。

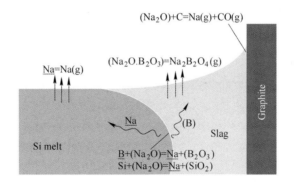

图 5.54　Na_2O-SiO_2 精炼除硼原理图[21]

Yin 等[211]进行了 Na_2CO_3-SiO_2 体系造渣精炼除硼的研究，由于 Na_2CO_3 会在高温下释放出 CO_2，因此仍视为 Na_2O 起主要作用，即 Na_2O-SiO_2。55% Na_2CO_3-SiO_2 渣剂的除硼效率约为 12%～23.0%。

E　CaO-SiO_2-Na_2O 三元渣系

图 5.55 为 CaO-SiO_2-Na_2O 三元渣系相图。许富民等[212]选用该体系（其中 $Na_2O = 10\%$）进行造渣精炼、定向凝固提纯冶金硅，研究发现，在 1773K、碱度 0.35～1.21、渣硅比 1:5、熔炼时间 1h 的实验条件下，当碱度为 0.79 时，L_B 达到

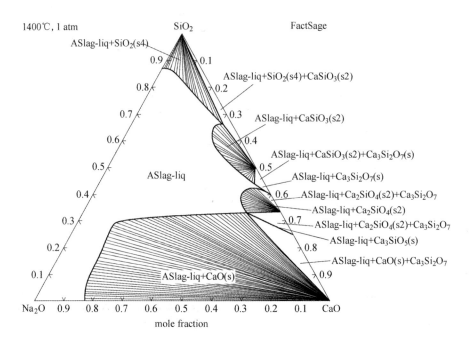

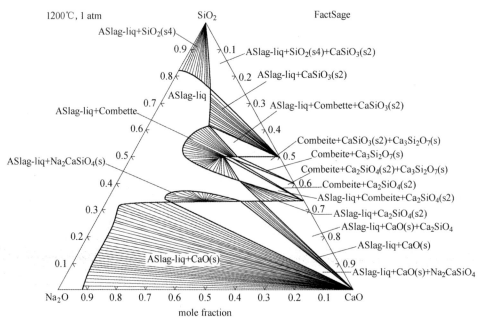

图 5.55 CaO-SiO$_2$-Na$_2$O 三元渣系相图

(Data from FToxid-FACT oxide databases)

http://www.crct.polymtl.ca/fact/phase_diagram.php?file=Ca-Na-Si-O_CaO-Na$_2$O-SiO$_2$_1400C.jpg&dir=FToxid

http://www.crct.polymtl.ca/fact/phase_diagram.php?file=Ca-Na-Si-O_CaO-Na$_2$O-SiO$_2$_1200C.jpg&dir=FToxid

最小值为 2.77；当碱度增加至 1.21 时，L_B 增加到最大值为 5.81，同时受定向凝固作用影响，除 Na 和 Ca 杂质外，硅中总杂质含量由 1067ppmw 降低至 2.929ppmw，去除率达到 99.9973%。李廷举等[25]对比了 SiO_2-CaO-Na_2O 和 SiO_2-CaO-Al_2O_3 渣剂精炼提纯冶金硅的效果，研究结果表明，SiO_2-CaO-Na_2O 渣剂的除硼效果较差，受 Na_2O 高温易分解的影响，该三元渣剂在低温下更利于 B 杂质的去除。

F　其他三元渣系

伍继君等[213]向 CaO-SiO_2 渣剂中添加 Li_2O 进行造渣除硼研究，结果表明，Li_2O 利于 B 杂质去除，可将 B 杂质含量由 18ppm 降低至 1.3ppm，同时还采用熔渣离子理论和电化学模型进行机理研究。此外，伍继君等[12]还尝试使用 CaO-SiO_2-ZnO 造渣精炼除硼，研究发现，相比 CaO-SiO_2 体系，ZnO 的添加可将除硼效率提高 20%、L_B 提高 40%，B 杂质含量降低至 1.52ppmw，去除率为 88.25%，推断 ZnO 与 B 之间发生反应：

$$\frac{3}{2}ZnO(l) + B(l) = \frac{3}{2}Zn(g) + \frac{1}{2}B_2O_3(l) \quad (5.22)$$

此外，Suzuki 等[205]还考察了 CaO-SiO_2-10% BaO (CaO/SiO_2 = 0.61~1.74) 和 CaO-SiO_2-10% MgO (CaO/SiO_2 = 0.38~1.47) 三元渣系在 1723~1823K 温度范围内的造渣除硼效果。

G　四元渣系

图 5.56 汇总了部分（SiO_2-CaO-CaF_2[204]、CaO-SiO_2-BaO[205]、SiO_2-CaO-Na_2O[212]等）三元渣系和（CaO-SiO-Al_2O_3-MgO[214,215]、CaO-MgO-SiO_2-CaF_2[205]等）四元渣系的相关研究结果，对比 CaO-SiO_2 基础渣系，多元渣系的使用不仅扩展了渣剂的碱度范围，同时提高了除硼效率。

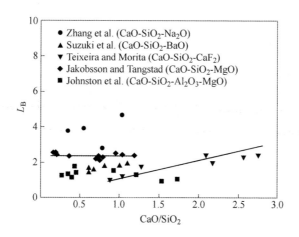

图 5.56　多元 CaO-SiO_2 基造渣精炼的除硼效果

5.4.3.3 渣剂中 B 杂质的赋存状态

Morita 等[26]采用魔角旋转核磁共振（MAS-NMR）技术考察了渣剂结构以分析渣相中 B 杂质的赋存状态，如图 5.57 所示。研究表明，B 杂质最可能的结构为 B-4Si-Ca，图中 B 杂质占据了 Si 原子的位置，由此可以判断 B 杂质因渣剂氧化后会形成硼氧化物后进入渣剂。

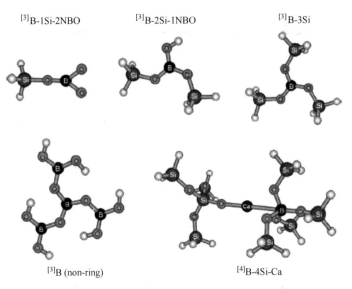

图 5.57　量子化学计算推断的 B 杂质在硅氧网格中的存在形式[26]

当渣剂中碱度较低时（$CaO/SiO_2 < 0.8$），B 杂质形成 BO_4 结构进入硅酸盐网状结，由于 B 杂质最外层存在有 3 个电子，分别与 4 个氧原子中的 3 个形成共价键，负电荷由临近的 Ca^{2+} 补偿，因此渣相中 B 杂质结构被认为是 B 杂质被 SiO_2 包围，这将造成 $BO_{1.5}$ 活度降低，这与图 5.58 的实验结果保持一致。

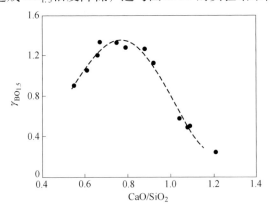

图 5.58　1823K $BO_{1.5}$ 与 $CaO-SiO_2$ 二元渣系碱度的关系图[26]

5.4.3.4 熔炼时间影响

熔炼时间是限制反应进行程度的因素之一，只有在足够的反应时间下才能实现渣硅界面处杂质的充分反应，从而提高 L_B 值。Engh[216]通过动力学推导得出造渣精炼过程中 B 杂质极限浓度与时间的关系式：

$$\frac{[\%B]-[\%B]_\infty}{[\%B]_{in}-[\%B]_\infty} = \exp\left[-\frac{k_t\rho A_s t}{M}\left(1+\frac{\gamma_B M}{K f_B M_S}\right)\right] \tag{5.23}$$

由该公式可以看出，造渣精炼达到 B 杂质极限浓度所需要的时间与传质系数、硅渣比及两相接触面积、熔体质量及熔炼时间等变量有关。

李佳艳等[18]考察了 CaF_2-Al_2O_3-CaO-SiO_2 造渣精炼过程，结果如图 5.59 所示。随着熔炼时间的延长，硅中 B 杂质含量逐渐减低，当熔炼时间为 120min，B 杂质含量由 25ppmw 降低至 4.4ppmw。其中，造渣精炼过程前 30min 去除约 60% 的 B 杂质，但随着熔炼时间的延长，造渣除硼能力逐渐降低，尽管 B 杂质含量仍有所降低，但熔炼时间已经不起主要作用。

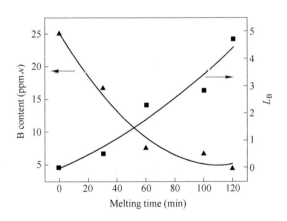

图 5.59 2073K CaF_2-Al_2O_3-CaO-SiO_2 造渣精炼除硼效果与熔炼时间关系图[18]

由于冶金硅造渣精炼过程发生在熔融渣剂和硅之间，整个过程由传质和界面反应构成。而在高温冶金过程中，由于化学反应速率很快，对于大多数渣剂与金属熔体之间的反应都受传质过程的速率所限制。而 B 杂质在硅熔体中的扩散系数非常小，在稳态条件下仅仅靠传质过程使 B 杂质迁移到界面则需要很长的时间。如果在界面处采用表面更新理论进行分析，可表示为：

$$J = \sqrt{DS}(C_S - C_b) \tag{5.24}$$

$$k = \sqrt{DS} \tag{5.25}$$

式中，传质系数 k 受 B 杂质的扩散系数 D 和表面更新率 S 影响，在不能增大 D 值的情况下，只有通过改变外界条件促使 S 值增大。

在稳态条件下,界面反应受接触面积限制,若采用感应熔炼方式利用外力搅拌作用打破界面平衡,可以加快 B 杂质传质速率,从而提高杂质去除效率。

5.4.3.5 硅合金造渣精炼

随着造渣氧化反应的进行,MG-Si 中 B 杂质含量逐渐降低,这就造成其传质和反应过程动力不足,导致较低的除硼效率。虽然升高熔炼温度、延长精炼时间可以使效率稍有增大,但却提高了精炼成本。为了改善这一状况,依据硅中微量 B 杂质的反应特点,东京大学马晓东等[35]提出了一种新型的硅合金造渣精炼方法,该方法使用 Si-Sn 合金熔体作为净化体系,采用 $CaO-SiO_2-CaF_2$ 三元渣剂进行造渣精炼。研究结果表明,该方法实现了低渣硅比(渣硅比=0.15)、高 L_B(29.5)的优异提纯效果,能有效降低生产成本,结果如图 5.60 所示。与此同时,Li 等[34]也在 Si-Cu 合金造渣精炼研究中得到了相似的研究结果,L_B 高达 47。李佳艳等[32]采用 $CaO-SiO_2-Na_2SiO_3$ 渣剂精炼提纯 Si-Sn 合金,研究发现,当 Sn 含量为 50% 时,B 杂质可由初始的 12.92ppmw 降低至 0.79ppmw,此外,对于 Fe、Cu、Mg、V、Pb 等这些不易被氧化去除的杂质,通过 Sn 的作用也可以促使其分凝至合金相中,最终随着硅、合金相的分离而被去除。

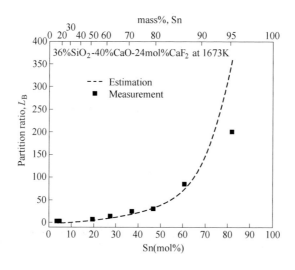

图 5.60 1673K 下 Si-Sn 合金造渣精炼过程中 L_B 与 Sn 含量之间的关系[160]

综合来看,合金体系进行造渣精炼能有效提高 L_B 的原因在于:金属的添加不仅能降低硅合金中 Si 的活度、提高 B 杂质的活度系数(图 5.61),同时金属还对杂质具有稀释作用。综合这些因素并依据公式(5.14)可知,硅合金净化体系的使用能在低硅渣比的前提条件下获得高 L_B 值,从而提高渣剂的利用效率、强化造渣精炼的除硼效果。

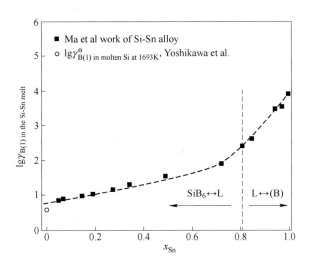

图5.61　1673K Si-Sn合金中B活度系数[160]

5.4.3.6　利用活性气体、活性渣剂造渣精炼除硼

Nishimoto等[31]、Wang等[19]、罗雪涛等[217]尝试添加活性物质从而改变渣系中杂质的赋存状态，进而打破硅-渣界面处B杂质氧化反应的平衡状态，促使B杂质更大限度的脱除。Nishimoto等[31]在MG-Si造渣精炼过程中通入一定流量的Cl_2气体，研究发现，$CaO-SiO_2$渣剂中B杂质含量会随着Cl_2通入时间的延长而降低，2h时，B杂质含量约降低21%。Wang等[19]和罗雪涛等[217]进行了$CaO-SiO_2-CaCl_2$体系造渣精炼除硼研究，结果表明，MG-Si中B杂质含量由初始的150ppmw降低至30ppmw，效率提高至86%，推测其原因在于B杂质在$CaCl_2$、氧化物的双重作用下发生氧氯化反应生成气态$B_xO_yCl_z$，其中以BOCl气体为主，从而破坏了渣剂中B杂质的饱和状态，提高除硼效率，反应见公式（5.26），原理如图5.62所示。

$$B(l\ in\ Si) + CaO(s) + \frac{1}{2}CaCl_2(l) = BOCl(g) + \frac{3}{2}Ca(l) \quad (5.26)$$

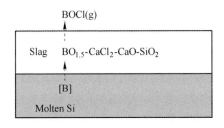

图5.62　氧氯化造渣反应原理图[19]

此外，罗雪涛等[33]将合金体系与含有 $CaCl_2$ 活性物质的渣剂相结合，即选用 Si-Cu 合金体系进行 CaO-SiO_2-$CaCl_2$ 造渣精炼去除冶金硅中 B、P 杂质，该方法同样取得了良好的除杂效果。在 1823K 温度、熔炼 30min 条件下，B 杂质含量由 3.12ppmw 降低至 0.35ppmw，P 杂质含量由 17.14ppmw 降低至 7.27ppmw，且反应符合一阶速率方程，传质系数分别为 6.25×10^{-4} cm/s 和 2.55×10^{-4} cm/s。研究发现，活性物质 $CaCl_2$ 还会起到降低渣剂黏度的作用，促进杂质传输与去除，当 $CaCl_2$ 添加量为 10% 时，B 杂质去除效果最好。

5.5 吹气氧化精炼法

5.5.1 吹气氧化精炼基本原理

吹气氧化精炼方法是指向 MG-Si 熔体中通入一定量的氧化性气体（O_2、H_2、H_2O、CO_2 等）和载气（Ar 等），将 Si 熔体中 B 等杂质氧化成为 BO、B_2O、B_2O_2、B(OH)$_2$、HBO、HBO_2、BH_2 等气体，当生成的气体逸出硅熔体后即可实现杂质脱除。通入的气体不仅可以起到除杂作用，同时还会对熔体产生搅拌作用，有利于加速杂质反应、脱除；若在这一过程中使用真空，则会进一步加速气体扩散，加快反应速度。但值得注意的是，在吹气氧化精炼过程中，部分 Si 会被氧化成为 SiO_2 和 SiO 气体，从而造成一定的质量损失。

5.5.2 吹氧精炼

吹氧精炼是一种从冶金硅熔体中直接去除杂质的有效方法，马文会和伍继君等[4]研究了冶金硅中杂质在吹氧过程中的热力学行为。实验条件为：温度 1873K，熔炼时间 2h，氧气由钢包底部吹入，气流量为 8L/min。通过对比吹氧精炼前后硅中杂质物相和含量变化发现，吹氧精炼前，Al、Ca、Ni、Mn 等金属杂质主要以铁基杂质相的形式存在于冶金硅中，而吹氧精炼后，Ca、Al 主要以熔渣形式去除，这两种杂质的去除率均高于 90%；对于 Fe、Ni、Mn 等杂质，由于其与 O 反应的标准吉布斯自由能为正值，造成氧化精炼后其在夹杂物相中的含量升高，难以通过吹氧精炼方式去除；冶金硅中 B 杂质存在 SiB_3、SiB_4、SiB_6、SiB_n、β-B 多种物相形式，经吹气精炼后，B 杂质去除效率接近 50%。

Tanahashi 等[30]在冶金硅造渣精炼过程中将氧化铝管插入熔体底部进行吹氧除硼研究，实验示意图如图 5.63 所示。当使用 CaO-CaF_2 渣剂、氧气处理时间 120s，流量 35cm³/s 时，冶金硅中 B 杂质含量可由初始 14ppmw 降低至 7.6ppmw。同时研究发现，当氧气流量一定时，选用小孔径氧化铝吹气管可以获得较高的 B 杂质去除速率；而选用大孔径氧化铝吹气管时，B 杂质去除速率随着氧气流量的增加而增大，由此可确定合理的氧气吹入流量。

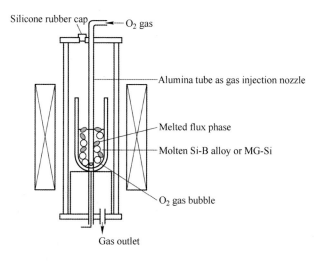

图 5.63 吹氧精炼示意图[30]

5.5.3 吹湿氩精炼

邢鹏飞等[62]通过吹高纯氩气和水蒸气混合气体的方法去除冶金硅中 P 杂质,研究了喷嘴类型、精炼温度、精炼气温度、精炼气流速等因素对除磷效果的影响。P 杂质的去除机理为:水蒸气吹入硅熔体中后会与硅发生反应生成硅的氧化物和 H_2,其中部分 H_2 会溶解进入熔体以 [H] 形式存在,并与 [P] 发生反应生成 PH_3 气体,同时在 Ar 气的带动下,PH_3 逸出熔体得以去除。P 杂质去除过程示意图如图 5.64 所示。

$$Si(l) + H_2O(g) = SiO(g) + H_2(g) \quad (5.27)$$

$$Si(l) + 2H_2O(g) = SiO_2(s) + 2H_2(g) \quad (5.28)$$

$$3[H] + [P] = PH_3(g) \quad (5.29)$$

在吹湿氩精炼过程中使用侧壁和顶部多空形喷嘴(图 5.65),精炼时间 3h,精炼温度 1793K,精炼气温度 373K,精炼气流速 2L/min 作为最优吹气精炼条件时,冶金硅熔体中 P 杂质含量由 94ppmw 降低至 11ppm。

5.5.4 吹湿氢精炼

Safarian 等[1,2]和 Sortland 等[3]尝试向硅熔体顶部通入含有 H_2O-H_2 混合气体,研究湿氢精炼对硅中 B 杂质的去除情况。实验设备图如图 5.66 所示。研究发现,吹湿氢精炼过程中的温度、喷嘴距离熔体液面距离、喷管直径、气流量以及坩埚材质等参数都会影响 B 杂质去除。

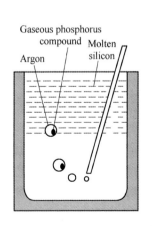

图 5.64 吹湿氩精炼除氢示意图[62]

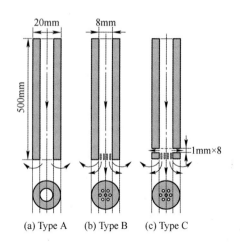

图 5.65 喷嘴形貌图[62]
（a）底部单孔；（b）底部多孔；（c）底部、侧壁多孔

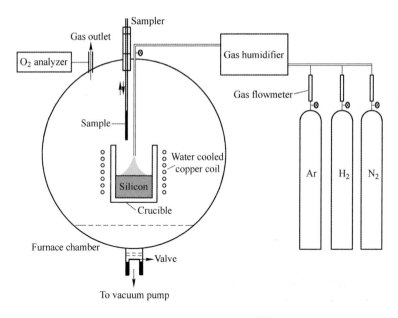

图 5.66 吹气精炼设备图[1]

5.5.4.1 吹湿氢精炼除硼机理

采用 H_2-3% H_2O 混合气体进行吹湿氢精炼冶金硅，考察反应过程中涉及的多种气体的平衡分压与温度之间的关系，结果如图 5.67 所示。在各种含 B 气体中，HBO 平衡分压最高，由此推断吹湿氢精炼对 B 杂质去除的具体过程为：（1）H_2 溶解进入硅熔体，见公式 (5.30)、(5.31)；（2）H 扩散至近液相边界层；（3）界面处 B 与 H 和 H_2O 在液-气界面处发生反应生成 HBO，见公式

(5.32);(4) 产物 HBO 扩散至近气相边界层;(5) 产物迁移至气相而被最终去除。由这一过程可知,若要去除硅中大量的 B 杂质,则需要保证大量的 H_2 溶解进入硅熔体,而单纯采用水蒸气虽然对 B 杂质去除具有一定作用,但若要提高除硼效率,则需要在气氛中增添 H_2。

$$Si + H_2O(g) = SiO(g) + H_2 \tag{5.30}$$

$$\frac{1}{2}H_2(g) = \underline{H} \tag{5.31}$$

$$\underline{B} + \underline{H} + H_2O(g) = HBO(g) + H_2 \tag{5.32}$$

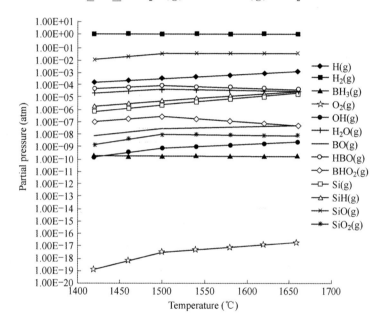

图 5.67 采用 H_2-3% H_2O 吹气精炼涉及的气态物质的平衡分压与温度关系图[2]

此外,Nordstrand 等[218]考察了混合气体中 H_2 含量对硅中 B 杂质含量的影响。对比纯 H_2 气体精炼情况可以看出(图 5.68),单纯的 H_2 吹气精炼虽具有一定的除硼效果,但除硼速度缓慢;随着湿氢混合气体中 H_2 含量的增加,除硼效果显著提升。

5.5.4.2 吹气精炼时间影响

采用不同组分和配比的混合气体(H_2-H_2O、Ar-H_2O、N_2-H_2O)进行冶金硅吹气精炼,考察 MG-Si 中 B 杂质的去除效率(F_B)与时间的关系,结果如图 5.69 所示。其中,F_B 采用下式表征:

$$F_B = 100 \times (1 - C_{B,t}/C_{B,0}) \tag{5.33}$$

式中,$C_{B,0}$ 为 Si 中 B 杂质初始含量;$C_{B,t}$ 为 t 时刻 Si 中 B 杂质含量。

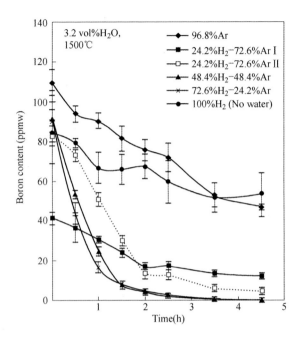

图 5.68　湿氢精炼过程中 H_2 含量对硅熔体中 B 杂质含量的影响[218]

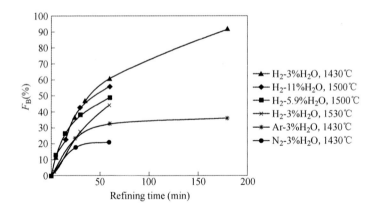

图 5.69　吹气精炼除硼效果图[2]

依据图 5.69 看出，MG-Si 经不同气体吹气精炼处理后，在第一阶段（0~30min）除硼效率迅速增加，而第二阶段（30~180min）后缓慢提高。这是由于 Si 与这些混合气体接触后反应生成惰性界面（主要为 SiO_2），阻止了气体与 Si 中 B 杂质进一步反应脱除。在这一过程中，Si 质量损失较小，约为 3%。

5.5.4.3　吹气精炼温度影响

$$Si + [H_2O]^{ads.} \rightleftharpoons SiO(g) + 2\underline{H}（或[H]^{ads.} 或 H_2） \quad (5.34)$$

$$Si + [OH]^{ads.} = SiO(g) + \underline{H} \text{ (或 } [H]^{ads.}) \quad (5.35)$$

$$\underline{B} + \underline{H} + \underline{O} = HBO(g) \quad (5.36)$$

$$[H_2O]^{ads.} = 2[H]^{ads.} + [O]^{ads.} \quad (5.37)$$

$$[O]^{ads.} = \underline{O} \quad (5.38)$$

利用生成 SiO 气体的化学反应方程式来讨论温度对于吹气精炼除硼的影响，如公式（5.34）和（5.35），二者对于除硼并未产生影响，这是因为 HBO 气体的生成主要依据公式（5.36），而公式（5.34）是形成 SiO 气体的重要反应方程式，受溶解 O 影响进而影响 HBO 的生成。当 B 杂质含量为 30ppmw 时，计算得到不同温度下 HBO 与 Si 气体分压关系图（图 5.70）。对比 HBO，吹气精炼过程中熔体界面处容易产生 SiO 气体，即界面处 Si 与 O 迅速发生反应，阻止了临近 B 原子反应生成其他物质。此外，p_{SiO}/p_{HBO} 数值随温度的增加而增大，即界面处 SiO 活性高于 HBO。温度对于除硼的影响受高温下低分压 HBO 的影响，但确切地说是受到了 p_{SiO}/p_{HBO} 比值增加的影响。换而言之，界面处 O 更倾向与 B 反应生成 HBO，这是因为低温下 SiO 气体形成的速度较小，而当体系中含有 H_2O 时，SiO 生成速度增加。界面处吸附的 H_2O 会通过公式（5.37）和（5.38）提供更多参与反应的 O，从而促使低温下 HBO 生成，如公式（5.36）。综上讨论可以推断，B 杂质的去除速度受溶解 O 和气相传质过程控制。

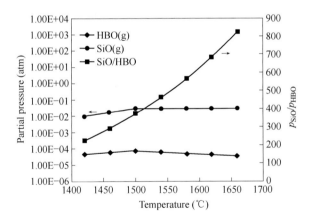

图 5.70　p_{HBO}、p_{SiO} 和 p_{HBO}/p_{SiO} 与温度的关系[1]

5.5.4.4　坩埚材质影响

图 5.71 显示了 SiO_2、Al_2O_3、C 坩埚对吹气精炼除硼效果的影响。当采用 SiO_2 坩埚时，体系氧势和溶解氧的活度均高于 C 坩埚体系，并且，前者体系中 O 溶解度随着温度的增加而提高，相反，受熔体中溶解 C 的影响，C 坩埚体系中 O 溶解度与温度呈反比例关系。依据图中关系，造成 SiO_2 坩埚体系的除硼效果优于 C 坩埚的原因在于硅熔体中的溶解氧，B 杂质均按照公式（5.39）以 HBO

(g) 形式去除,去除机理如图 5.72(a) 所示。

$$\underline{B} + \underline{H} + \underline{O} \Longrightarrow HBO(g) \qquad (5.39)$$

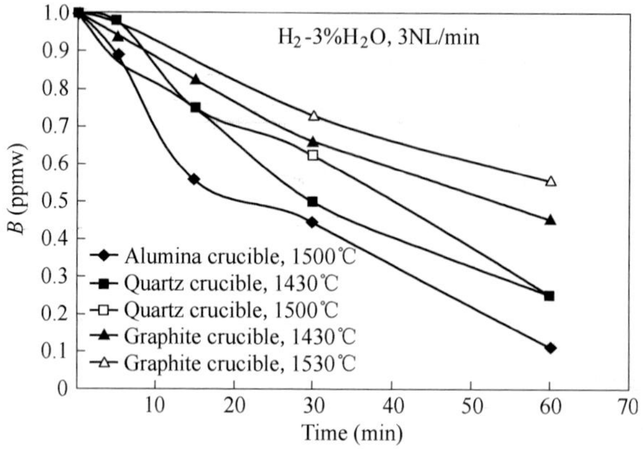

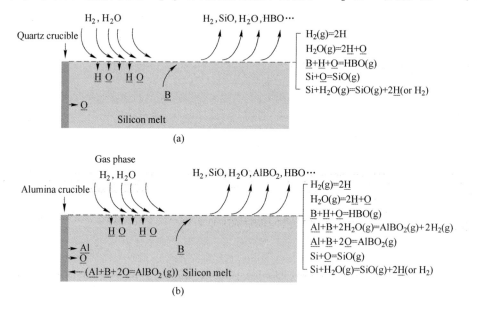

图 5.71 使用不同材质坩埚对吹气精炼除硼效果的影响[1]

当使用 Al_2O_3 坩埚时,净化体系变为 Si-Al-B-O-H,依据 HSC 和 FactSage 软件进行热力学分析可知,$AlBO_2$ 为主要气相产物,其反应见方程式 (5.40),同时还存在 Al_2O、AlH_3 以及 $AlOH$。特别的,当体系中 Al_2O_3 含量较低时,HBO 气体分压高于 $AlBO_2$;反之亦然。正是由于 HBO 和 $AlBO_2$ 两种高饱和蒸气压气态产物的存在,导致吹气精炼使用 Al_2O_3 坩埚的除硼效果会优于 SiO_2 和 C 坩埚。图 5.72(b)

图 5.72 不同净化体系中 B 杂质的去除机理示意图
(a) SiO_2 坩埚体系;(b) Al_2O_3 坩埚体系[1]

为 Al_2O_3 坩埚体系下的除硼示意图。

$$\underline{Al} + B + 2\underline{O} = AlBO_2(g) \qquad (5.40)$$

5.6 等离子体氧化精炼法

5.6.1 等离子体氧化精炼法基本原理

等离子体（plasma）是由部分电子被剥夺后的原子及原子团被电离后所产生的正、负离子组成的离子化气体状物质，呈电中性，被认为是除去固、液、气态外物质存在的第四态，即"等离子态"或"超气态"。等离子体的运动主要受电磁力支配，通过电磁场调控可以捕捉、移动和加速等离子体。等离子体可分为高温和低温等离子体两种。当气压在一个大气压以上时，气体稠密，碰撞频繁，两类粒子的平均动能（即温度）很容易达到平衡，电子温度和气体温度会大致相等，这种情况一般称为热等离子体或平衡等离子体。而在低气压条件下，碰撞很少，电子从电场得到的能量不容易传给重粒子，此时电子温度高于气体温度，通常称为冷等离子体或非平衡等离子体。

高温等离子体只有在温度足够高时才会发生。等离子体氧化精炼就是利用超高温度将具有氧化性的气体离子化，形成粒子流喷射到熔体表面，气体离子化能增强氧化性介质与杂质的反应活性，从而强化硅中杂质尤其是 B 杂质的去除效果。与吹气氧化精炼相同，等离子体精炼气体仍然以 O_2、H_2、H_2O 等为主，气体会在 Ar 等离子体中分解为 O、H、OH、O^+、OH^+ 等，为反应提供活泼的反应粒子源[219]。图 5.73 显示了等离子体氧化精炼去除 B 杂质的过程原理。

同样的，冷等离子体中活性反应粒子（如 O、Cl、H 等原子或离子）会与硅粉表面的杂质发生气-固反应，生成的气态物质随着真空系统而被抽走，如 B、P 等非金属杂质的去除率高达 90% 以上[220]。

等离子体氧化精炼具有超高精炼温度和强化学反应活性的优点，同时具有很强的携带杂质和脱气能力，可以根据实际需要选择离子体气氛从而针对性地去除杂质。相比其他除硼手段，该方法加热速度快，熔炼时间短。但等离子体氧化精炼法一般针对于少量 MG-Si 精炼，对于大规模工业化硅的精炼、生产还有待于设备的进一步完善。

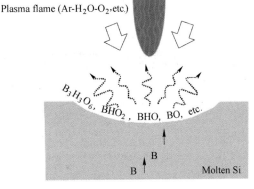

图 5.73 等离子体氧化精炼去除 B 杂质的过程示意图

5.6.2 等离子体氧化精炼设备

等离子体火炬又称为等离子体发生器或等离子体加热系统,如图 5.74 所示。当载气、工作气体通过直流电(DC)、交流电(AC),或 RF 电源时会产生高温等离子,其中心温度可达数万度。反应环境可为氧化、还原、惰性气氛。

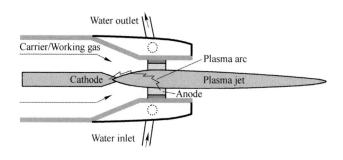

图 5.74 等离子体火炬照片[221]

图 5.75 为等离子体精炼设备示意图[42]。该设备包含等离子体火炬和带有冷坩埚的感应线圈,同时安置电感耦合等离子体分析仪对过程中的挥发物成分进行实时分析与监控。等离子体氧化精炼冶金硅的过程为:室温下硅不导电,所以首先需要使用高温等离子体焰加热硅料,待硅料熔化后再使用感应炉加热硅料使其维持在熔融状态,一旦硅料完全熔化,可适当降低等离子体功率以节约能耗;继

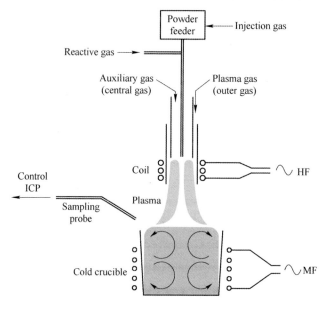

图 5.75 感应等离子体精炼设备示意图[42]

续添加硅料;向高温等离子焰中通入 O_2、H_2 混合气体,进行硅熔体精炼处理,硅熔体中杂质会反应生成气态物质而在熔体表面挥发,最终提纯 MG-Si。设备选用感应炉加热硅料的优点在于节约能耗,同时电磁场强烈的搅拌作用可以有效加速杂质传质,并不断更新硅熔体界面,并且能控制熔体自由界面形貌。

除上述设备外,还有射频放电等离子体实验设备和微波等离子体实验设备,如图 5.76 和图 5.77 所示。

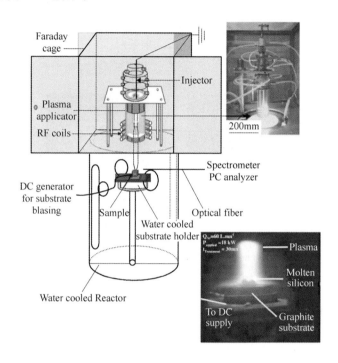

图 5.76 射频放电热等离子体实验装置示意图[222]

5.6.3 等离子体氧化精炼法的影响因素及应用

5.6.3.1 反应气体影响

Alemany 等[223]采用含有 O_2、H_2 及二者混合反应气体进行等离子体氧化精炼提纯 MG-Si 研究。研究发现,当反应气体为 O_2-H_2 时,B/Si 数值为单纯使用 O_2 反应气除杂效果的 8 倍之多;而当反应气仅为 H_2 时,MG-Si 中 B 杂质含量并未明显降低。图 5.78 进一步显示了 O_2 量对于 B 杂质去除效果的影响:当反应气体中 H_2 流量一定时,随着 O_2 流量的增加 B 杂质去除效果显著增加,但不可避免的造成 Si 质量的损失。类似地,结合图 5.68 可知,HBO 蒸气压较大,是反应去除的主要产物。

5.6.3.2 杂质脱除动力学过程[222]

将 Si 中杂质划分为低饱和蒸气压和高饱和蒸气压杂质两类,首先考察如 Li、

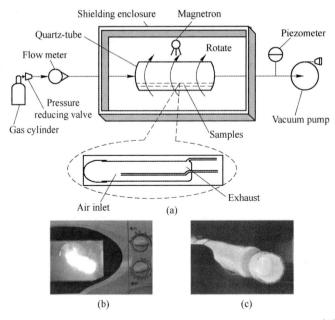

图 5.77 微波等离子体实验设备示意图（a）及实物图（b，c）[39]

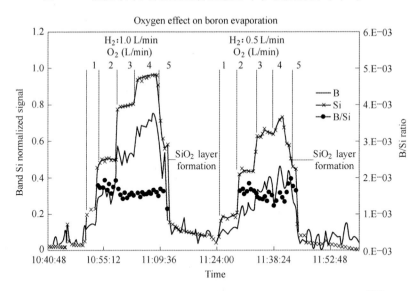

图 5.78 反应气中 O、H 对于 B 杂质去除以及 Si 蒸发损失的影响[223]

Mg、Mn、Na 等高饱和蒸气压杂质的脱除过程。等离子体氧化精炼过程中，这一类杂质会在对流作用下运动至 Si 熔体表面，随后被等离子体氧化去除，而对于 Ca、Al、Fe 等低饱和蒸气压杂质，它们同样会受对流影响运动至 Si 熔体表面，但是其去除速度却会逐渐降低，这是因为这些会与 Si、O 形成高熔点的硅化物或氧化物，进而降低等离子体的作用效果，如图 5.79 所示。值得注意的是，等离子体氧化精炼对于 Si 中具有高饱和蒸气压 P 杂质的去除效果较差,这是因为 P 杂质容易与 Si 形成不挥发的 Si_2P、SiP 相,当初始硅原料中含有较高含量的 Ca 杂质时,还会形成复杂的 $Ca_4(PO_4)_2(OH)$,造成提纯效果降低。

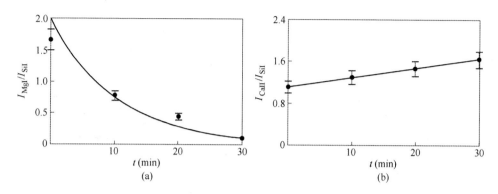

图 5.79 杂质的蒸发去除速度
(a) 高饱和蒸气压 Mg;(b) 低饱和蒸气压 Ca

5.6.3.3 杂质分布情况[222]

杂质的去除过程可以分为:(1) 杂质由硅熔体内部运动至熔体表面;(2) 自由界面处杂质发生蒸发或化学反应而形成气态物质;(3) 气态物质随气流远离熔体界面。如图 5.80 所示,依据硅锭中 Cu、Al、Ca、Fe 四种元素的分布情况可

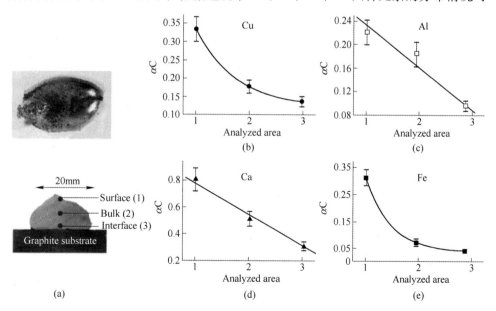

图 5.80 等离子体处理后硅样品形貌照片 (a) 及 Cu、Al、Ca、Fe 等杂质在 Si 中的分布情况(b~e)

以看出：硅锭划分为底部界面、中心、上部表面三部分，这四种元素在三个区域中呈阶梯状分布：底部杂质含量最高，中心部杂质含量降低，到达顶部表面处杂质含量降低至最小值。底部的杂质会在浓度梯度的作用下迁移至硅锭表面，进而得以去除。

5.6.3.4 等离子体氧化精炼工业应用

日本川崎钢铁公司（Kawasaki Steel Corporation）采用电子束与等离子体相结合的定向凝固技术提纯 MG-Si。该技术的示意图如图 5.81 所示。第一阶段采用两把电子束枪（最大功率 750kW）进行定向凝固技术去除 P 杂质，第二阶段采用等离子体枪（最大功率 800~1200kW）定向凝固去除 B 杂质，该过程中 Ar-He 为等离子体气体，H_2O-H_2 为反应气体。结果如图 5.82 所示。该联合工艺可将硅中 B 杂质含量由 10ppmw 降低到 0.1ppmw，电阻率 0.5~1.5Ω·cm，达到 SOG-Si 纯度要求，并且制备成电池后的转换效率达到 14.1%。

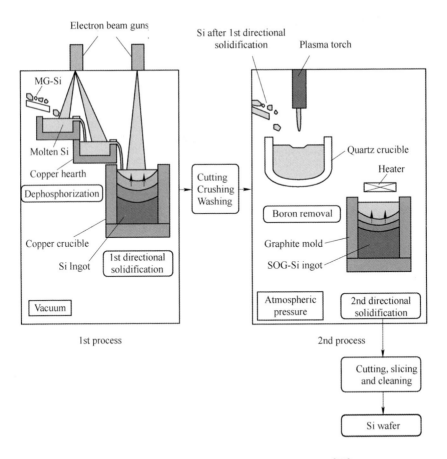

图 5.81　日本川崎钢铁公司冶金硅提纯路线图[224]

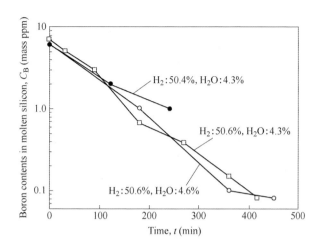

图 5.82 等离子体氧化精炼过程中 B 杂质含量变化[225]

5.7 电子束精炼法

5.7.1 电子束精炼法基本原理

电子束精炼法（EBM）是在高真空环境下使用高密度能量的电子束作为热源的一种熔炼方法。其工作原理为：电子枪中的灯丝加热至一定温度后会发射电子，在负高压作用下电子加速运动并轰击阴极使之发热；当阴极表面温度达到 2673～2873K 时，阴极表面发射电子并在高压静电场作用下聚焦和加速，再通过偏转扫描作用以特定扫描轨迹轰击硅料表面；由于高速电子束的速度约为光速的三分之二左右，因此，电子束动能到热能的转化可为材料熔炼提供大量能量。

高温下 Si 具有较小的饱和蒸气压，而同温度下 Al、P、Ca 等大部分杂质的饱和蒸气压均高于 Si（图 5.83），依据真空蒸发提纯理论，在高温、高真空环境下，硅熔体中蒸汽压大的杂质元素首先挥发，而蒸汽压小的杂质则存留至熔体中。进一步地，挥发性杂质通过炉体真空系统带出炉外，破坏了杂质的气-液平衡状态，导致杂质不断地挥发减少，最终实现硅提纯[226]。

利用硅与杂质饱和蒸气压之间的差异性，采用电子束精炼提纯 MG-Si 具有四个显著优点[227]：（1）电子束熔炼时候具有高真空度，可以达到 10^{-1}～10^{-3} Pa，高于一般熔炼炉；（2）电子束能量集中（10^3～10^6 W/cm^2），加热速度快，能迅速将熔池温度加热至很高；（3）可控性好，通过控制电子束调整熔体加热部位，容易实现自动化控制；（4）不受原材料形状限制，可熔化棒状、屑状、粉末状原料。正是由于电子束熔炼技术具有上述特点，除了硅材料的熔炼提纯，应用该技术还可以熔炼钛、钽、钨、钼等高熔点金属及其合金。

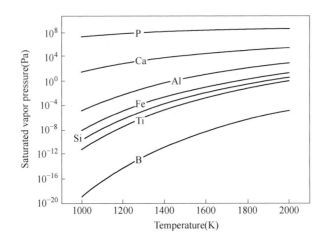

图 5.83　Si 和 B、Ti 等杂质元素的蒸气压曲线

5.7.2　电子束熔炼设备及流程

5.7.2.1　电子束熔炼设备简介

电子束熔炼设备如图 5.84 所示,包含冷却系统、真空系统、电子枪、水冷铜坩埚等。其中,电子枪是该设备的核心部分(图 5.85),包含电子发生

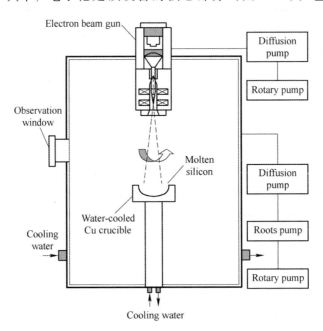

图 5.84　电子束实验设备示意图[227]

器、电磁透镜、阀室、偏转/扫描系统、真空系统。电子发生器是电子光学系统的核心部件，它是处于空间电荷限制工作状态下的直热式二级枪，由高压电缆、枪筒、均压筒、灯丝、阴极、聚束极、阳极组件组成。电子枪内部的真空要求较高，约为 0.1 Pa 以上，以防止高压击穿、电子散射和能量损失。若要完成复合实验目的要求，可设计安装多把电子枪，分别用于硅料熔炼与凝固，如图5.86 所示。

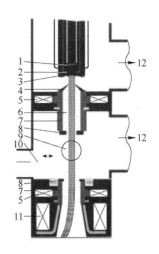

电子束设备的可控参数主要有[230]：

（1）电子束束流密度：通过调整电子束束流密度以改变电子束功率；

（2）电子束波形：通过调整磁场大小和方向使得电子束以圆形波、螺形波、三角波、锯齿波形进行熔炼；

（3）电子束扫描频率：通过调整电子束扫描频率改变电子束对样品熔炼温度的均匀程度，其频率越高、熔体温度越均匀；

图 5.85　典型轴向电子枪示意图[228]
1—脉冲阴极；2—集射阴极；3—聚束极；
4—阳极；5—磁光栅；6—电子束；
7，8—磁聚焦辅助部件；9—观察窗；
10—阀；11—偏转扫描系统；
12—真空系统

（4）圆形光斑大小：通过控制扫描线圈的电流以控制圆形光斑的运动角度，进而控制轰击至靶材上光斑的大小；

（5）扫描位置：通过调整偏转线圈 x 轴和 y 轴的偏转情况，调整电子束的扫

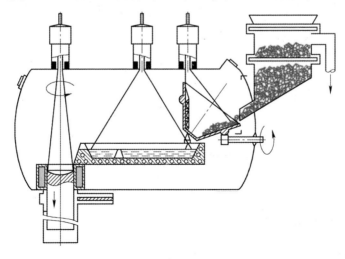

图 5.86　多电子枪的电子束熔炼设备[229]

描位置，避免在坩埚内出现死角。

5.7.2.2 电子束熔炼流程

一般的，采用电子束进行熔炼实验可分为开启冷却系统、抽真空、电子束熔炼、冷却凝固等四个步骤。

首先开启冷却系统，以保证真空泵体、电子枪、熔炼系统正常工作；随后对电子枪抽真空，以防止电子枪因氧化而损坏，同时对电子束炉体抽真空，以保证电子束正常态下轰击样品。一般情况下，电子枪所需真空环境为 $10^{-3} \sim 10^{-4}$ Pa，电子束熔炼所需真空环境为 $10^{-2} \sim 10^{-3}$ Pa；随后预热电子枪的灯丝和阴极，待达到稳定状态后进行电子束熔炼，调整高压、束流、波形等参数，硅锭的熔炼情况如图 5.87 所示；实验结束后，迅速降低电子束束流，样品冷却、最终凝固。图 5.88 显示了电子束熔炼硅料后硅锭照片。

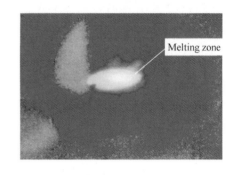

图 5.87 电子束熔炼过程中硅熔体形貌图[231]

(a) (b)

图 5.88 经电子束熔炼后硅锭图像[232]
(a) 正面图像，(b) 背面图像

5.7.3 电子束精炼法的影响因素及应用

早在1980年Casenave等[233]便开始采用电子束熔炼技术进行MG-Si材料的提纯研究。Pires等[234]应用该技术成功的将MG-Si由3N纯度提升至5N，并发现杂质因分凝效应会在凝固硅锭中呈现不均匀分布，最先凝固的硅锭底部和边缘位置相对纯度较高。

国内大连理工大学谭毅教授研究组针对电子束熔炼方法去除 MG-Si 中金属、非金属杂质展开了十分丰富、深入的研究工作。彭旭等[98]讨论了电子束提纯 MG-Si 过程中 Al 杂质的蒸发动力学过程，结果表明：Al 杂质的蒸发去除过程受其在 Si 熔体到熔体/气相界面迁移的影响，其蒸发速度可表示为：

$$\ln v_{Si} = 7.95 - \frac{33650}{T} \quad (5.41)$$

石爽等[63]分别在 9、15、21kW 电子束功率条件下研究了电子束提纯 MG-Si 过程中 P 杂质含量与熔炼时间之间的关系。结果表明：当电子束功率恒定时，硅中 P 杂质含量随着熔炼时间（0~900s）的增加而迅速降低；但继续延长熔炼时间（900~1920s），P 杂质含量将维持定值而不再发生明显变化。1920s、电子束功率 21kW 时，Si 中 P 杂质含量由 33.2ppmw 降低至 0.07ppmw，满足太阳能级多晶硅纯度要求。P 杂质蒸发过程中总的传质系数可表示为：

$$\ln k_{T(P)} = 4.428 - \frac{30715}{T} \quad (5.42)$$

姜大川等[235]还创新的提出了电子束熔炼改进方法，由于该过程类似蜡烛的熔化，因而命名为电子束烛光熔炼方法（EBCM）。这种方法集合了电子束熔炼方法特点和 P 杂质在硅熔体中高饱和蒸气压的物理特性，通过控制电子束束斑大小，在 MG-Si 原料表面形成一个具有最大表面积、最小深度的特殊熔池，最终实现低能耗、高效率地去除硅中 Al、Ca 和 P 等杂质。当电子束功率为 6kW，熔炼时间为 300s 时，EBCM 方法可去除硅中约 60% 含量的 P 杂质；相应地，在 EBM 过程中若要达到相同的 P 杂质去除率，电子束功率需 15kW，熔炼时间 300s，或电子束功率需 9kW，熔炼时间 600s。由此可见，新型的电子束烛光熔炼方法不仅能降低熔炼能耗，还能提高 MG-Si 的提纯效率。

近年来 EMB 方法发展迅速，多项研究结果都表明该方法对 MG-Si 熔体中多种高饱和蒸气压的杂质都能起到良好的去除效果，但该方法尚不适用去除 MG-Si 中具有低饱和蒸气压的 B 杂质。

5.8 电磁净化法

5.8.1 电磁净化法基本原理

5.8.1.1 电磁净化法研究进展

早在 1900 年 Gates 便应用电磁净化技术进行矿物中银和金的分离研究[236]，该方法基于铁、镍、钴等顺磁介质沿强磁场方向运动、反磁性物质沿弱磁场方向运动的性质特征，其设备示意图如图 5.89 所示。20 世纪 50 年代 Kolin 首先提出电磁净化去除熔体中夹杂物的技术及原理[237]，而此后发展的技术和研究都是以该原理为基础的。他们首次研究了交变电磁场下粒子的电磁流体流动现象，同时计算了导电熔体中球状粒子和圆柱状粒子的受力情况。如图 5.90 所示，粒子的移动方向取决于熔体与颗粒之间的密度差[238]。

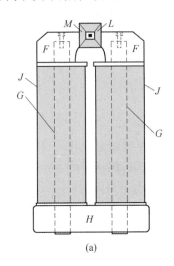
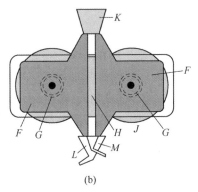

图 5.89　电磁净化设备示意图[236]
(a) 俯视图；(b) 前视图

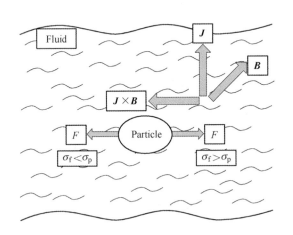

图 5.90　电磁净化过程中粒子的受力情况示意图[238]

1961 年 Verte 提出采用电磁净化技术提纯金属熔体，这与电磁选矿技术类似，都是利用旋转电磁力场产生的压力差促进熔体中夹杂物颗粒的浮选。随后，

Marty 等报道了电磁分离金属熔体中非导电颗粒的理论与实验研究。自此之后，人们采用数学方法和实验分析对电磁净化技术开展了大量的研究工作，并将该技术成功地应用至多种金属的提纯研发中。例如：电磁过滤 Al-Si 合金熔体中的富 Fe 相[239,240]；电磁净化去除 Al 熔体中的非金属夹杂物[241-243]；电磁分离金属铸造过程中的夹杂物[244,245]；电磁净化去除镁中的夹杂物[246,247]；交变磁场分离热镀锌中的锌渣[248-250]；电磁净化去除钢中的夹杂物[251,252]；电磁分离硅中的 SiC、Si_3N_4 夹杂物[118,119,252]。

5.8.1.2 电磁净化法基本原理

总体来看，将所有的电磁加工技术视为一棵树，如图 5.91(a) 所示[253]。依据金属材料加工技术可以将电磁场技术应用划分为多个分枝，如图 5.91(b) 所示。树的根基为电磁加工技术的理论背景，树的枝干代表不同功效的电磁技术、

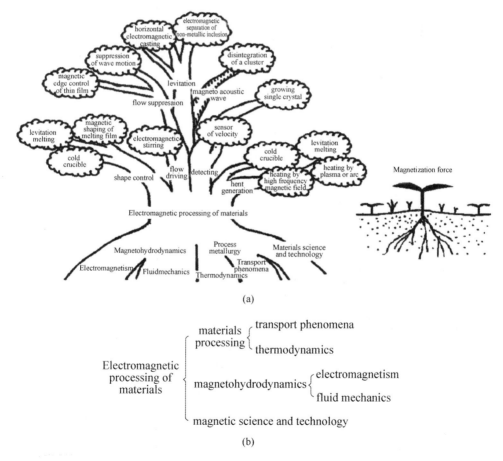

图 5.91 电磁加工技术应用[253]

(a) 树指代材料的电磁工艺、枝叶指代强磁场；(b) 电磁技术理论背景

枝叶代表不同的电磁技术与工艺。电磁净化技术分离非金属夹杂物为多种技术应用中的一种，其原理与重力分离技术类似[237,254]，即外力场下金属与夹杂物颗粒因物理性质差异受外力驱动而造成的夹杂物颗粒运动，如图5.92所示。电磁净化分离夹杂物颗粒是利用夹杂物颗粒与熔体的导电率之间的差异，如图5.92(b)所示。但电磁分离技术相对于重力分离技术更为复杂，这是因为电磁分离过程中悬浮在熔体中的颗粒会干扰电磁场，会对导电熔体产生压力场，进而改变颗粒周围的受力分布以及施加于颗粒上的合力。因此，颗粒的形状、大小、组成将决定其受到的推动力。

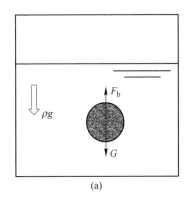
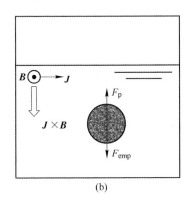

图5.92 对比重力场（a）与电磁场（b）下颗粒的受力情况[237,254]

5.8.1.3 电磁净化过程中夹杂物颗粒所受电磁力

Leenov和Kolin[254]分别计算了重力场与电磁分离过程中夹杂物颗粒的受力情况。表5.7反映了悬浮在均匀流体中球形或圆柱状颗粒上的受力情况以及对圆柱状颗粒取向的影响。

表5.7 重力分离、电磁分离技术过程中施加在夹杂物颗粒上的受力情况[254]

夹杂物颗粒受力	重力分离	电磁分离
体积力（F_v）	$\rho_p g V_p$	$\dfrac{3\sigma_p}{2\sigma_f + \sigma_p}$
表面力（F_s）	$\rho g V_p$	$JBV_p \left(1 - \dfrac{1}{2} \dfrac{\sigma_f - \sigma_p}{2\sigma_f + \sigma_p}\right)$
合力（F）	$(\rho - \rho_p) g V_p$	$JBV_p \left(\dfrac{3}{2} \dfrac{\sigma_f - \sigma_p}{2\sigma_f + \sigma_p}\right)$

图5.93为电磁净化技术去除金属熔体中夹杂物颗粒的原理示意图[255]。当电磁系统作用到液态金属上时，金属液会受到电磁力的压迫而产生压力梯度。在导

电性良好的金属液中这些不导电或导电差的粒子将不受或受到很小的电磁力,因此只受到压力,最终导致这些粒子沿着电磁力相反的方向移动。

$$F_p = -\frac{3}{4}\frac{\pi d_p^3}{6}F \quad (5.43)$$

$$F = J \times B \quad (5.44)$$

式中,F_p 为作用在粒子上的作用力;F 为施加的电磁场力;d_p 为粒子直径;J 为电流密度,A/m^2;B 为磁通密度,T。

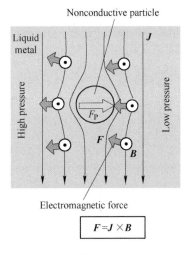

图 5.93 电磁冶金分离的原理

5.8.1.4 电磁净化方法的种类

电磁场对金属熔体中夹杂物颗粒的影响主要有电流和磁场两个因素,其中电流既可以由外加电源施加,又可以由电磁感应产生;而磁场既可以是稳恒磁场,又可以是交变电磁场,还可以是感应磁场。因此,采用不同的组合方式会产生多种电磁场[256]。

A 直流电场与稳横磁场[257,258]

利用直流电场与稳横磁场去除金属熔体中夹杂物的原理如图 5.94 所示。在直流电场与稳横磁场中水平放置一陶瓷管,向管中通入液态金属,并通入直流电流,其中电场方向与磁场方向正交。通电的金属熔体在磁场中会受到力的作用,而非金属夹杂物则受到一相反力的作用,发生迁移而被去除。该技术的优点在于方便施加电场和磁场,并且容易调控电磁力。但缺点在于需要向熔体中插入电极,而这将造成一定程度的熔体污染,此外,由于夹杂物的单向运动导致其只能在陶瓷管的一侧被去除。

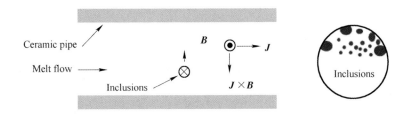

图 5.94 利用直流电场与稳横磁场去除金属熔体中的夹杂物

B 交变电流(AC)[245,259,260]

中间包感应加热炉是交变电流去除夹杂物的典型应用[260]。采用这一技术可以去除不锈钢板坯中超过 75% 夹杂物,并且可以改善冷轧板表面和内部质量。

Taniguchi 和 Brimacombe[245,259]从理论和实践上都证明了交变电流具有分离固体颗粒的作用。如图5.95(a)、(b)所示，采用圆形或矩形管盛装液态金属，并施加强大的交变电流，交变电流与产生的感生磁场相互作用，对金属熔体产生压向轴心的挤压力，最终不导电的夹杂物颗粒将沿管壁方向移动，被管壁捕捉而得以去除。对于圆形管，通入电流后产生挤压力，并作用于熔体中非金属夹杂物颗粒上，且沿着挤压力相反方向运动，最终得以去除。夹杂物的去除效率受无量纲参数影响，如雷诺数（Re）与 a/d 数值。图5.95(c)对比了圆形与方形管的电磁净化效率。在方形管中，挤压力集中于管中角落区域。采用该技术可以迅速捕捉、去除夹杂物，其提纯效率高于采用直流电场与稳横磁场的净化技术。但若要去除尺寸小于 $20\mu m$ 的夹杂物颗粒，则需要施加强大的交变电流，但随之产生较大的焦耳热，造成较低的能量利用率。

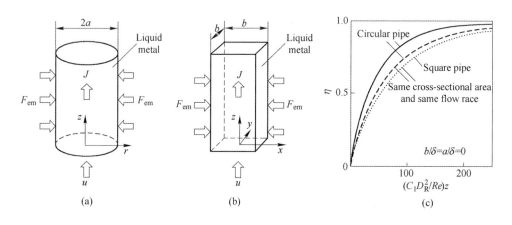

图 5.95　交变电流去除颗粒示意图
(a) 圆筒容器；(b) 方形容器；(c) 夹杂物去除效率对比[245,259]

C　行波磁场（TMF）[253,261,262]

Asai[253]提出采用行波磁场去除金属熔体中夹杂物的方法。如图5.96所示，将含有液态熔体的陶瓷细管或陶瓷纤维置于两线性电机之间，该设备产生与熔体流动方向垂直的移动磁场。在磁场作用下，液体金属中将产生感生电流，液态熔体将受到一个与磁场移动方向相同的电磁力作用，而非金属夹杂物由于不导电而不会受到电磁力作用，但它会受液态金属的挤压而向移动磁场相反方向移动。基于 Asai 工作，Zhong 等[263]考察了行波磁场下的感应磁场强度和密度情况，并实验考察了行波磁场下液态 Ga 和 Al-Si 合金的净化行为。

行波磁场净化的优点在于直接使用商用电源，由于该技术不用使用电极，因此不会对熔体造成污染。但由于行波磁场的分布较为复杂，其发电机结构以及磁场复杂程度都会影响夹杂物的迁移行为和净化效率。

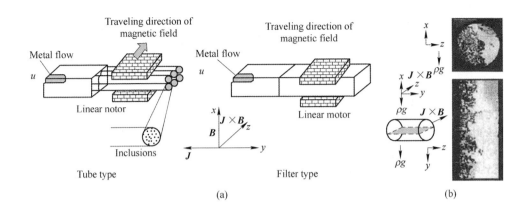

图 5.96 采用行波磁场分离液态金属中夹杂物

(a) 工业应用示意图；(b) 非金属夹杂物分布（$B = 0.08\text{T}$）[253]

D　交变电流和交变磁场[264]

由于单独施加交变电流或交变磁场所产生的电磁力较小，Korovin[264]提出同时使用交变电流和交变磁场进行夹杂物的去除研究。这一方法由于不使用电极，同样避免了熔体的污染情况。

E　恒定磁场

目前，工业上广泛采用恒定磁场分离技术，这是一种从非磁性材料中去除磁场物质的有效方法，包含矿物加工、煤脱硫、水处理、循环、环境保护等[265]。恒定磁场分离技术分为低频、高频设备，又进一步划分为干料、湿料分离器。当施加低强度磁场（<2T）时可以对铁磁性材料和高顺磁性矿物进行加工处理；当处理顺磁性材料中一些具有低磁化率的物质时，应加大磁场强度和磁场梯度值。Markarov 等[266]对弱恒定磁场中夹杂物较低分离效率的现象进行了解释，他们认为对于尺寸 $50\mu\text{m}$ 以上的夹杂物颗粒，低密度的洛伦兹力并未起作用，此外，焦耳热的产生也是造成低分离效率的一个原因。在 Markarov 的研究中使用了现代超导直流线圈以提高磁场强度，这一理论研究为金属铸造过程中降低能量损耗提供了新的研究方法。

F　稳定交变磁场[238,241,267]

以 Korovin 等提出的理论[264,267]为基础，将稳定交变磁场技术应用于夹杂物去除。如图 5.97 所示，在流过感应线圈的铝熔体中施加交变磁场可产生电磁力，而夹杂物受电磁力影响会向其相反方向运动最终得以去除。Yamao 等[267]和 Shu 等[243]对交变磁场分离技术分别采用理论研究和实验方法进行分析。相比其他方法，交变磁场具有以下优点[255]：

(1) 不需要额外复杂设备，不使用电极和线圈。

(2) 有效去除小尺寸夹杂物，这是因为去除效率受夹杂物尺寸影响较小。

(3) 即使电磁搅拌剧烈时也具有高效的夹杂物去除效果。

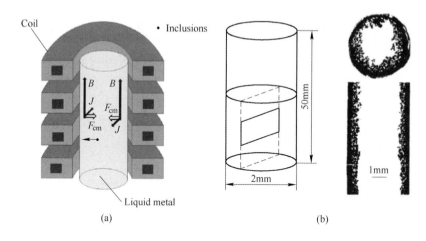

图 5.97　采用稳定交变磁场去除金属熔体中夹杂物[267]

(f=33kHz，a/d=1.5，B_0=0.09T，g=0.99)

(a) 原理示意图；(b) 非金属夹杂物分布

5.8.1.5　电磁分离技术的优点

(1) 高效性：施加在夹杂物颗粒上的电磁驱动力仅受到夹杂物与熔体之间导电率的影响，而与夹杂物的密度、组成、(固、液、气)相态等性质无关[254]。因此，电磁分离技术可以有效去除熔体中微米级的夹杂物颗粒[238,243]。

(2) 环境友好：避免了氯化物、氟化物等熔渣的使用，立足发展成为一种环境友好、利于可持续发展的加工技术[268-270]。

(3) 对熔体不会造成污染：由于电磁场的穿透作用，无需直接接触金属液产生电磁力，加速夹杂物与金属液的分离速度，避免对金属液的污染[269]。

(4) 可控性，便于调整：不同于常规的分离技术，电磁分离技术通过控制电磁场的大小和方向可以改变夹杂物颗粒受力的大小与方向，从而有效调控夹杂物去除效果。

5.8.1.6　硅中夹杂物

在硅铸锭中会存在一些非金属夹杂物，其中最常见的是 SiC 和 Si_3N_4[271-275]，其形貌如图 5.98 所示。Si_3N_4 主要来源于硅熔炼、铸锭过程中使用的带有 BN 涂层坩埚以及气氛中氮气；而 SiC 主要来源于碳热还原制备 MG-Si 生产过程以及石墨发热体。此外，在硅锭线切割制备硅片的过程中还会产生一定量的泥浆，这些浆料含有尺寸约为 5~30μm 的 SiC 颗粒、乙二醇载流液[276]和约一半质量的硅粉。上述硅料虽然都含有一定量的夹杂物，但纯度较高，如果将这些 SiC 和 Si_3N_4 夹杂物分离，则会使这些硅料变废为宝，重新作为 SOG-Si 材料。

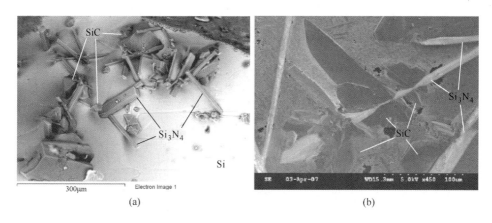

图 5.98 太阳能级硅中非金属夹杂物颗粒图片[271]

5.8.1.7 电磁净化去除硅熔体中 SiC 夹杂物颗粒依据

硅熔体的电阻系数约为 $72\times10^{-6}\Omega\cdot cm^{[277]}$,而 SiC 和 Si_3N_4 的电阻系数分别约为 $0.4\ \Omega\cdot cm$ 和 $2\times10^{13}\ \Omega\cdot cm^{[278,279]}$。依据它们之间电学性能的差异,施加电磁净化可以有效分离硅熔体中 SiC 和 Si_3N_4 夹杂物[280-282],图 5.99 即为电磁净化作用下分布于硅锭边缘的 SiC。

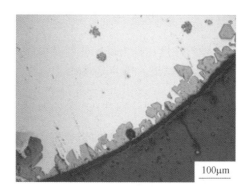

图 5.99 电磁净化去除硅中 SiC 颗粒

5.8.2 电磁净化设备

电磁感应净化法所使用的主要设备为感应炉,如图 5.100 所示,其主要部件为感应器、炉体、电源、电容和控制系统等。感应炉采用的交流电源有工频(50/60Hz)、中频(150~10000Hz)和高频(>10000Hz)三种。感应炉的工作原理为:在感应炉交变电磁场作用下,物料内部产生涡流从而升高温度,最终实现物料加热或者熔化作用。感应炉具有加热速度快、加热效率高、无环境污染等优点,特别的,由于感应加热可以实现非接触物料加热,因此不会对物料造成污

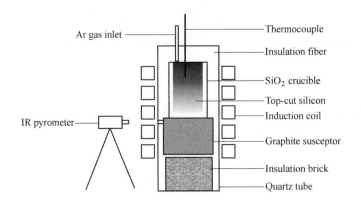

图 5.100　电磁感应设备照片

染,这是传统加热设备所不具备的特殊优点。

5.8.3　电磁净化法的影响因素及应用[118,283]

5.8.3.1　分离效率

电磁净化法去除硅中夹杂物的效果可以采用分离效率 η 表征:

$$\eta = \frac{C_0 - C}{C_0} \times 100\% = \left(1 - \frac{C}{C_0}\right) \times 100\% \tag{5.45}$$

式中,C_0 为硅中初始杂质颗粒浓度;C 为硅净化后杂质颗粒浓度。

结合 Takahashi 和 Taniguchi 结果,进一步获得:

$$-V\frac{dC}{dt} = (A_W u_W + A_B(u_B + u_t) + A_T u_T)C = \alpha C \tag{5.46}$$

式中,V 为熔体体积;A,u 分别为分离器表面积和杂质颗粒的运动速度;α 为特定常数;下标 W,B,t,T 分别表征侧壁、底部、末端、顶部位置。

当 $t=0$s 时,杂质颗粒浓度等于其初始浓度时($C=C_0$),即公式(5.47)~公式(5.50)存在:

$$\ln C - \ln C_0 = -\frac{\alpha}{V}t = -\lambda t \tag{5.47}$$

$$\frac{C}{C_0} = e^{-\lambda t} \tag{5.48}$$

$$\eta = \frac{C_0 - C}{C_0} \times 100\% = \left(1 - \frac{C}{C_0}\right) \times 100\% \tag{5.49}$$

$$\eta = (1 - e^{-\lambda t}) \times 100\% \tag{5.50}$$

式中,λ 为常数,与磁场和流动参数有关。

由上述公式可以看出，电磁净化方法的提纯效果与净化时间和熔体体积、颗粒速度等参数呈指数关系，而这些参数受磁场强度、电流密度、频率控制。下面将对各个参数进行考察分析。

电磁净化过程中夹杂物的分离效率依据样品中有效分离体积与总体积之比评价，其中有效分离区域是指内部洁净、无夹杂物的部分，而经电磁净化后夹杂物主要分布于样品的边缘和底部位置。图 5.101 显示了实验样品横截面处夹杂物的实际轮廓线与等价轮廓线的示意图。值得注意的是，实验样品基于 3D 对称，含有夹杂物的部分会形成锥形，分离效率（η）及洁净部分所占体积的比例定义为等同圆柱体与圆锥体之间体积差值与等同圆柱体体积之比：

$$\eta = \frac{(\pi R^2 H) - (\pi r^2 h/3)100\%}{\pi R^2 H} = 1 - \frac{h}{3H}\left(\frac{r}{R}\right)^2 \quad (5.51)$$

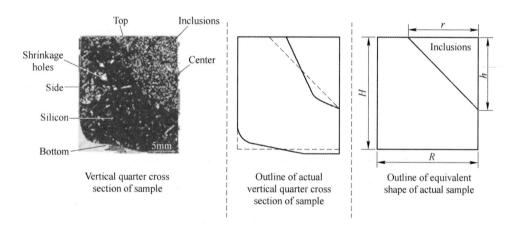

图 5.101　实验样品纵截面中夹杂物的实际轮廓线与等价轮廓线示意图

由公式（5.50）可以看出，夹杂物分离效率与时间成指数关系并且系数为 1，如图 5.102(a)，指前系数并非为 1，则夹杂物分离效率与时间之间关系曲线并不符合这一模型，由此意味着在电磁净化分离过程计时前，一些夹杂物颗粒已经得到去除。因此，实际分离时间由拟合曲线决定，图 5.102(b) 显示了修正后的曲线与时间关系图，这一调整对应着分离实验前 90±10s 时刻。

5.8.3.2　样品中夹杂物的分布情况

对含有 SiC 夹杂物颗粒的硅样品进行电磁净化，随后取样品四分之一部分，对其纵截面进行光镜观测以考察电磁净化后夹杂物分布情况，如图 5.103 所示。夹杂物颗粒多聚集在样品的侧壁、底部，同时还富集在接近样品中心顶部的位置。由此推断夹杂物颗粒首先运动至样品中心顶部、随后沿中心区域向下沉积至底部。

图 5.104 为电磁净化后样品底部、侧壁以及中心位置处的微观图像。样品中

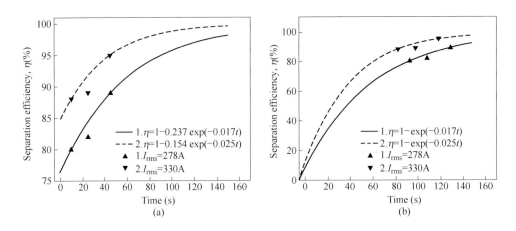

图 5.102　电磁净化过程中硅中杂质颗粒的分离效率与净化时间的关系图
（a）实验时间；（b）修订后的净化时间

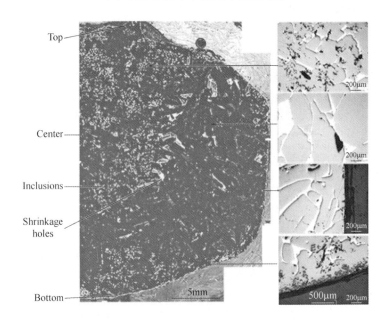

图 5.103　经电磁净化后四分之一样品纵截面的宏观与微观 OM 图像

心部位洁净、无夹杂物颗粒，侧壁以及底部位置多含有致密的夹杂物富级层，同时，在这一部位还可以发现，较大的夹杂物颗粒更接近样品边缘，而小尺寸夹杂物则依附于大尺寸夹杂物之上。由此可以判断，大尺寸夹杂物更易分离，而小尺寸夹杂物易受流体影响，因此需要较长的净化时间。

由夹杂物富集层的特点可以看出，样品底部的夹杂物颗粒层致密、粘结为一

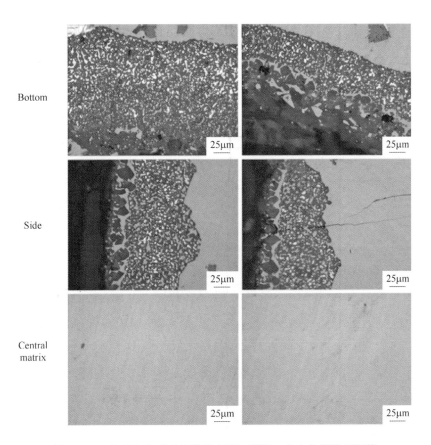

图 5.104　电磁净化后硅锭样品底部、侧壁、中心位置微观图像
(f = 65kHz，I = 533A，t = 10s)

体，厚度较厚；而侧壁夹杂物颗粒层厚度较薄。受电磁场影响，重力与流体剪切力公共形成向下力，加速了夹杂物颗粒沉降和运动。受不均匀分布流速的影响，夹杂物多沉积在样品中心底部。

利用 ANSOFT Maxwell 对电磁场进行有限元仿真可以获得不同电流强度、频率条件下电磁场的分布情况，结果如图 5.105 所示。电磁场强度随着电流强度的增加而显著增强，但随着频率的增加而轻微增强。在硅熔体表层的磁场强度较高，而在硅熔体内部磁场较弱，中心位置可达到最低值。这是由高频率磁场的集肤效应造成的，集肤深度（δ）与熔体的导电率（σ）成反比例关系：

$$\delta = \frac{1}{\sqrt{\pi\mu\sigma f}} \tag{5.52}$$

由此看出，电磁力对于去除熔体边界上的杂质颗粒具有明显的效果，同时，在电磁力诱导作用下硅液会产生流动，从而带动杂质颗粒运动至集肤层区域，最

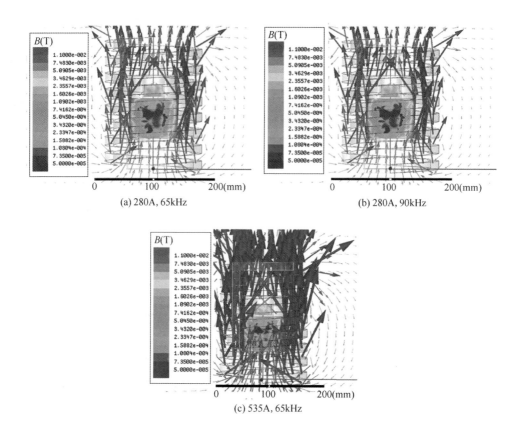

图 5.105 不同电流强度、频率条件下电磁场的分布情况图

终被捕获而去除。

5.8.3.3 夹杂物分离机制和流场

A 作用力

基于上述讨论,电磁体积力、流体流动作用、流体剪切力作用对于夹杂物分离起到重要作用。硅熔体中作用至夹杂物颗粒上的力可以分为:体积力、表面力、碰撞力。依据拉格朗日算法,质量为 m_p、速度为 u_p 的夹杂物颗粒其线动量变化速度如下:

$$F_P = m_P \frac{du_p}{dt} = F_{body} + F_{surface} + F_{collision} \tag{5.53}$$

式中,F_P 为作用在颗粒上的合力。考虑到熔体中单个颗粒可以忽略其碰撞力、磁化力、升力、虚拟质量力、布朗和热泳力,表面力和体积力将会减小:

$$F_{body} = F_g + F_B \tag{5.54}$$

$$F_{\text{surface}} = F_D + F_S \tag{5.55}$$

则颗粒受力情况可以改写为：

$$F_P = F_D + F_g + F_B + F_S \tag{5.56}$$

其中：

浮力：

$$F_g = V_p(\rho_p - \rho_r)g \tag{5.57}$$

电磁体积力：

$$F_B = \frac{3}{4}V_p(J \times B) \tag{5.58}$$

拖曳力：

$$F_D = -\frac{1}{8}\pi d_p^2 C_D(u_f - u_p) \tag{5.59}$$

流体剪切力：

$$F_S = \rho_f V_p \left(\frac{Du_f}{Dt}\right)_p \tag{5.60}$$

式中，d_p 为颗粒直径；V_p 为颗粒体积；ρ_p 为颗粒密度；ρ_f 为硅熔体密度；$J \times B$ 为洛伦兹力；C_D 为阻力系数；u_f 为硅熔体速度；u_p 为颗粒速度。

受非稳定电磁场影响颗粒周围熔体产生局部加速度，从而形成熔体剪切力，流体加速度与流体局部速度成比例关系，由于流体变化速率受磁场变化速率影响，因此比例常数为电磁场频率（f）：

$$\left(\frac{Du_f}{Dt}\right)_p = f(u_f)_p \tag{5.61}$$

综合公式（5.57）~（5.61），由于流体中心区域磁场较弱，造成颗粒运动主要受流体剪切力的控制和影响，即熔体剪切力造成颗粒的沉降。电磁体积力与作用在夹杂物颗粒上的洛伦兹力方向相反，其大小为洛伦兹力的 3/4，作用于集肤层。

研究者考察了不同外场下流体流动对夹杂物颗粒沉降行为的影响，发现对流可以促使颗粒更快沉降[284~286]，原因之一可能为夹杂物颗粒湍流相互作用，优先在流动区域富集并形成团簇等大尺寸颗粒[286]，从而促进沉降。原因之二可能在于流体黏度降低导致金属熔体中阻力减小，因此增加夹杂物颗粒沉降速度。特别值得注意的是，如果对流力量太强，则会携带走夹杂物颗粒而不发生沉降。

B　流体流动

金属熔体中施加电磁场，在电磁场（B）和电流密度（J）作用下会产生电磁力，即洛伦兹力（$J \times B$），从而诱发硅熔体中强烈的流动。采用 ANSYS FLUENT 计算得到不同电流和频率下硅熔体中的流态变化图，如图 5.106 所示。依据流线可以看出流体流动主要起源于顶部和底部并驱动硅熔体形成圆状流型,并且在硅熔体梯度和边缘位置流动剧烈。

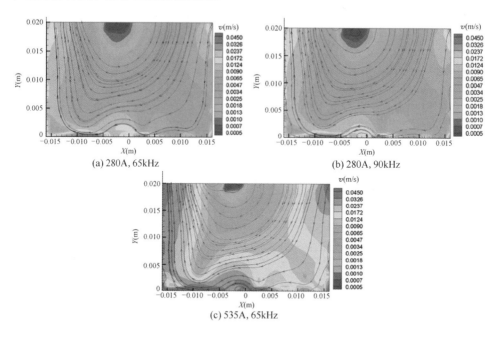

图 5.106　ANSYS FLUENT 计算不同电流和频率下硅熔体中的流态变化图

5.8.3.4　净化时间影响

依据公式（5.50）,提高电磁净化时间可以有效提高夹杂物去除效率。图 5.107 显示了电磁净化处理 10s、60s、120s 后样品的形貌照片。当时间为 120s

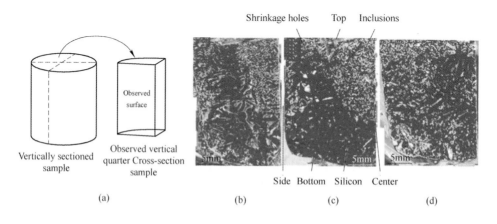

图 5.107　不同电磁净化时间对杂质颗粒去除效果的影响
（a）取样示意图；(b) 10s；(c) 60s；(d) 120s

时，杂质颗粒的分离效果最为明显。

5.8.3.5 线圈电流与频率的影响

图 5.108 考察了电磁净化过程中硅中杂质颗粒的分离效率与线圈电流、净化时间之间的关系。由图可以看出，提高电流可以有效增强磁场强度，从而提高电磁力并强化流体流动，最终提高夹杂物去除效率。

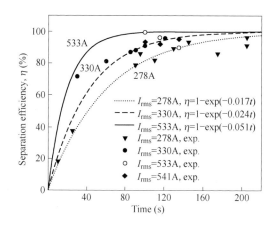

图 5.108　电磁净化过程中硅中杂质颗粒的分离效率与
线圈电流、净化时间关系图（65kHz）

图 5.109 考察了电磁净化过程中硅中杂质颗粒的分离效率与频率之间的关系。由图可以看出，增加频率可以改善夹杂物的沉降过程，从而提高夹杂物的分离效果。由于较高的频率可以增大局部流体加速度，会对夹杂物颗粒产生大的流体剪切力，因而净化效率提高。

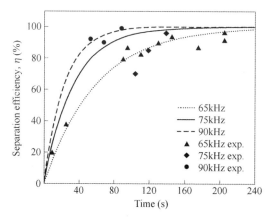

图 5.109　电磁净化过程中硅中杂质颗粒的分离效率与频率、净化时间的关系图
（电流强度-278A，分离时间 45s）

5.8.3.6 夹杂物浓度影响

向硅中分别添加1wt%、3wt%、5wt%的SiC颗粒形成Si-SiC混合物,考察其中夹杂物颗粒浓度与电磁净化效率之间的关系。结果如图5.110所示,随着电流和频率的增加,SiC夹杂物的分离效率随之提高,但值得注意的是,不同夹杂物浓度之间并没有明显区别。

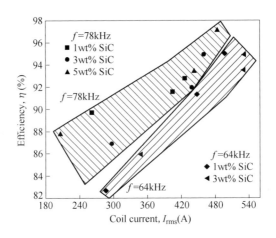

图5.110　电磁净化过程中硅中SiC夹杂物分离效率与其浓度关系图

5.9　过滤精炼法[124,287]

5.9.1　过滤精炼法基本原理

除了电磁净化去除硅熔体中夹杂物外,还可以采用过滤精炼法,这也是一种物理分离方法。

过滤精炼方法采用陶瓷、石墨等过滤器,在精炼过程中将其放置于熔体底部,当含有夹杂物颗粒的熔体通过过滤器时,它会起到阻挡、吸附夹杂物颗粒的作用,最终净化熔体。这一精炼过程可以分为两个阶段,即滤饼过滤和深床过滤阶段。如图5.111所示,在初始滤饼过滤阶段中(cake filtration),针对尺寸与过滤器孔径相当的夹杂物,过滤器作用如同筛子可以阻挡其通过,并形成滤饼。在这一

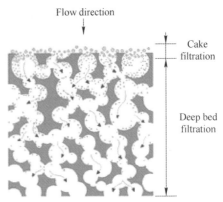

图5.111　过滤精炼机理示意图[287]

阶段中，夹杂物颗粒会停留在过滤器的顶部，并且最先沉积的颗粒具有过滤作用，它会进一步吸附后续运动至附近的颗粒；在深床过滤阶段中（deep bed filtration），尺寸小于过滤器孔径的夹杂物会进入过滤器内部，其去除行为受过滤器深度影响较大，它们逐渐被捕获而得以去除。上述过程中，滤饼过滤被认为是表面过滤技术，而深床过滤阶段则被视为深层过滤技术[288]。

过滤精炼方法具有操作简单、净化效率高等优点，目前这一方法已经广泛应用去除铝与钢液中的有害夹杂物[289-291]，但针对硅中夹杂物的去除却鲜有报道。

5.9.2 过滤精炼设备

图 5.112 显示了过滤精炼法所使用的过滤器，其材质通常为具有良好化学稳定性 C 和 SiC 等。过滤器具有较高的孔隙度（70%～90%），采用孔径或每英寸孔密度（pore per inch，ppi）表征。在过滤精炼实际操作中，多选用孔径为 0.01～2mm、与熔体具有较高润湿性的过滤器[292]。图 5.113 显示了硅与石墨和 SiC 基

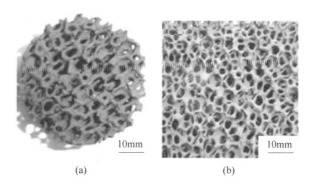

图 5.112　过滤器照片
(a) 10ppi C 材质过滤器；(b) 20ppi SiC 材质过滤器

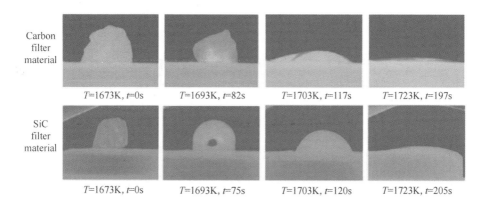

图 5.113　硅与石墨、SiC 基板的润湿行为[124]

板之间的润湿情况。这两种材料都与硅具有良好的润湿性,可作为硅熔体过滤精炼的过滤器。泡沫陶瓷是目前铝熔体过滤应用最广的过滤器,具有孔隙率高、过滤效率高、更换方便、成本低、适应性强等优点,不仅可以过滤固体夹杂,还可以分离部分液态夹杂;但其缺点是高温下强度低、寿命短(多为一次使用),且过滤量较小[293,294]。

图 5.114 显示了过滤精炼设备及含有 SiC、Si_3N_4 夹杂物的多晶硅原材料。过滤精炼前会将含有夹杂物颗粒的多晶硅原材料放置于异型石墨坩埚中,并在石墨坩埚的底部放置过滤器;随后采用感应炉加热使原料熔化;当硅液流过滤器时,夹杂物颗粒会被过滤器捕捉、吸附,最终提高硅液纯度。在这一过滤精炼过程中,影响夹杂物去除效率的主要物理因素有[295]:(1)过滤器的结构、孔径分布、孔隙度、过滤器厚度;(2)熔体黏度;(3)夹杂物颗粒分布;(4)夹杂物颗粒密度;(5)流体通过过滤片的流速;(6)夹杂物颗粒、过滤器、熔体之间的界面性质。

图 5.114 过滤精炼设备及含有夹杂物的硅原料[124]
(a) 过滤精炼使用的坩埚;(b) 硅原料;(c) 硅原料 SEM 图

5.9.3 过滤精炼法的影响因素及应用

5.9.3.1 过滤精炼后夹杂物分布

A 过滤器顶部对夹杂物的捕捉情况

硅液经过滤精炼后,对过滤器的顶部进行光镜和 SEM 检测分析,分别得到图 5.115 和图 5.116。通过对比可以看出,过滤器可以捕捉到硅中大量夹杂物颗粒，其尺寸为几微米至几百微米左右，它们聚集成团簇状，其基底为凝固的硅料。依据夹杂物长条的形貌特征判断，这些被捕获的夹杂物多为 Si_3N_4。

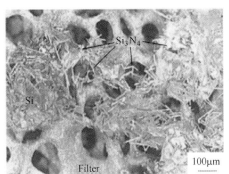

图 5.115　SiC 过滤器顶部夹杂物图片[124]

图 5.116　过滤精炼后顶部过滤器中夹杂物图像[124]

B　过滤器内部对夹杂物的捕捉情况

硅液经过滤精炼后，对过滤器内部情况进行检测分析：将充满硅料的过滤器树脂镶样、随后沿垂直方向进行切割,其形貌结果如图 5.117 所示。过滤器内部捕捉得到大量的 SiC 以及 Si_3N_4(光镜图像下,Si_3N_4 相对 SiC 颗粒的颜色较深)。

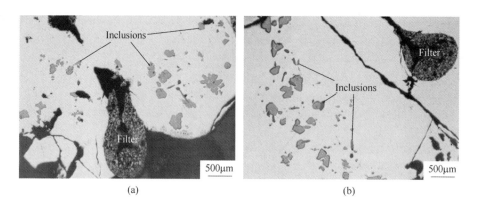

图 5.117 20ppi SiC 过滤器孔洞中夹杂物形貌图[124]
(a) 顶部孔洞捕捉到的夹杂物;(b) 过滤器壁周围的夹杂物

进一步对 SiC 和 C 过滤器沿深度方向上的夹杂物颗粒分布情况进行观测,如图 5.118 所示。其中,图 5.118(a) 和(b) 为未使用过的 SiC 和 C 过滤器的对比照片。在两种过滤器的上部均捕捉到大量的 SiC 夹杂物颗粒,如图 5.118(c) 和(d) 所示。其中大部分颗粒聚集呈现团簇状,并且紧邻过滤器孔洞内壁,而一些团簇还会以类似桥梁形貌的形式连接各个孔洞,同样具有拦截夹杂物的功能;在过滤器底部也发现了少量 SiC 颗粒,如图 5.118(e) 和(f) 所示。综合来看,过滤器内部中的夹杂物数量随着深度呈指数降低[216,290,296],即典型的深床过滤。在这一过程中,夹杂物的捕捉去除可分为两个步骤[297]:(1) 熔体内颗粒向过滤器内部孔洞迁移;(2) 过滤器孔壁对夹杂物颗粒的吸附。前者受多种机制控制,如冲击(直接碰撞)、拦截(流体传输)、沉降(重力)、扩散(或布朗运动)、

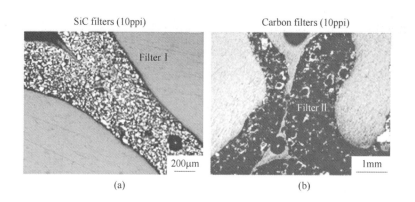

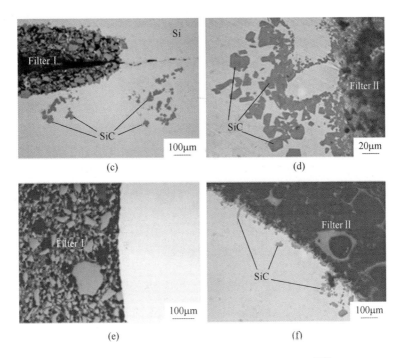

图 5.118　SiC 和石墨过滤器捕捉夹杂物情况图[124]
(a) SiC 过滤器使用前；(b) 石墨过滤器使用前；(c) SiC 过滤器上部；
(d) 石墨过滤器上部；(e) SiC 过滤器底部；(f) 石墨过滤器底部

湍流脉动以及动压效应等。当熔体与夹杂物颗粒密度相差较大时，惯性力成为影响颗粒传输的主要因素；如若密度差减小，沉降可以忽略不计而以拦截因素为主[296]。流体流动行为对于提高过滤效率具有重要作用，流动输运夹杂物颗粒并在过滤器孔洞和孔壁处形成循环模式并最终依附至过滤器内壁上。但大尺寸夹杂物颗粒对循环模式并不敏感，它们依靠碰撞和团聚而相互作用。在各种机制控制下的夹杂物会形成团簇和桥状形状如图 5.119 所示，它们有利于进一步捕捉夹杂物。

对上述样品采用酸液腐蚀掉硅基底以考察夹杂物的 SEM 形貌，如图 5.120 所示。由此可以更加清晰地显示出桥状结构的 SiC 颗粒。

依据上述分析讨论，过滤精炼法去除硅中夹杂物的机制总结如下：

(1) 大尺寸 Si_3N_4 与 SiC 夹杂物首先依靠 "滤饼过滤机制" 在过滤器顶部去除；

(2) 其次，大量小尺寸 Si_3N_4 和 SiC 夹杂物依靠 "深床过滤机制" 在过滤器内部被吸附至过滤器内壁而去除；

(3) 过滤器内部会形成团簇状或长桥状 SiC，起到阻止夹杂物运动的作用。

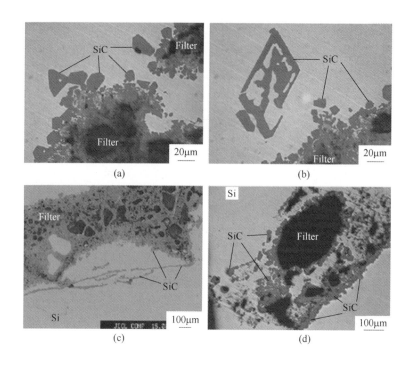

图 5.119　经 10ppi C 过滤器精炼后硅中夹杂物形貌图[124]
（a）SiC 颗粒；（b）汉字状 SiC；（c）桥状 SiC；（d）团簇状 SiC

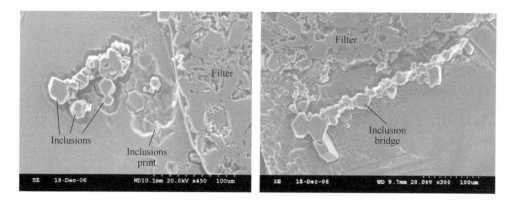

图 5.120　经 10ppi SiC 过滤器精炼后，硅中夹杂物 SEM 图[124]

5.9.3.2　过滤精炼对夹杂物的去除效果

为了评价过滤精炼法的效果，首先使用 HF-HNO$_3$ 混合酸溶液对原始硅料进行酸液溶解，收集得到不溶于酸的夹杂物并使用 OM 进行数量分析。表 5.8 显示了过滤精炼处理前原始硅中夹杂物的数量统计结果。

表 5.8 硅料过滤精炼前夹杂物的数量统计[287]

溶解质量（g）	夹杂物数量	溶解质量（g）	夹杂物数量
14.2	5041	9.4	无
12.7	5842	9.2	5
12.8	1992	6.9	5
13.6	1000	10.2	1
7.5	无	7.8	无
11.2	7	10.8	无
9.4	517	9.1	3417
7.5	无	9.0	5907
10.0	无	171.3（合计）	23734（合计）

采用 10ppi、20ppi、30ppi 的 SiC 陶瓷过滤器对硅料进行精炼处理后，硅中夹杂物的数量统计结果如表 5.9 所示。过滤精炼前，174g 硅料中含有 23734 个夹杂物，即每 100g 硅料中含有 13855 个夹杂物颗粒；经过滤精炼后，硅中夹杂物颗粒数量显著降低。

表 5.9 经 SiC 过滤器过滤精炼后每 100g 硅料中夹杂物数量统计结果[287]

10ppi SiC	20ppi SiC	30ppi SiC[298]
2470	1089	48
2608	1857	21
2315	738	6
4118	470	72
1803	1649	14

结合上述两表中的数据，依据公式（5.62）得到过滤精炼后夹杂物的去除效率，结果如表 5.10 所示。由表可以看出，选用小孔径过滤器，如 30ppi SiC 过滤器，可以去除高达 99% 的夹杂物，效果显著。

$$\eta = \frac{N_{\text{before fil}} - N_{\text{after fil}}}{N_{\text{before fil}}} \times 100\% \qquad (5.62)$$

表 5.10 过滤精炼去除夹杂物效率[287]

过滤前后	过滤前	10 ppi	20 ppi	30 ppi
颗粒数量(STDV)/100g	13855	2663(869)	1159(585)	32(27)
过滤效率(%)	—	80.8	91.6	99.8

5.9.3.3 过滤精炼过程中硅液的污染问题

SiC 材质过滤器主要含有 85% SiC，其余为 Al_2O_3 粘结剂，因此，Al_2O_3 为硅液过滤精炼过程中的主要污染物。如在 SiC 过滤精炼研究中便在硅熔体中发现了 Al_2O_3 颗粒[272]。而使用 C 材质过滤器或 C 坩埚，C 的纯度则会直接影响硅液纯度。图 5.121 显示了 SiC 过滤器精炼提纯硅后样品中所含有的夹杂物。受 C 坩埚纯度影响，硅中含有 C、Fe、Al 等夹杂物。此外，表 5.11 对比了使用 SiC 过滤器精炼前后硅中杂质的含量。由此可见，过滤器材质和纯度的选择对于硅的精炼效果十分重要。

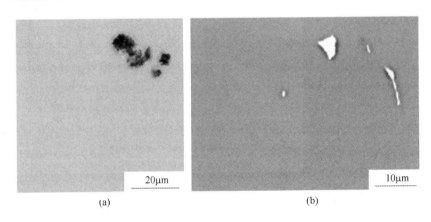

图 5.121　使用 SiC 过滤器精炼提纯硅后样品含有的夹杂物 SEM 图[124]

(a) C 颗粒；(b) Fe、Al 夹杂物

表 5.11　使用 20ppi SiC 过滤器精炼处理后，硅中杂质含量对比[124]　（ppmw）

杂质元素	过滤精炼前	过滤精炼后	杂质元素	过滤精炼前	过滤精炼后
Fe	0.99~1360	244.5~529.2	Zr	0.025~1.5	284.7~783.2
Al	18.2~624.4	3100~7300	Ti	0~415.8	5.3~12.6

5.10　熔盐电解精炼法

5.10.1　熔盐电解精炼法基本原理[289]

在轻金属和一些稀有金属的生产领域，熔盐电解技术发挥着重要作用，解决了包括硅在内的多种金属无法在水溶液体系电沉积制备的难题。1854 年，法国化学家 Deville 采用熔盐电解法制得单质硅，这是世界上第一次制取单质硅的研究。

针对这一方法，利用法拉第电解定律可计算生产 1kg 硅需要的能量：

$$W = \frac{FV_C Z}{A\eta} \tag{5.63}$$

式中，F 为法拉第常数，数值为 96484.8C/mol；V_C 为分解电压；Z 为价电数 (Si: 28；Al: 27)；A 为原子量 (Si: 28；Al: 27)。对比硅、铝两种物质的电解制备方法，$W_{Si}=13.70V_C/\eta$ (MJ/kg)，$W_{Al}=10.70V_C/\eta$ (MJ/kg)，而当 V_C 和 η 相同时，制备 1kg 硅会比铝多消耗 28.5% 能量，但硅石相对铝矿石更易得到，因此，研究电解制备硅具有一定研究意义，同时还兼具流程短、环境友好等优点，广受人们重视。

根据工艺流程、电解条件和提纯原理，硅的电解制备可分为阴极电沉积硅技术和固态阴极电脱氧制备技术，下面将分别进行简述：

(1) 常规阴极电沉积制备硅技术。常规阴极电沉积法制备硅与一般的熔盐电解法相似，都是将 SiO_2、$SiCl_4$ 等含硅化合物原料溶解至熔盐电解质中（如冰晶石或氟化物体系），生成相应的阴离子和阳离子；在电场作用下，阴、阳离子在电极表面发生得、失电子反应；根据硅和杂质的析出电位不同，控制阴极电位，使产物硅在阴极上析出，而将杂质滞留在电解质中，最终达到提纯硅的作用。

(2) 固态阴极电脱氧制备硅技术。Chen[286] 等报道了 $CaCl_2$ 熔盐直接电解固态 TiO_2 制备金属 Ti 的研究。该方法的提出为熔盐电解法电解还原多种金属氧化物提供了思路，使得固态阴极熔盐电脱氧制备硅变成为一种新兴的硅材料制备技术。该方法使用 SiO_2 作为阴极，高纯石墨作为阳极，$CaCl_2$ 等熔融氯化盐作为电解液。

对比常规的阴极电沉积方法，该方法使用的 SiO_2 原料并不溶于电解质，而是以固态形式参与反应，其中 Si—O 键在电解时发生断裂，O 获得电子后进入电解质而脱除，剩余 Si 留在阴极形成稳定性较弱的自由键，并迅速与临近的 Si 原子以 Si—Si 键结合，形成单质 Si，当电解温度高于 Si 的晶化温度 743K 时，单质硅变为晶体硅，具体示意图如图 5.122 所示。

5.10.2 熔盐电解法的组成[300]

5.10.2.1 电解液

电解质溶液是电极间电子传递的媒介，由溶剂和高浓度电解质盐以及电活性物质构成。

电解液需要具有：(1) 较低的初晶温度。初晶温度是指熔盐以一定的速度冷却降温时，熔体中出现第一粒固相晶粒时的温度或固态盐以一定的温度升温时，首次出现液相时的温度。电解质初晶温度决定着电解过程温度的高低。温度的变化将影响着电解槽的主要经济指标，如电流效率等。(2) 合理的密度。选择合理的电解液便于产物与电解液的分离，如三层液电解方法。(3) 较低的黏度。黏度受电解液的组成和结构影响。选择黏度较小的电解液便于提供较高的电

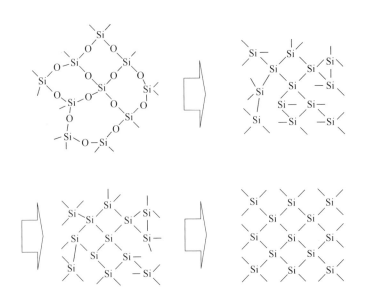

图 5.122　SiO_2 固态电解成为晶体硅示意图[299]

导率，同时避免黏滞电解液包裹电解产物，造成分离困难。（4）较高的导电率。提高电解液的导电率有助于降低电能消耗。（5）性质稳定。在电解温度下，电解液的挥发性要小，防止成分变动较大。

基于上述要求，电解制备 Si 通常选用的电解液主要分为以下几类：

（1）冰晶石体系：Na_3AlF_6-SiO_2、Na_3AlF_6-SiO_2-Al_2O_3 等。

（2）氟化物体系：K_2SiF_6-LiF-NaF-KF、K_2SiF_6-LiF/KF 等。

（3）氯化物体系：SiO_2-LiCl-Li_2O、SiO_2-$CaCl_2$ 等。

（4）离子液体，又称室温熔盐，是指在室温或接近室温温度下完全由阴、阳离子组成的有机液态盐，例如 BMP［NTf_2］-$SiCl_4$、［Bmim］OTf-$SiCl_4$-PC 等。

（5）有机物溶液体系。有机溶剂作为电解液排除了水中氢离子的干扰，具有较大的介电常数，并且对电活性物质具有一定溶解能力，如 $SiHCl_3$-TBAC（四丁基氯化铵）-PC（碳酸丙烯酯）。

由于电解液中通常含有氧化物、碳化物、硅化物、铁、镍、碳、水等，为了保证电解还原过程中硅产物的纯度，需要在实验之前对电解液进行净化处理。电解液净化方法有化学净化法和物理净化法两大类。其中，化学净化法包括酸碱反应、卤化反应、化学置换反应、氢还原、电化学等；物理净化法包括干燥、真空脱水、再结晶、蒸馏、升华和区域熔炼等。由于电解液中含有的杂质多为电活性杂质，通常采用电化学净化方法对其进行净化，这种方法又称为预电解方法。它利用电解质中各元素负电性的不同，在低于电解质分解电压下，预电解处理几小时到几十小时,使各元素在不同的电位下沉积,这种方法不但可以去除电解液中的微量金属杂质,同时还可以去除水。

5.10.2.2 电极

电极是电解质溶液或电解质接触的电子导体或半导体,电化学过程借助电极实现电能的输入与输出,电极是实施电解反应的场所。

常规阴极电沉积制备硅材料过程中,通常石墨作为阳极电极材料,原因在于:石墨具有良好的导电性、耐腐蚀性、耐高温性、具有一定的机械强度,同时便于加工。

5.10.2.3 电解槽

电解槽是用于盛放电解液、电极、热电偶等器件,保证反应的发生与进行,是电解反应必不可少的设备。

为了保证电解过程的顺利进行,电解槽需要具有:(1)可操作性:便于实验前安放电极等器件,且不影响电解反应;(2)密封性:部分电解实验需要避免空气的污染与氧化,需要通入 H_2 或 Ar 等惰性气体进行保护;(3)耐腐蚀性:多数电解反应在高温下进行,选用的熔盐多具有腐蚀性,因此一般选用石英、不锈钢等材质制备的电解槽;(4)耐热性:电解反应一般高温下长时间工作,因此需要电解槽具有良好的耐热性,有时还会设计水冷装置供高温实验要求。

5.10.3 熔盐电解精炼法的影响因素及应用

5.10.3.1 常规阴极电沉积制备技术

A 冰晶石电解液体系

借鉴铝电解技术的发展,研究者尝试使用冰晶石(Na_3AlF_6)作为电解液进行硅电解精炼研究。针对 Na_3AlF_6-SiO_2 电解液体系,Shi 等[301,302]对其密度、黏度、电导率等物性进行了详细分析讨论。研究发现,不同成分配比下,该电解质体系的这些物性均随温度呈线性关系,结果如图 5.123 所示,并以此作为合理选择电解液成分的依据。

1964 年,Monnier[303-305]报道了 Na_3AlF_6-SiO_2 体系电解精炼制备硅材料的过程,该方法采用两步电解精炼法获得纯度为 99.9% 的硅。Fellner 和 Matiašovský[306]选用 Na_3AlF_6-SiO_2-Al_2O_3 熔盐体系,在阴极上成功电解得到具有良好耐热性、耐腐蚀性的硅化物镀层。Stubergh 和 Liu[307]也在倍长石-冰晶石熔盐体系中获得纯度为 99.79%~99.98% 的硅,其中 Al、Ca、Na、Ti 等为主要杂质。

在冰晶石体系中,发生的反应如公式(5.64)所示,生成的产物再通过相互络合作用形成 $Na_2O·Al_2O_3·2SiO_2$ 复杂化合物,最终含 Si 的络合离子在阴极发生还原反应、沉积得到硅。

$$4Na_3AlF_6 + (x+3)SiO_2 \Longrightarrow 3SiF_4 + 2Al_2O_3 \cdot xSiO_2 + 12NaF \quad (5.64)$$

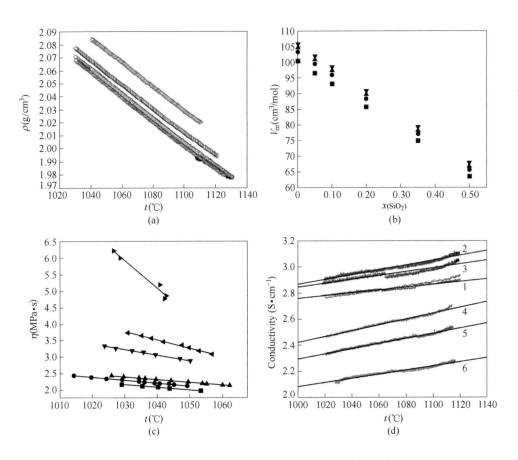

图 5.123 Na_3AlF_6-SiO_2 体系密度（a）、摩尔体积（b）、
黏度（c）和电导率（d）与温度之间的关系图[301]

进一步，Sokhanvaran 和 Barati[308]采用循环伏安法详细研究了 Na_3AlF_6-SiO_2 体系中 Si 的还原反应，实验设备如图 5.124(a)所示，结果如图 5.124(b)所示。在该体系循环伏安曲线中的正电压区间曲线具有一定的波动，推测为石墨电极上 CO 或 CO_2 气体产物导致。A 峰推测可能为 Al 与石墨电极反应生成 Al_4C_3，C 峰对应 Na 的沉积，B 对应石墨电极上 SiO_2 还原，放大该峰值还可以看到两个峰，由此可知，采用循环伏安方法证明冰晶石熔盐体系中 SiO_2 的电解还原反应为多步反应，表征为：

$$Si^{4+} + 2e \longrightarrow Si^{2+} \tag{5.65}$$

$$Si^{2+} + 2e \longrightarrow Si \tag{5.66}$$

B 氟化物电解液体系

1980 年，Rao 等[309]使用金属 Ag 电极在 K_2SiF_6-LiF-NaF-KF 或 K_2SiF_6-LiF-KF

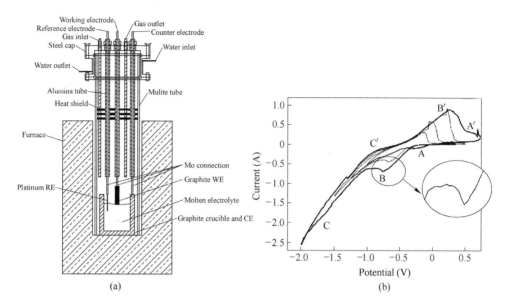

图 5.124　循环伏安电解槽（a）与 Na_3AlF_6-3% SiO_2 体系
循环伏安曲线（b）（1313K，50mV/s）[309]

氟化物电解液体系中获得厚度为 3mm 沉积硅，其中具有柱状形貌的硅晶粒尺寸达到了 100μm，电流效率在 38% ~ 50% 范围内。随后又考察了石墨电极上硅的沉积行为[310]，石墨电极材料相对金属 Ag 成本大幅度降低，并且沉积硅晶粒尺寸增大至 250μm，主要含有 Cu、Fe、Ni 等杂质，总含量低于 0.005%。在上述研究基础之上，为了电解制备得到厚度 100 ~ 200μm、较大晶粒尺寸的硅薄膜，Elwell 等[311]设计了搅动电解槽及竖直的片状电极装置，最终在石墨电极上获得纯度 99.999%、晶粒尺寸 100μm 的沉积硅，同时避免了空洞和夹杂物，并考察了石墨电极表面多孔状态对沉积产物的影响。Bieber 等[312]考察了 NaF-KF-Na_2SiF_6 体系中沉积硅形核过程，同时优化了硅薄膜的沉积质量，通过计时电流测定研究（图 5.125），证明了不同温度下硅的沉积过程是受扩散控制的瞬时形核过程。同时还发现，较高的电解温度、较低的电流密度有利于形成表面光滑、纯度高于 99.9% 的硅沉积层；随着电流密度的增加，沉积硅会变得粗糙、甚至形成枝晶。如图 5.126 所示，对比不同阴极材料上的沉积硅 SEM 结果可知，石墨材料与沉积硅层结合紧密；玻璃碳材料上沉积硅呈枝晶状；Ag 电极与沉积硅结合力较差；而在 Ni 电极上会与硅形成多种合金相。

与冰晶石电解液体系不同，氟化物体系中硅的电解过程为一步还原[312-314]，如公式（5.67）所示。其中，硅的沉积速度受 Si^{4+} 离子的扩散控制，采用计时电流法测定其在 KF-KCl-K_2SiF_6 体系中的扩散系数为 3.2×10^{-5} cm^2/s（923K）。

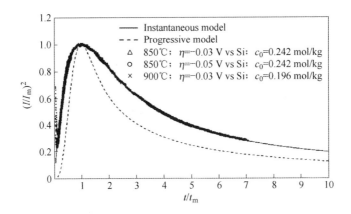

图 5.125　NaF-KF-Na$_2$SiF$_6$ 体系中实验数据与理论模型对比图[312]

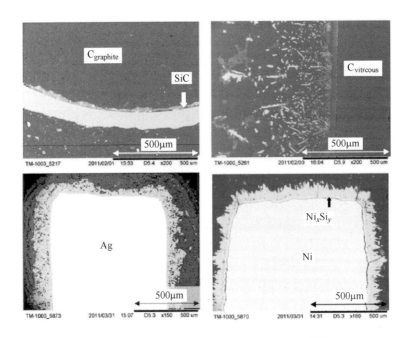

图 5.126　不同电极材料上沉积硅的 SEM 图[312]
（-20mA/cm^2，1093K，5h）

$$Si^{4+} + 4e^- \longrightarrow Si \tag{5.67}$$

对比冰晶石电解液体系，氟化物体系的电沉积温度相对较低，1023K 温度下便可得到单质硅，并且沉积电位较低，显示了能耗低的优点。但两种电解液体系中阴极上硅均以固态物形式析出，由于固相硅导电性较差，导致其电解过程中沉积速度逐渐降低，因此难于大规模工业生产。

C 三层液电解法[315]

三层液电解精炼方法广泛应用于铝的电解制备,借鉴该技术进行电解制备硅材料,可以解决电流密度小、沉积速率低等问题。

三层液电解方法使用的电解槽示意图如图 5.127 所示。阳极采用硅合金,目的在于提供电解过程所需的硅源,要求构成合金的金属电位要比硅更正,并且对硅具有较大的溶解度,通常选用 Si-Cu 合金;阴极选用高纯金属,要求其能与电解析出的硅合金化,并富集于阴极表面。该过程的电解原理图如图 5.128 所示。阳极中 Si 发生氧化反应成为 Si^{4+} 进入电解质→由电解质迁移至阴极液态 Al 中→Si^{4+} 发生还原反应析出单质 Si。

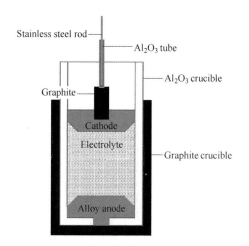

图 5.127 三层液电解槽

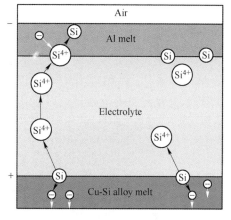

图 5.128 液态阴极电解制备硅示意图[315]

田忠良等[315]在 1223K 下 NaF-AlF$_3$-SiO$_2$ 体系电沉积硅的研究中发现,阳极 Si-Cu 合金对 Si 中杂质具有滞留作用,在大电流密度下 Cu 不会随合金中 Si 的减少而溶解至电解质中,阴极中沉积获得球状 Si 颗粒,与电解质混杂;随着电解时间的延长,分散的 Si 颗粒聚集为尺寸为 1~2cm 的 Si 球,如图 5.129 所示。经 ICP-AES 检测可知(表 5.12),产物 Si 中 B 杂质含量由初始 12.7ppmw 降低至 2.2ppmw,P 杂质含量由 98.6ppmw 降低至 4.1ppmw,由此显示出该方法具有一定的提纯效果。

图 5.129 阴极沉积硅形貌[315]

表 5.12　冶金硅原料及阴极产物主要杂质的 ICP 检测结果　　（ppmw）

杂质元素	冶金硅	精炼硅	杂质元素	冶金硅	精炼硅
Al	1745	95	Ni	40.7	19.0
B	12.7	2.2	Cu	17.4	4.3
P	98.6	4.1	V	176.3	<1
Ti	107.3	13.5	杂质总含量	4137.7	145
Mn	287.4	5.7	纯　度	99.586%	99.99%

D　室温离子液体、有机溶剂体系

除了 SiO_2 可作为硅源外，$SiCl_4$ 也常被用作电解硅源，但 $SiCl_4$ 易挥发，沸点仅为 330.6K，因此该硅源对电解质具有特殊要求。通常选用室温熔盐（离子液体）或有机溶剂进行 $SiCl_4$ 电解制备硅。

Abedin 和 Endres[316] 首次在 [BMP] Tf_2N-$SiCl_4$ 中沉积得到厚度约为 100nm 的纳米硅颗粒，该研究实现了室温下离子液体电沉积制备单质硅。在相同电解液中，Mallet 等[317] 利用电化学模板法制备出具有不同形貌的硅纳米线（图 5.130），并且经过退火处理可以使其晶化而其成分和形貌均不发生改变，通过这

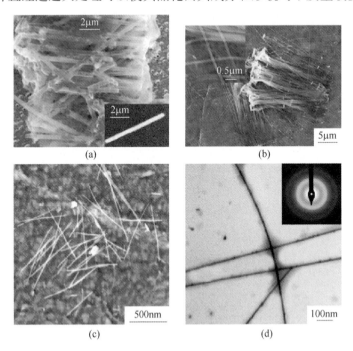

图 5.130　[BMP] Tf_2N-$SiCl_4$ 体系中电沉积硅的 SEM 图[317]
(a) 孔径 400nm，厚度 12μm；(b) 孔径 110nm，厚度 20μm；
(c) 孔径 15nm，厚度 800μm；(d) TEM 图像

一技术制备的产品可以应用于微电子与光电技术制造行业。

与离子液体相似，有机溶剂也是一种应用于室温电沉积制备硅的常用溶剂，它能排除水中氢离子的干扰，并且具有较大的介电常数，对活性物质也具有较大的溶解度。Gobet 和 Tannenberger[318]考察了 $SiHCl_3$、$SiCl_4$、$SiBr_4$ 等多种硅源在四氢呋喃（THF）有机溶剂中的沉积情况，同时分析了 $LiClO_4$、TBAP 等多种添加剂的作用。结果发现，在 $SiHCl_3$-THF 中可以沉积制备得到表面光滑、成分均匀的硅，厚度约为 $0.25\mu m$，纯度约为 82%，含有的杂质元素主要有 O、C、Cl。

Nishimura 与 Fukunaka[319]进行了 PC-$SiCl_4$-TBACl 中硅电沉积研究，在 -3.6V 条件下经过 1h 电解可以获得厚度约为 $50\mu m$ 的非晶硅，如图 5.131 所示。经 EDX、XPS 检测可知，该沉积硅具有较强的活性，放置于空气中会立即被氧化。进一步，结合计时电流、计时电位和 SEM 形貌检测结果推断，该体系中 Si 的沉积过程为两个阶段：第一阶段，受 PC 溶剂中残量水、$SiCl_4$ 等多种物质的相互作用影响，在电极表面会形成一层固相电极惰性界面层物质；第二阶段，Si 开始沉积生长，其生长速度主要由多孔惰性界面层中 $SiCl_4$ 的传质速度决定。Gu 等[320]

图 5.131　PC-$SiCl_4$-TBACl 中沉积硅横截面 SEM 图[319]

采用液-液-固相的过程在 353K 低温下电解制备得到具有菱形立方体形貌的晶体硅，尺寸约为 500nm。其中，电解液为碳酸丙烯酯，液态金属 Ga 为工作电极。

5.10.3.2　固态阴极电脱氧制备技术

Yasuda 等人[321,322]使用钼丝缠绕的太阳能级 SiO_2 作为电极，$CaCl_2$ 熔盐作为电解液，成功地在 1123K 温度下制备得到纯度为 99.80at.% 的单质硅，并详细讨论了 SiO_2 脱氧生成 Si 的现象、反应机理、产物形貌等。电解过程中所使用的电极及设备如图 5.132 所示。

在上述电解制备硅过程中，阴极 SiO_2 发生还原反应生成 Si，分解电压为 1.25V 或更负电压，如公式（5.68）所示；产生的 O^{2-} 离子由电解液迁移至阳极而被氧化为 O_2 或 CO_x 气体。

$$SiO_2 + 4e \longrightarrow Si + 2O^{2-} \qquad (5.68)$$

图 5.133 为 SiO_2 经电解脱氧后的 SEM 照片，经 XRD 检测为多晶硅。放大后观察到该电解硅由数量众多的柱状晶堆积而成，具体为六边形棱柱，显示了高结晶度的性质。

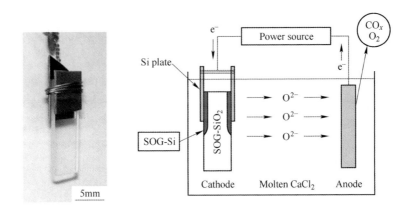

图 5.132　固态阴极电脱氧制备硅技术使用的 SiO_2 电极及电解设备[321,322]

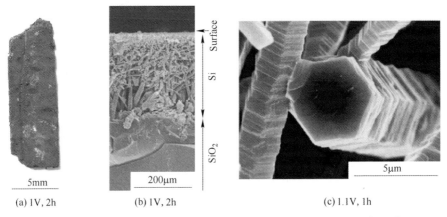

图 5.133　1123K $CaCl_2$ 熔盐固态电解脱氧后阴极产物及 SEM 图[321,322]

将阴极的 SiO_2 片替换成直径约为 0.10～2.0mm 的 SiO_2 颗粒，Yang 等[323] 在 $CaCl_2$ 电解液中考察了 1123K 温度下 SiO_2 的电解脱氧行为，图 5.134 显示了不同时间下 SiO_2 电解反应情况。其过程反应机理如下：（1）SiO_2 颗粒与导体相接触

图 5.134　$CaCl_2$ 体系中电解 2～150min 过程中工作电极的横截面照片[323]

的一面首先被还原为 Si，由于还原过程造成体积收缩，从而导致 Si 呈现多孔形貌。此时，熔融 $CaCl_2$ 进入多孔硅的缝隙中，而 O^{2-} 副产物扩散至阳极。此时形成 $SiO_2/CaCl_2/Si$ 三相区域。（2）SiO_2 颗粒表面及核内部的电解还原反应继续进行，受 O^{2-} 扩散速度影响，颗粒表面的还原速度大于其核内部，具有多孔硅形貌的颗粒逐渐形成并且数量增多。（3）电解还原路径可以分为两类：一类是沿着颗粒表面，由样品底部向顶部方向上的电解反应，另一类是沿着颗粒外部向核心处的电解还原反应过程，具体如图 5.135 所示。

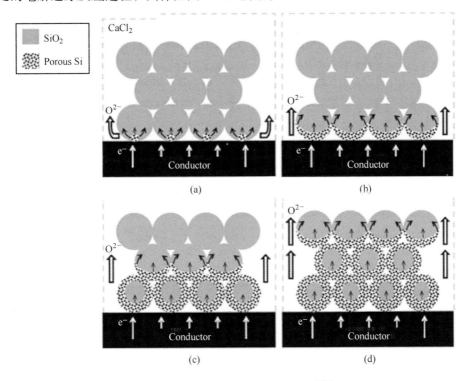

图 5.135　电解 SiO_2 颗粒反应机理[323]

通过固态阴极电脱氧制备技术可以成功获得单质硅，使得该方法逐渐发展成为一种回收废旧石英坩埚的技术[324]。但该方法还存在一定的缺点，如：（1）熔盐中 SiO_2 始终以固态形式存在，导致氧离子在固相中传质相当缓慢，并且随着反应的进一步进行而更加困难；（2）该工艺使用单一的 $CaCl_2$ 熔盐作为电解质体系，该物质对氧具有较大的溶解度，原料难于进一步脱氧，导致电流效率变低。

为了进一步改善 SiO_2 的沉积质量，Lee 等[325]使用 $LiCl-Li_2O$ 熔盐体系在 923K 温度下电解非晶 SiO_2 粉制备得到晶体硅，这一熔盐体系相对于 $CaCl_2$ 不仅具有更低的操作温度，而且选用多孔 MgO 坩埚与石墨棒构成特定的阴极体系，它不仅可以收集电解过程中的产物，同时允许熔盐方便进出坩埚。研究结果发现，熔盐中 SiO_2 先发生化学溶解形成中间产物——硅酸锂，再被还原为硅。这一过程由于 SiO_2 发生溶解，有效避免了离子在固相中传递，改善其反应动力学条件。

5.11 其他精炼方法

5.11.1 高纯试剂还原制备法

碳热还原法制备冶金硅是采用木炭、石油焦或煤等碳物质为还原剂，在电弧炉中高温还原含有 SiO_2 的矿石。在这一过程中 MG-Si 中杂质的主要来源为还原剂，如果严格控制还原剂的纯度，替代性使用高纯碳进行高温热还原高纯 SiO_2，则有望制备得到高纯度的 SOG-Si。

Siemens 公司报道了碳热还原工艺[326]，首先将还原剂碳采用热 HCl 酸浸处理以提高碳纯度，随后对其进行压块，并对高纯 SiO_2 进行热还原反应。该方法可大幅度降低硅中杂质含量。此外，Yasuhiko 等[327]采用高纯 SiO_2 粉和高纯碳粉进行高纯硅的制备研究，如图 5.136 所示。具体步骤为：首先使用 Ar 气将 SiO_2 粉从炉底吹入炉体内，并从炉顶加入高纯碳球团，经二者反应后会形成 SiO 气体，而这部分 SiO 会与顶部的碳粉形成逆流，进一步还原成为硅粉和 CO。生成的 Si 粉中杂质总含量小于 20ppm。但上述过程存在的共性问题为：需要严格控制电极、炉衬等材料的纯度，并且获得的产品还需要进一步精炼。

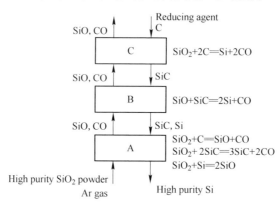

图 5.136 碳还原生产高纯硅示意图[327]

5.11.2 固态电迁移法

固态电迁移技术于 1981 年提出，最早应用于稀有金属钇的提纯制备，目前已经推广至多种活泼稀有金属以及硅等材料的制备研究。

该技术将待提纯金属料棒置于两个电极之间并施以直流电，除了电子的流动，同时发生小的质量迁移，固态时的质量迁移包含三种形式：(1) 纯金属中电子向空位流动而引起的自迁移;(2)合金中的置换杂质由于其移动的速率和方向不同而造成的组分分离;(3)合金中的间隙溶质的迁移,宏观表现为:在金属料中,一部分杂质原子相棒料一端迁移,而另一端纯度则相应提高[328]。

Sharma[329]采用该技术对 MG-Si 进行固态电迁移研究,提纯结果如表 5.13 所示。由表可以看出,固态电迁移法对 MG-Si 中的各种主要杂质都显示了良好的去除效果。

表 5.13　固态电迁移法提纯工业硅结果　　　　　　　　　(ppm)

杂质元素	MG-Si	提纯后	杂质元素	MG-Si	提纯后
Ca	12000	<10	Cr	130	<10
Fe	10000	<25	Ni	100	<25
Al	2500	8	B	70	6
Ti	245	8	Cu	45	3
Mn	180	5	V	20	<2

5.11.3　氧化酸洗法

氧化酸洗法是采用氧化与酸洗相结合的手段实现 MG-Si 提纯。具体过程为:首先采用氧化手段将冶金硅基体氧化,使其表面生成一层 SiO_2 薄膜层,由于氧化层来源于 Si 基体,因此,基底中原始的杂质将依据"分凝效应"再分配至 Si 与 SiO_2 两相,较多的 B 杂质会由 Si 基体中向 SiO_2 层中扩散,造成 Si 相中 B 杂质含量降低;随后再通过酸洗方式去除 SiO_2 层,同时去除 B 杂质。该方法的示意图如图 5.137 所示。

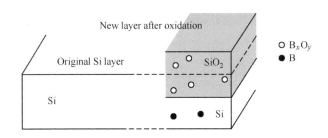

图 5.137　硅基体表面氧化过程

Aoyama[330]等结合 SIMS 检测分析技术考察了 B 杂质在 SiO_2 中的扩散系数:

$$D_B = 3.96 \times 10^{-2} \exp(-3.65eV/kT) \tag{5.69}$$

张磊[195]在 1173~1473K 温度范围内进行硅粉氧化酸洗处理,研究发现,除硼效率在 10.18%~40.88% 之间,且随着氧化温度、时间的增加而提高,同时降低硅粉粒度可以提高酸洗氧化技术的除硼效率。

5.11.4 多孔硅吸杂法

多孔硅[331]（Porous Silicon，PS）是一种具有纳米尺寸多孔微观结构的硅材料，其表面积与体积之比较大，约为500m^2/cm^3。通过电化学阳极腐蚀或化学腐蚀单晶硅的方式可以制备得到多孔硅。

利用多孔硅层诱生位错或弹性应力，它们对硅中的杂质和缺陷具有吸除作用，可以使硅的自间隙原子及硅中的其他杂质沉积在多孔硅层中，最后再使用碱溶液去除多孔硅层从而达到吸除杂质和缺陷的目的[332]。通常，多孔硅吸杂常被引入Al或P联合吸杂技术中来。Khedher等[333]尝试在太阳能级单晶硅片的两侧制备多孔硅，形成PS/Si/PS结构，随后通过扩散手段引入P元素，在1123~1223K、60~90min条件下进行热处理实验，研究结果发现，经过热处理后，P元素扩散进入多孔层，最终吸附金属杂质，在P元素及多孔层的双重作用下，可以有效提高单晶硅片的少数载流子扩散长度并且降低金属杂质含量。李佳艳等[332]还研究了多孔硅对单晶硅电学性能的影响。研究发现，随着多孔硅的孔隙率增加，多孔硅伴随所产生的弹性机械应力增加，同时晶格常数也相应增加，这两个因素都有利于硅内缺陷和金属杂质在多孔硅-基底界面处迁移和富集，单晶硅经多孔硅吸杂处理后，其电阻率增大。多孔硅吸附过程简单、成本低，适合大规模的电池生产。

参 考 文 献

[1] Safarian J, Tang K, Olsen J E, Andersson S, Tranell G, Hildal K. Mechanisms and kinetics of boron removal from silicon by humidified hydrogen[J]. Metallurgical and Materials Transactions B，2016，47：1063-1079.

[2] Safarian J, Tang K, Hildal K, Tranell G. Boron removal from silicon by humidified gases [J]. Metallurgical and Materials Transactions E，2014(1)：41-47.

[3] Sortland Ø S, Tangstad M. Boron removal from silicon melts by H$_2$O/H$_2$ gas blowing: mass transfer in gas and melt[J]. Metallurgical and Materials Transactions E，2014(1)：211-225.

[4] Wu J, Li Y, Ma W, Liu K, Wei K, Xie K, Yang B, Dai Y. Impurities removal from metallurgical grade silicon using gas blowing refining techniques[J]. Silicon，2014(6)：79-85.

[5] Wu J J, Ma W H, Li Y L, Yang B, Liu D C, Dai Y N. Thermodynamic behavior and morphology of impurities in metallurgical grade silicon in process of O$_2$ blowing[J]. Transactions of Nonferrous Metals Society of China，2013，23：260-265.

[6] Nordstrand E F, Tangstad M. Removal of boron from silicon by moist hydrogen gas[J]. Metall Mater Trans B，2012，43B：814-822.

[7] Wu J J, Bin Y, Dai Y N, Morita K. Boron removal from metallurgical grade silicon by oxidizing

refining[J]. Transactions of Nonferrous Metals Society of China, 2009, 19: 463-467.

[8] Flamant G, Kurtcuoglu V, Murray J, Steinfeld A. Purification of metallurgical grade silicon by a solar process[J]. Solar Energy Materials & Solar Cells, 2006, 90: 2099-2106.

[9] Khattak C P, Joyce D B, Schmid F. Production of solar grade silicon by refining liquid metallurgical grade silicon[R]. NREL Report, 2001: 1-40.

[10] Khattak C P, Joyce D B, Schmid F. A simple process to remove boron from metallurgical grade silicon[J]. Solar Energy Materials & Solar Cells, 2002, 72: 77-89.

[11] Wu J, Wang F, Ma W, Lei Y, Yang B. Thermodynamics and kinetics of boron removal from metallurgical grade silicon by addition of high basic potassium carbonate to calcium silicate slag, [J]. Metallurgical & Materials Transactions B, 2016, 47: 1796-1803.

[12] Wang F, Wu J, Ma W, Xu M, Lei Y, Yang B. Removal of impurities from metallurgical grade silicon by addition of ZnO to calcium silicate slag[J]. Separation and Purification Technology, 2016, 170: 248-255.

[13] Wei K X, Lu H F, Ma W H, Li Y L, Ding Z, Wu J J, Dai Y N. Boron removal from metallurgical-grade silicon by $CaO-SiO_2$ slag refining[J]. Rare Metals, 2015, 34: 522-526.

[14] Safarian J, Tranell G, Tangstad M. Boron removal from silicon by $CaO-Na_2O-SiO_2$ ternary slag [J]. Metallurgical and Materials Transactions E, 2015(2): 109-118.

[15] Fang M, Lu C, Huang L, Lai H, Chen J, Yang X, Li L, Ma W, Xing P, Luo X. Multiple slag operation on boron removal from metallurgical-grade silicon using Na_2O-SiO_2 slags [J]. Industrial & Engineering Chemistry Research, 2014, 53: 12054-12062.

[16] Wu J J, Li Y L, Ma W H, Wei K X, Yang B, Dai Y N. Boron removal in purifying metallurgical grade silicon by $CaO-SiO_2$ slag refining[J]. Transactions of Nonferrous Metals Society of China, 2014, 24: 1231-1236.

[17] Jung E J, Moon B M, Seok S H, Min D J. The mechanism of boron removal in the $CaO-SiO_2$-Al_2O_3 slag system for SoG-Si[J]. Energy, 2014, 66: 35-40.

[18] L Z, Li J Y, Tan Y, Jiang D C, Wang D K, Li Y Q. Research of boron removal from polysilicon using $CaO-Al_2O_3-SiO_2-CaF_2$ slags[J]. Vacuum, 2014, 103: 33-37.

[19] Wang Y, Ma X D, Morita K. Evaporation removal of boron from metallurgical-grade silicon using $CaO-CaCl_2-SiO_2$ slag [J]. Metallurgical and Materials Transactions B, 2014, 45: 334-337.

[20] Wang Y, Morita K. Reaction mechanism and kinetics of boron removal from molten silicon by $CaO-SiO_2-CaCl_2$ slag treatment[J]. Journal of Sustainable Metallurgy, 2015(1): 126-133.

[21] Safarian J, Tranell G, Tangstad M. Thermodynamic and kinetic behavior of B and Na through the contact of B-doped silicon with Na_2O-SiO_2 slags[J], Metallurgical and Materials Transactions B, 2013, 44: 571-583.

[22] Wu J, Ma W, Jia B, Yang B, Liu D, Dai Y. Boron removal from metallurgical grade silicon using a $CaO-Li_2O-SiO_2$ molten slag refining technique[J]. Journal of Non-Crystalline Solids, 2012, 358: 3079-3083.

[23] Ding Z, Ma W, Wei K, Wu J, Zhou Y, Xie K. Boron removal from metallurgical grade sili-

con using lithium containing slag [J]. Journal of Non-Crystalline Solids, 2012, 358: 2708-2712.

[24] Cai J, Li J T, Chen W H, Chen C, Luo X T. Boron removal from metallurgical silicon using $CaO-SiO_2-CaF_2$ slags[J]. Tans. Nonferrous Met. Soc. China, 2011, 21: 1402-1406.

[25] Luo D, Liu N, Lu Y, Zhang G, Li T. Removal of boron from metallurgical grade silicon by electromagnetic induction slag melting [J]. Tans. Nonferrous Met. Soc. China, 2011, 21: 1178-1184.

[26] Viana L A Teixeira, Tokuda Y, Yoko T, Morita K. Behavior and state of boron in $CaO-SiO_2$ slags during refining of solar grade silicon[J]. ISIJ International, 2009, 49: 777-782.

[27] Fujiwara H, Otsuka R, Wada K. Silicon purifying method, slag for purifying silicon and purified silicon in Janpan[R]. 2003.

[28] Noguchi R, Suzuki K, Tsukihashi F, Sano N. Thermodynamics of boron in a silicon melt [J]. Metallurgical and Materials Transactions B, 1994, 25: 903-907.

[29] Liaw H M, D'Aragona F S. Purification of metallurgical-grade silicon by slagging and impurity redistribution[J]. Solar Cells, 1983, 10: 109-118.

[30] Tanahashi M, Fujisawa T, Yamauchi C. Oxidative removal of boron from molten silicon by CaO-based flux treatment with oxygen gas injection[J]. Metallurgical and Materials Transactions B, 2014, 45: 629-642.

[31] Nishimoto H, Morita K. The rate of boron elimination from molten silicon by slag and Cl_2 gas treatment[C]. Supplemental Proceedings: Materials Processing and Energy Materials, 2011: 701-708.

[32] Li J, Cao P, Ni P, Li Y, Tan Y. Enhanced boron removal from metallurgical grade silicon by the slag refining method with the addition of tin[J]. Separation Science & Technology, 2016, 51: 1598-1603.

[33] Huang L, Lai H, Gan C, Xiong H, Xing P, Luo X. Separation of boron and phosphorus from Cu-alloyed metallurgical grade silicon by $CaO-SiO_2-CaCl_2$ slag treatment[J]. Separation and Purification Technology, 2016, 170: 408-416.

[34] Li M, Utigard T, Barati M. Removal of boron and phosphorus from silicon using $CaO-SiO_2-Na_2O-Al_2O_3$ flux[J]. Metallurgical and Materials Transactions B, 2014, 45: 221-228.

[35] Ma X D, Yoshikawa T, Morita K. Purification of metallurgical grade Si combining Si-Sn solvent refining with slag treatment[J]. Separation and Purification Technology, 2014, 125: 264-268.

[36] White J F, Sichen D. Mass transfer in slag refining of silicon with mechanical stirring: transient kinetics of Ca and B transfer [J]. Metallurgical and Materials Transactions B, 2015, 46: 135-144.

[37] White J F, Sichen D. Mass transfer in slag refining of silicon with mechanical stirring: transient interfacial phenomena[J]. Metallurgical and Materials Transactions B, 2014, 45: 96-105.

[38] Islam M S, Rhamdhani M A, Brooks G A. Electrically enhanced boron removal from silicon using slag[J]. Metallurgical and Materials Transactions B, 2014, 45: 1-5.

[39] Wang J, Li X, He Y, Feng N, An X, Teng F, Gao C, Zhao C, Zhang Z, Xie E. Purifica-

tion of metallurgical grade silicon by a microwave-assisted plasma process[J]. Separation and Purification Technology, 2013, 102: 82-85.

[40] 蔡靖, 卢成浩, 李锦堂, 马文会, 罗学涛. 电磁感应辅助等离子体熔炼去除金属硅中的硼[J]. 中国有色金属学报, 2012, 22: 3529-3533.

[41] Nakamura N, Baba H, Sakaguchil Y. Boron removal in molten silicon by a steam-added plasma melting method[J]. Materials Transactions, 2004, 45: 858.

[42] Alemany C, Trassy C, Pateyron B, et al. Refining of metallurgical grade silicon by inductive plasma[J]. Solar Energy Materials & Solar Cells, 2002, 72: 41-48.

[43] Delannoy Y, Alemany C, Li K I, et al. Plasma-refining process to provide solar-grade silicon[J]. Solar Energy Materials & Solar Cells, 2002, 72: 69-75.

[44] Ban B, Li J, Bai X, He Q, Chen J, Dai S. Mechanism of B removal by solvent refining of silicon in Al-Si melt with Ti addition [J]. Journal of Alloys and Compounds, 2016, 672: 489-496.

[45] Lei Y, Ma W, Sun L, Wu J, Dai Y, Morita K. Removal of B from Si by Hf addition during Al-Si solvent refining process[J]. Science and Technology of Advanced Materials, 2016, 17: 12-19.

[46] Huang L, Lai H, Lu C, Fang M, Ma W, Xing P, Li J, Luo X. Enhancement in extraction of boron and phosphorus from metallurgical grade silicon by copper alloying and aqua regia leaching[J]. Hydrometallurgy, 2016, 161: 14-21.

[47] Zou Q, Jie J, Sun J, Wang T, Cao Z, Li T. Effect of Si content on separation and purification of the primary Si phase from hypereutectic Al-Si alloy using rotating magnetic field [J]. Separation and Purification Technology, 2015, 142: 101-107.

[48] Li J W, Guo Z C, Li J C, Yu L Z. Super gravity separation of purified Si from solvent refining with the Al-Si alloy system for solar grade silicon[J]. Silicon, 2015,7: 239-246.

[49] Li J, Ban B, Li Y, Bai X, Zhang T, Chen J. Removal of impurities from metallurgical grade silicon during Ga-Si solvent refining[J]. Silicon, 2017, 9: 77-83.

[50] Li Y Q, Tan Y, Cao P P, Li J Y, Jia P J, Liu Y. Study on redistribution of boron during silicon solidification refining process in Si-Al melts [J]. Materials Research Innovations, 2014, 19: 81-85.

[51] Li Y Q, Tan Y, Li J Y, Xu Q, Liu Y. Effect of Sn content on microstructure and boron distribution in Si-Al alloy[J]. Journal of Alloys and Compounds, 2014, 583: 85-90.

[52] Li Y Q, Tan Y, Li J Y, Kazuki M. Si purity control and separation from Si-Al alloy melt with Zn addition[J]. Journal of Alloys and Compounds, 2014, 611: 267-272.

[53] Fang M, Lu C H, Lai H X, Huang L Q, Chen J, Ma W H, Sheng Z L, Shen J N, Li J T, Luo X T. Effect of solidification rate on representative impurities distribution in Si-Cu alloy [J]. Materials Science and Technology, 2013, 29: 861-867.

[54] Zhao L, Wang Z, Guo Z, Li C. Low-temperature purification process of metallurgical silicon[J]. Tans. Nonferrous Met. Soc. China, 2011, 21: 1185-1192.

[55] Yoshikawa T, Morita K. Removal of B from Si by solidification refining with Si-Al melts [J].

Metallurgical and Materials Transactions B, 2005, 36: 731-736.

[56] Yoshikawa T, Morita K. Removal of phosphorus by the solifificaiton refining with Si-Al melts [J]. Science and Technology of Advanced Materials, 2003,4: 531-537.

[57] Yoshikawa T, Morita K. Refining of silicon during its solidification from a Si-Al melt [J]. Journal of Crystal Growth, 2009, 311: 776-779.

[58] Yoshikawa T, Morita K. Thermodynamics on the solidification refining of silicon with Si-Al melts [C]. TMS Annual Meeting, San Francisco, 2005: 549-558.

[59] Sun Y H, Ye Q H, Guo C J, Chen H Y, Lang X, David F, Luo Q, Yang C. Purification of metallurgical-grade silicon via acid leaching, calcination and quenching before boron complexation[J]. Hydrometallurgy, 2013, 139: 64-72.

[60] 汤培平,刘瑞聪,陈晓敏,陈云霞,朱丽,刘宏宇,王文宾,金燕红. 湿法冶金去除太阳能级硅中硼的研究[J]. 无机盐工业, 2011, 43: 27-30.

[61] Tan Y, Qin S, Wen S, Li J, Shi S, Jiang D, Pang D. New method for boron removal from silicon by electron beam injection[J]. Materials Science in Semiconductor Processing, 2014, 18: 42-45.

[62] Li F, Xing P F, Li D G, Zhuang Y X, Tu G F. Removal of phosphorus from metallurgical grade silicon by Ar-H_2O gas mixtures[J]. Transactions of Nonferrous Metals Society of China, 2013, 23: 3470-3475.

[63] Shi S, Dong W, Peng X, Jiang D, Tan Y. Evaporation and removal mechanism of phosphorus from the surface of silicon melt during electron beam melting[J]. Applied Surface Science, 2013, 266: 344-349.

[64] Miyake V M, Hiramatsu T, Maeda M. Removal of phosphorus and antimony in silicon by electron beam irradiation method[J]. Nippon Kinzoku Gakkaishi. Journal of the Japan Institute of Metals, 2006, 70: 43-46.

[65] Hamazawa K, Yuge N, Kato Y. Evaporation of phosphorus in melten silicon by an electron beam irradiation method[J]. Materials Transactions, 2004, 45: 844-849.

[66] Hamazawa K, Yuge N, Hiwasa S, et al. Evaporation of phosphorus in melten silicon with electron beam melting at low vaccum[J]. Nippon Kinzoku Gakkaishi. Journal of the Japan Institute of Metals, 2003, 67: 569-574.

[67] Miyake M, Hiramatsu T, Maeda M. Removal of phosphorus and antimony in silicon by electron beam melting at low vacuum[J]. Nippon Kinzoku Gakkaishi. Journal of the Japan Institute of Metals, 2003, 70: 43-46.

[68] Ikeda T, Maeda M. Purification of metallurgical silicon for solar-grade silicon by electron beam button melting[J]. ISIJ International, 1992, 32: 635-642.

[69] Huang L, Lai H, Lu C, Fang M, Ma W, Xing P, Luo X, Li J. Evaporation behavior of phosphorus from metallurgical grade silicon via calcium-based slag treatment and hydrochloric acid leaching[J]. Journal of Electronic Materials, 2016, 45: 541-552.

[70] Jung E, Moon B, Min D. Quantitative evaluation for effective removal of phosphorus for SOG-Si [J]. Solar Energy Materials & Solar Cells, 2011, 95: 1779-1784.

[71] Jung I H, Zhang Y. Thermodynamic calculations for the dephosphorization of silicon using molten slag[J]. JOM, 2012, 64: 973-981.

[72] Zheng S S, Engh T A, Tangstad M, Luo X T. Separation of phosphorus from silicon by induction vacuum refining[J]. Separation and Purification Technology, 2011, 82: 128-137.

[73] 郑淞生, 陈朝, 罗学涛. 多晶硅冶金法除磷的进展[J]. 材料导报, 2009, 23: 11-14.

[74] Jiang D, Ren S, Shi S, Dong W, Qiu J, Tan Y, Li J. Phosphorus removal from silicon by vacuum refining and directional solidification[J]. Journal of Electronic Materials, 2014, 43: 314-319.

[75] Tang T, Lai H, Sheng Z, Gan C, Xing P, Luo X. Effect of tin addition on the distribution of phosphorus and metallic impurities in Si-Al alloys[J]. Journal of Crystal Growth, 2016, 453: 13-19.

[76] Ban B, Bai X, Li J, Chen J, Dai S. Effect of kinetics on P removal by Al-Si solvent refining at low solidification temperature[J]. Journal of Alloys and Compounds, 2016, 685: 604-609.

[77] Li Y, Ban B, Li J, Zhang T, Bai X, Chen J, Dai S. Effect of cooling rate on phosphorus removal during Al-Si solvent refining[J]. Metallurgical and Materials Transactions B, 2015, 46: 542-544.

[78] Hu L, Wang Z, Gong X, Guo Z, Zhang H. Purification of metallurgical-grade silicon by Sn-Si refining system with calcium addition[J]. Separation and Purification Technology, 2013, 118: 699-703.

[79] Shimpo T, Yoshikawa T. Thermodynamic study of the effect of calcium on removal of phosphorus from silicon by acid leaching treatment[J]. Metall Mater Trans B, 2004, 35: 277-284.

[80] Miki T, Morita K, Sano N. Thermodynamics of phosphorus in molten silicon[J]. Metallurgical and Materials Transaction B, 1996, 27B: 937-941.

[81] Wei K, Ma W, Dai Y, Yang B, Liu D C. Study on phosphorus removal from metallurgical grade silicon by vacuum distillation[J]. Acta Scientiarum Naturalium Universitatis Sunyatseni, 2007, 46: 69-71.

[82] Suzuki K, Sakaguchi K, Nakagiri T, Sano N. Gaseous removal of phosphorus and boron from molten silicon[J]. Nippon Kinzoku Gakkaisi, 1990, 54: 161-167.

[83] Yuge N, Hamazawa K, Nishikawa K, et al. Removal of phosphorus, aluminum and calcium by evaporation in molten silicon[J]. Nippon Kinzoku Gakkaishi. Journal of the Japan Institute of Metals, 1997, 61: 1086-1093.

[84] Lai H, Huang L, Lu C, Fang M, Ma W, Xing P, Li J, Luo X. Leaching behavior of impurities in Ca-alloyed metallurgical grade silicon[J]. Hydrometallurgy, 2015, 156: 173-181.

[85] Viana Teixeira Leandro Augusto, Tokuda Yomei, Yoko Toshinobu, et. al. Behavior and state of boron in $CaO-SiO_2$ slags during refining of solar grade silicon[J]. ISIJ International, 2009, 49(6): 777-782.

[86] Zheng D, Wei K, Ma W, Sheng Z, Dai Y. A mathematical model for distribution of calcium in silicon by vacuum directional solidification[J]. Journal of Mining and Metallurgy, Section B: Metallurgy, 2016;52(2):157-162.

[87] Gan C H, Fang M, Zhang L, Qiu S, Li J T, Jiang D C, Wen S T, Tan Y, Luo X T. Redistribution of iron during directional solidification of metallurgical-grade silicon at low growth rate[J]. Transactions of Nonferrous Metals Society of China, 2016, 26: 859-864.

[88] Ren S, Li P, Jiang D, Shi S, Li J, Wen S, Tan Y. Removal of Cu, Mn and Na in multicrystalline silicon by directional solidification under low vacuum condition[J]. Vacuum, 2015, 115: 108-112.

[89] Liu K, Wu J, Wei K, Ma W, Xie K, Li S, Yang B, Dai Y. Application of molecular interaction volume model on removing impurity aluminum from metallurgical grade silicon by vacuum volatilization[J]. Vacuum, 2015, 114: 6-12.

[90] Gan C H, Zeng X, Fang M, Zhang L, Qiu S, Li J T, Jiang D C, Tan Y, Luo X T. Effect of calcium-oxide on the removal of calcium during industrial directional solidification of upgraded metallurgical-grade silicon[J]. Journal of Crystal Growth, 2015, 426: 202-207.

[91] Tan Y, Ren S, Shi S, Wen S, Jiang D, Dong W, Ji M, Sun S. Removal of aluminum and calcium in multicrystalline silicon by vacuum induction melting and directional solidification [J]. Vacuum, 2014, 99: 272-276.

[92] 张慧星, 谭毅, 孙世海, 许富民, 姜大川. 定向凝固提纯对工业硅杂质及电阻率的影响 [J]. 机械工程材料, 2011, 35: 52.

[93] Martorano M, Neto J, Oliveira T, Tsubaki T. Refining of metallurgical silicon by directional solidification[J]. Materials Science and Engineering: B, 2011, 176: 217-226.

[94] Liu D H, Ma X D, Du Y Y, Li T J, Zhang G L. Removal of metallic impurities in metallurgical grade silicon by directional solidification[J]. Materials Research Innovations, 2010, 14: 361-364.

[95] Lee J K, Lee J S, Jang B Y, Kim J S, Ahn Y S, Kang G H, Song H E, Kang M G, Cho C H. 6″ crystalline silicon solar cell with electron-beam melting-based metallurgical route[J]. Solar Energy, 2015, 115: 322-328.

[96] Kyu L J, Seok L J, Yun J B, Soo K J, Soo A Y, Hee C C. Impurity segregation behavior in polycrystalline silicon ingot grown with variation of electron-beam power[J]. Japanese Journal of Applied Physics, 2014, 53: 08NJ05.

[97] Choi S H, Jang B Y, Lee J S, Ahn Y S, Yoon W Y, Joo J H. Effects of electron beam patterns on melting and refining of silicon for photovoltaic applications[J]. Renewable Energy, 2013, 54: 40-45.

[98] Peng X, Dong W, Tan Y, Jiang D. Removal of aluminum from metallurgical grade silicon using electron beam melting[J]. Vacuum, 2011, 86: 471-475.

[99] Yuge N, Hanazawa K, Kato Y. Removal of metal impurities in molten silicon by directional solidification with electron beam heating[J]. Materials Transactions, 2004, 45: 850-857.

[100] Lee W, Kim J, Jang B Y, Ahn Y, Lee H, Yoon W. Metal impurities behaviors of silicon in the fractional melting process[J]. Solar Energy Materials and Solar Cells, 2011, 95: 59-62.

[101] Fang M, Lu C, Huang L, Lai H, Chen J, Li J, Ma W, Xing P, Luo X. Effect of calcium-based slag treatment on hydrometallurgical purification of metallurgical-grade silicon [J]. In-

dustrial & Engineering Chemistry Research, 2013, 53: 972-979.

[102] Huang L, Lai H, Lu C, Gan C, Fang M, Xing P, Li J, Luo X. Segregation behavior of iron in metallurgical grade silicon during SiCu solvent refining[J]. Vacuum, 2016, 129: 38-44.

[103] Lei H, Zhi W, Xu Z G, Zhan C G, Hu Z. Impurities removal from metallurgical-grade silicon by combined Sn-Si and Al-Si refining processes[J]. Metallurgical and Materials Transactions B, 2013, 44: 828-836.

[104] Morito H, Karahashi T, Uchikoshi M, Isshiki M, Yamane H. Low-temperature purification of silicon by dissolution and solution growth in sodium solvent[J]. Silicon, 2012, 4: 121-125.

[105] Li Y, Tan Y, Morita K. Directional growth of bulk silicon from silicon-aluminum-tin melts [C]. EPD Congress 2015, John Wiley & Sons, 2015: 197-208.

[106] 巫剑, 王志, 胡晓军, 郭占成, 范占军, 谢永龙. Si-Sn 合金精炼-定向凝固过程硅的分离和提纯[J]. 中国有色金属学报, 2014, 24: 1871-1877.

[107] 巫剑, 王志, 胡晓军, 郭占成. Si-Fe 合金精炼-高温淬火-酸洗提纯硅[J]. 过程工程学报, 2014, 14: 64-70.

[108] Yu W, Ma W, Lv G, Ren Y, Dai Y, Morita K. Low-cost process for silicon purification with bubble adsorption in Al-Si melt[J]. Metallurgical and Materials Transactions B, 2014, 45: 1573-1578.

[109] Visnovec K, Variawa C, Utigard T, Mitrašinović A. Elimination of impurities from the surface of silicon using hydrochloric and nitric acid[J]. Materials Science in Semiconductor Processing, 2012, 16: 106-110.

[110] Lai H, Huang L, Gan C, Xing P, Li J, Luo X. Enhanced acid leaching of metallurgical grade silicon in hydrofluoric acid containing hydrogen peroxide as oxidizing agent [J]. Hydrometallurgy, 2016, 164: 103-110.

[111] Kim J, No J, Choi S, Lee J, Jang B. Effects of a new acid mixture on extraction of the main impurities from metallurgical grade silicon[J]. Hydrometallurgy, 2015, 157: 234-238.

[112] Ma X D, Zhang J, Wang T M, Li T J. Hydrometallurgical purification of metallurgical grade silicon[J]. Rare Metals, 2009, 28: 221-225.

[113] Sakata T, Miki T, Morita K. Removal of iron and titanium in poly-crystalline silicon by acid leaching[J]. Journal-Japan Institute of Metals, 2002, 66: 459-465.

[114] Santos I C, Goncalves A P, Santos C S, Almeida M, Afonso M H, Cruz M J. Purification of metallurgical grade silicon by acid leaching[J]. Hydrometallurgy, 1990, 23: 237-246.

[115] Dietl J. Hydrometallurgical purification of metallurgical-grade silicon[J]. Solar Cells, 1983, 10: 145-154.

[116] Khalifa M, Hajji M, Ezzaouia H. A novel and efficient method combining acid leaching and thermal annealing for impurities removal from silicon intended for photovoltaic application [J]. Physica Status Solidi (C), 2012, 9: 2088-2091.

[117] Qin S, Jiang D, Li P, Shi S, Guo X, An G, Tan Y. SiC sedimentation and carbon migration in mc-Si by election beam melting with slow cooling pattern[J]. Materials Science in Semi-

conductor Processing, 2016, 53: 1-7.

[118] Damoah L N W, Zhang L. High-frequency electromagnetic purification of silicon[J]. Metallurgical and Materials Transactions B, 2015, 46: 2514-2528.

[119] Dong A, Zhang L, Damoah L N. Beneficial and technological analysis for the recycling of solar grade silicon wastes[J]. JOM, 2011, 63: 23-27.

[120] Sergiienko S A, Pogorelov B V, Daniliuk V B. Silicon and silicon carbide powders recycling technology from wire-saw cutting waste in slicing process of silicon ingots[J]. Separation & Purification Technology, 2014, 133: 16-21.

[121] Li D G, Xing P F, Zhuang Y X, Li F, Tu G F. Recovery of high purity silico from SOG crystalline silicon cutting slurry waste[J]. Transactions of Nonferrous Metals Society of China, 2014, 24: 1237-1241.

[122] Wang H Y, Tan Y, Li J Y, Li Y Q, Dong W. Removal of silicon carbide from kerf loss slurry by Al-Si alloying process[J]. Separation and Purification Technology, 2012, 89: 91-93.

[123] Trempa M, Reimann C, Friedrich J, Müller G. The influence of growth rate on the formation and avoidance of C and N related precipitates during directional solidification of multi crystalline silicon[J]. Journal of Crystal Growth, 2010, 312: 1517-1524.

[124] Zhang L, Ciftja A. Recycling of solar cell silicon scraps through filtration, Part I: Experimental investigation[J]. Solar Energy Materials & Solar Cells, 2008, 92: 1450-1461.

[125] Wang T Y, Lin Y C, Tai C Y, Sivakumar R, Rai D K, Lan C W. A novel approach for recycling of kerf loss silicon from cutting slurry waste for solar cell applications[J]. Journal of Crystal Growth, 2008, 310: 3403-3406.

[126] 谭毅, 董伟, 李佳艳, 王浩洋. 采用HF酸浸蚀沉降的方法从单晶硅切割废浆料中回收硅粉[J]. 功能材料, 2012, 43: 1479-1481.

[127] Tucker N. Preparation of high purity silicon[J]. J Iron Steel Ind, 1927, 15: 412.

[128] Mitrasinovic A. Characterization of the Cu-Si system and utilization of metallurgical techniques in silicon refining for solar cell applications[R]. Department of Materials Science and Engineering University of Toronto, 2010.

[129] Margarido F, Martins J P, Figueiredo M O, Bastos M H. Refining of Fe-Si alloys by acid leaching[J]. Hydrometallurgy, 1993, 32: 1-8.

[130] Margarido F, Bastos M, Figueiredo M, Martins J. The structural effect on the kinetics of acid leaching refining of Fe-Si alloys[J]. Materials Chemistry and Physics, 1994, 38: 342-347.

[131] Meteleva-Fischer Y V, Yang Y, Boom R, Kraaijveld B, Kuntzel H. Microstructure of metallurgical grade silicon during alloying refining with calcium[J]. Intermetallics, 2012, 25: 9-17.

[132] He F, Zheng S, Chen C. The effect of calcium oxide addition on the removal of metal impurities from metallurgical-grade silicon by acid leaching[J]. Metallurgical and Materials Transactions B, 2012, 43: 1011-1018.

[133] Inoue G, Yoshikawa T, Morita K. Effect of calcium on thermodynamic properties of boron in molten silicon[J]. High Temperature Materials and Processes, 2003, 22: 221-226.

[134] Chung J, Kim J, Jang B, Ahn Y, Lee H, Yoon W. Effect of retrograde solubility on the purification of MG-Si during fractional melting[J]. Solar Energy Materials and Solar Cells, 2011, 95: 45-48.

[135] Hopkins R H, Rohatgi A. Impurity effects in silicon for high efficiency solar cells[J]. Journal of Crystal Growth, 1986, 75: 67-79.

[136] Trumbore F A. Solid solubilities of impurity elements in germanium and silicon[J]. Bell System Technical Journal, 1960, 39: 206-233.

[137] 魏奎先, 郑达敏, 马文会, 杨斌, 戴永年. 定向凝固技术在冶金法多晶硅制备过程中的应用[J]. 真空科学与技术学报, 2014, 12: 1136-1358.

[138] Schönecker A, Geerligs L J, Müller A. Casting technologies for solar silicon wafers: block casting and ribbon-growth-on-substrate[J]. Solid State Phenomena, 2004, 95: 149-158.

[139] Dour G, Ehret E, Laugier A, Sarti D, Garnier M, Durand F. Continuous solidification of photovoltaic multicrystalline silicon from an inductive cold crucible[J]. Journal of Crystal Growth, 1998, 193: 230-240.

[140] Zawilski K T, DeMattei R C, Feigelson R S. Zone leveling of lead magnesium niobate-lead titanate crystals using RF heating[J]. Journal of Crystal Growth, 2005, 277: 393-400.

[141] http://meroli.web.cern.ch/meroli/Lecture_silicon_floatzone_czochralski.html, in.

[142] https://en.wikipedia.org/wiki/Czochralski_process, in.

[143] Liu T, Dong Z, Zhao Y, Wang J, Chen T, Xie H, Li J, Ni H, Huo D. Purification of metallurgical silicon through directional solidification in a large cold crucible[J]. Journal of Crystal Growth, 2012, 355: 145-150.

[144] Bellmann M, Meese E, Arnberg L. Impurity segregation in directional solidified multi-crystalline silicon[J]. Journal of Crystal Growth, 2010, 312: 3091-3095.

[145] Li T, Huang H, Tsai H, Lan A, Chuck C, Lan C. An enhanced cooling design in directional solidification for high quality multi-crystalline solar silicon[J]. Journal of Crystal Growth, 2012, 340: 202-208.

[146] Yeh K, Hseih C, Hsu W, Lan C. High-quality multi-crystalline silicon growth for solar cells by grain-controlled directional solidification[J]. Progress in Photovoltaics: Research and Applications, 2010, 18: 265-271.

[147] Arafune K, Ohishi E, Sai H, Ohshita Y, Yamaguchi M. Directional solidification of polycrystalline silicon ingots by successive relaxation of supercooling method[J]. Journal of Crystal Growth, 2007, 308: 5-9.

[148] Ribeiro T, Ferreira J Neto, Martorano M. Effects of solidification rate and settling time of SiC particles on the macrosegregation of carbon in silicon ingots[J]. Metallurgical and Materials Transactions E, 2014(1): 286-291.

[149] Obinata I, Komatsu N. Method of refining silicon by alloying[R]. in: Science Reports of the Research Institutes, Tohoku University. Ser. A, Physics, Chemistry and Metallurgy, 1957: 118-130.

[150] Ma X D, Yoshikawa T, Morita K. Si growth by directional solidification of Si-Sn alloys to pro-

duce solar-grade Si[J]. Journal of Crystal Growth, 2013, 377: 192-196.

[151] Gumaste J L, Mohanty B C, Galgali R K, U S U, Nayak B B, Singh S K, Jena P K. Solvent refining of metallurgical grade silicon [J]. Solar Energy Materials, 1987, 16: 289-296.

[152] Yoshikawa T, Morita K. Thermodynamics of titanium and boron in molten aluminum [J]. Journal-Japan Institute of Metals, 2004, 68: 390-394.

[153] Yoshikawa T, Morita K. Refining of Si by the solidification of Si-Al melt with electromagnetic force, ISIJ International, 2005, 45: 967-971.

[154] Yoshikawa T, Morita K. Continuous solidification of Si from Si-Al melt under the induction heating[J]. ISIJ Int (Iron Steel Inst Jpn), 2007, 47: 582-584.

[155] Yoshikawa T, Morita K. Refining of silicon during its solidification from a Si-Al melt [J]. Journal of Crystal Growth, 2009, 311: 776-779.

[156] Gu X, Yu X, Yang D. Low-cost solar grade silicon purification process with Al-Si system using a powder metallurgy technique[J]. Separation and Purification Technology, 2011, 77: 33-39.

[157] Ban B, Li Y, Zuo Q, Zhang T, Chen J, Dai S. Refining of metallurgical grade Si by solidification of Al-Si melt under electromagnetic stirring[J]. Journal of Materials Processing Technology, 2015, 222: 142-147.

[158] Jie J, Zou Q, Sun J, Lu Y, Wang T, Li T. Separation mechanism of the primary Si phase from the hypereutectic Al-Si alloy using a rotating magnetic field during solidification[J]. Acta Materialia, 2014, 72: 57-66.

[159] Nishi Y, Kang Y, Morita K. Control of Si Crystal Growth during Solidification of Si-Al Melt [J]. Materials Transactions, 2010, 51: 1227-1230.

[160] Ma X, Yoshikawa T, Morita K. Phase relations and thermodynamic property of boron in the silicon-tin melt at 1673K[J]. Journal of Alloys and Compounds, 2012, 529: 12-16.

[161] Juneja J M, Mukherjee T K. A study of the purification of metallurgical grade silicon [J]. Hydrometallurgy, 1986, 16: 69-75.

[162] Oshima Y, Yoshikawa T, Morita K. Effect of solidification conditions on Si growth from Si-Cu melts[C]. in: Supplemental Proceedings: Materials Processing and Energy Materials, John Wiley & Sons, Inc., Hoboken, NJ, USA, 2011: 677-684.

[163] Esfahani S, Barati M. Purification of metallurgical silicon using iron as impurity getter, part II: extent of silicon purification [J]. Metals and Materials International, 2011, 17: 1009-1015.

[164] Khajavi L, Morita K, Yoshikawa T, Barati M. Removal of boron from silicon by solvent refining using ferrosilicon alloys[J]. Metallurgical and Materials Transactions B, 2015, 46: 615-620.

[165] Khajavi L T, Morita K, Yoshikawa T, Barati M. Thermodynamics of boron distribution in solvent refining of silicon using ferrosilicon alloys[J]. Journal of Alloys and Compounds, 2015, 619: 634-638.

[166] Morito H, Yamada T, Ikeda T, Yamane H. Na-Si binary phase diagram and solution growth of silicon crystals[J]. Journal of Alloys and Compounds, 2009, 480: 723-726.

[167] Morito H, Karahashi T, Yamane H. Condition of Si crystal formation by vaporizing Na from NaSi[J]. Journal of Crystal Growth, 2012, 355: 109-112.

[168] Yamane H, Morito H, Uchikoshi M. Formation of Si grains from a NaSi melt prepared by reaction of SiO_2 and Na[J]. Journal of Crystal Growth, 2013, 377: 66-71.

[169] Yin Z, Oliazadeh A, Esfahani S, Johnston M, Barati M. Solvent refining of silicon using nickel as impurity getter[J]. Canadian Metallurgical Quarterly, 2011, 50: 166-172.

[170] Hein C C. Preparation of pure crystalline silicon[P]. US2747971, 1956-5-29, 1953.

[171] 李亚琼. Si-Al(-Sn)合金凝固精炼过程中硼杂质分凝行为的研究[D]. 大连：大连理工大学, 2015.

[172] Xu F, Wu S, Tan Y, Li J, Li Y, Liu Y. Boron removal from metallurgical silicon using Si-Al-Sn ternary alloy[J]. Separation Science and Technology, 2014, 49: 305-310.

[173] Li J Y, Liu Y, Tan Y, Li Y Q, Zhang L, Wu S, Jia P. Effect of tin addition on primary silicon recovery in Si-Al melt during solidification refining of silicon[J]. Journal of Crystal Growth, 2013, 371: 1-6.

[174] Li J, Jia P, Li Y, Cao P, Liu Y, Tan Y. Effect of Zn addition on primary silicon morphology and B distribution in Si-Al alloy[J]. Journal of Materials Science: Materials in Electronics, 2014, 25: 1751-1756.

[175] Esfahani S, Barati M. Purification of metallurgical silicon using iron as an impurity getter part I: Growth and separation of Si[J]. Metals and Materials International, 2011, 17: 823-829.

[176] Mitrašinović A, Utigard T. Refining silicon for solar cell application by copper alloying[J]. Silicon, 2009(1): 239-248.

[177] Li J W, Guo Z C, Tang H Q, Wang Z, Sun S T. Si purification by solidification of Al-Si melt with super gravity[J]. Transactions of Nonferrous Metals Society of China, 2012, 22: 958-963.

[178] 李亚琼, 李佳艳, 谭毅, 张立峰, 森田一樹. Si-Al-Sn合金熔体中块体硅定向生长行为研究[J]. 无机材料学报, 2016, 31: 791-796.

[179] 李佳艳, 李超超, 李亚琼, 谭毅. 多晶硅精炼提纯过程中铝硅合金的低温电解分离[J]. 材料工程, 2013: 1-5.

[180] 陈杭, 王志, 池汝安, 靖青秀, 孙丽媛, 杜冰. 超重力强化结晶硅与熔析剂的高温分离[J]. 中国有色金属学报, 2015(11): 203-211.

[181] Li J, Guo Z, Tang H, Wang Z, Sun S. Si purification by solidification of Al-Si melt with super gravity[J]. Transactions of Nonferrous Metals Society of China, 2012, 22: 958-963.

[182] 陈杭, 王志, 池汝安, 靖青秀, 孙丽媛, 杜冰. 超重力强化结晶硅与熔析剂的高温分离[J]. 中国有色金属学报, 2015, 25: 3155-3163.

[183] 索柯罗夫 B N. 离心分离原理及设备[M]. 北京：机械工业出版社, 1986.

[184] 张文军, 欧泽深, 李延锋, 高敏. 煤泥离心过滤过程的综合助滤机理研究[J]. 中国矿业大学学报, 2003, 32: 705-708.

[185] Xue H, Lv G, Ma W, Chen D, Yu J. Separation mechanism of primary silicon from hypereutectic Al-Si melts under alternating electromagnetic fields[J]. Metallurgical and Materials Transactions A, 2015, 46: 2922-2932.

[186] Park J P, Sassa K, Asai S. Improvement of wear-resistance in hyper-eutectic Al-Si alloy by surface concentration of primary silicon using electromagnetic force[J]. The Journal of the Japan Institute of Metals, 1995, 59: 733-739.

[187] 付莹, 丁鑫, 接金川, 王海伟, 张宇博, 卢一平, 李廷举. 利用电磁场在 Al-Si 合金凝固过程中制备高纯度多晶 Si[J]. 特种铸造及有色合金, 2015, 35: 1030-1032.

[188] Jie J, Zou Q, Wang H, Sun J, Lu Y, Wang T, Li T. Separation and purification of Si from solidification of hypereutectic Al-Si melt under rotating magnetic field[J]. Journal of Crystal Growth, 2014, 399: 43-48.

[189] 邱竹贤. 冶金学[M]. 沈阳: 东北大学出版社, 2001.

[190] 刘瑶. 硅铝合金中锡的添加对初晶硅回收的影响及锡的电解沉积研究[D]. 大连: 大连理工大学, 2013.

[191] Berger S, Quoizola S, Fave A, Ouldabbes A, Kaminski A, Perichon S, Chabane-Sari N E, Barbier D, Laugier A. Liquid phase epitaxial growth of silicon on porous silicon for photovoltaic applications[J]. Crystal Research and Technology, 2001, 36: 1005-1010.

[192] Ciszek T, Wang T, Wu X, Burrows R, Alleman J, Schwerdtfeger C, Bekkedahl T. Si thin layer growth from metal solutions on single-crystal and cast metallurgical-grade multicrystalline Si substrates[C]. Photovoltaic Specialists Conference, 1993., Conference Record of the Twenty Third IEEE, IEEE, 1993: 65-72.

[193] Kim H. Liquid phase epitaxial growth of silicon in selected areas[J]. Journal of The Electrochemical Society, 1972, 119: 1394-1398.

[194] 马玉升, 张立峰, 李亚琼, Muslim R R. 利用合金低温生长晶体硅的研究进展[J]. 材料导报, (待发表).

[195] 张磊. 冶金法去除多晶硅中 B 杂质的研究[D]. 大连: 大连理工大学, 2013.

[196] 黄新明, 尹长浩, 胡冰峰. 一种冶金硅造渣除硼提纯方法[P]. CN 102001661A, 2011.

[197] Bjerke H. Removal of boron from silicon by slag treatment and by evaporation of boron from slag in hydrogen atmosphere[D]. Norwag: Norwegian University of Science and Technology, 2012.

[198] Shahbazian F, Sichen D, Mills K, Seetharaman S. Experimental studies of viscosities of some $CaO-CaF_2-SiO_2$ slags[J]. Ironmaking & Steelmaking, 1999, 26: 193-199.

[199] 黄新明. 硅熔体的密度、表面张力和黏度[J]. 物理, 1997, 26: 37-42.

[200] Sato Y, Nishizuka T, Hara K, Yamamura T, Waseda Y. Density measurement of molten silicon by a pycnometric method[J]. International Journal of Thermophysics, 2000, 21: 1463-1471.

[201] Muhmood L, Seetharaman S. Density measurements of low silica $CaO-SiO_2-Al_2O_3$ slags[J]. Metallurgical and Materials Transactions B, 2010, 41: 833-840.

[202] 李阳, 姜周华, 李明, 陈唐平. $CaO-Al_2O_3-SiO_2$ 熔体表面张力的测定与计算[C]. Intelligent Information Technology Application Association. Proceedings of 2011 International Confer-

ence on Fuzzy Systems and Neural Computing (FSNC 2011 V7), Intelligent Information Technology Application Association, 2011: 116-119.

[203] 李彦龙. 冶金级硅造渣精炼除硼动力学研究[D]. 昆明: 昆明理工大学, 2014.

[204] Teixeira L A V, Morita K. Removal of boron from molten silicon using CaO-SiO$_2$ based slags [J]. ISIJ International, 2009, 49: 783-787.

[205] Suzuki K, Sugiyama T, Takano K, Sano N. Thermodynamics for removal of boron from metallurgical silicon by flux treatment[J]. The Japan Institute of Metals, 1990, 54: 168-172.

[206] Li Y, Wu J, Ma W. Kinetics of boron removal from metallurgical grade silicon using a slag refining technique based on CaO-SiO$_2$ binary system[J]. Separation Science and Technology, 2014, 49: 1946-1952.

[207] 王新国, 丁伟中, 沈虹, 张静江. 金属硅的氧化精炼[J]. 中国有色金属学报, 2002, 12: 827-831.

[208] Cai J, Li J T, Chen W H, Chen C, Luo X T. Boron removal from metallurgical silicon using CaO-SiO$_2$-CaF$_2$ slags[J]. Transactions of Nonferrous Metals Society of China, 2011, 21: 1402-1406.

[209] Turkdogan E T, Society M. Physicochemical properties of molten slags and glasses[M]. The Metals Sciety, 1983.

[210] Eisenhüttenleute V D. Slag Atlas[M]. Verlag Stahleisen, 1995.

[211] Yin C H, Hu B F, Huang X M. Boron removal from molten silicon using sodium-based slags [J]. Journal of Semiconductors, 2011, 32 (9): 092003-(1-4).

[212] Zhang L, Tan Y, Xu F M, Li J, Wang H, Gu Z. Removal of boron from molten silicon using Na$_2$O-CaO-SiO$_2$ slags[J]. Separation Science and Technology, 2013, 48: 1140-1144.

[213] Wu J, Ma W, Jia B, Yang B, Liu D, Dai Y. Boron removal from metallurgical grade silicon using a CaO-Li$_2$O-SiO$_2$ molten slag refining technique[J]. Journal of Non-Crystalline Solids, 2012, 358: 3079-3083.

[214] Johnston M D, Barati M. Distribution of impurity elements in slag-silicon equilibria for oxidative refining of metallurgical silicon for solar cell applications[J]. Solar Energy Materials & Solar Cells, 2010, 94: 2085-2090.

[215] Johnston M D, Barati M. Effect of slag basicity and oxygen potential on the distribution of boron and phosphorus between slag and silicon[J]. Journal of Non-Crystalline Solids, 2011, 357: 970-975.

[216] Engh T. Principles of Metal Refining[M]. Oxford University Press, Walton St, Oxford OX 2 6 DP, UK, 1992: 473.

[217] Lu C, Huang L, Lai H, Fang M, Ma W, Xing P, Zhang L, Li J, Luo X. Effects of slag refining on boron removal from metallurgical-grade silicon using recycled slag with active component[J]. Separation Science and Technology, 2015, 50: 2759-2766.

[218] Nordstrand E F, Tangstad M. Removal of boron from silicon by moist hydrogen gas [J]. Metallurgical and Materials Transactions B, 2012, 43: 814-822.

[219] 戴永年, 伍继君, 马文会, 杨斌, 刘大春, 王烨, 魏奎先. 冶金级硅氧化精炼提纯制

备太阳能级硅研究进展[J]. 真空科学与技术学报, 2010(1): 43-49.
[220] 尹盛, 何笑明. 用冷等离子体结合湿法冶金制备太阳级硅材料[J]. 功能材料, 2002, 33(3): 305-306.
[221] Huang X M, Kazutaka T, Hitoshi S, Eiji T, Shigeyuki K. Oxygen solubilities in Si melt: influence of Sb addition[J]. Japanese Journal of Applied Physics, 1993, 32: 3671.
[222] Rousseau S, Benmansour M, Morvan D, Amouroux J. Purification of MG-silicon by thermal plasma process coupled to DC bias of the liquid bath[J]. Solar Energy Materials and Solar Cells, 2007, 91: 1906-1915.
[223] Alemany C, Trassy C, Pateyron B, Li K I, Delannoy Y. Refining of metallurgical-grade silicon by inductive plasma[J]. Solar Energy Materials and Solar Cells, 2002, 72: 41-48.
[224] Yuge N, Abe M, Hanazawa K, Baba H, Nakamura N, Kato Y, Sakaguchi Y, Hiwasa S, Aratani F. Purification of metallurgical-grade silicon up to solar grade[J]. Progress in Photovoltaics Research & Applications, 2001, 9: 203-209.
[225] Nakamura N, Hiroyuki Baba, Sakaguchi Y, Kato Y. Boron removal in molten silicon by a steam-added plasma melting method[J]. Materials Transactions, 2004, 45: 858-864.
[226] Abe K, Matsumoto T, Maeda S, Nakanishi H, Hoshikawa K, Terashima K. Oxygen solubility in Si melts: influence of boron addition[J]. Journal of Crystal Growth, 1997, 181: 41-47.
[227] 谭毅, 石爽. 电子束技术在冶金精炼领域中的研究现状和发展趋势[J]. 材料工程, 2013(8): 92-100.
[228] Bakish R. The substance of a technology: electron-beam melting and refining[J]. JOM Journal of the Minerals, Metals and Materials Society, 1998, 50: 28-30.
[229] Chernov Vladlen A, Tur Aleksander Alekseevich. Method of electron beam remelting of lump metallic material and device for its embodiment[P]. CN 2087563, 1995.
[230] 王强. 电子束熔炼提纯冶金级硅工艺研究[D]. 大连: 大连理工大学, 2010.
[231] 姜大川. 电子束熔炼提纯多晶硅的研究[D]. 大连: 大连理工大学, 2012.
[232] Pires J C S, Otubo J, Braga A F B, Mei P R. The purification of metallurgical grade silicon by electron beam melting[J]. Journal of Materials Processing Technology, 2005, 169: 16-20.
[233] Casenave D, Gauthier R, Pinard P. A study of the purification process during the elaboration by electron bombardment of polysilicon ribbons designed for photovoltaic conversion[J]. Solar Energy Materials, 1981(5): 417-423.
[234] Pires J C S, Braga A F B, Mei P R. Profile of impurities in polycrystalline silicon samples purified in an electron beam melting furnace[J]. Solar Energy Materials and Solar Cells, 2003, 79: 347-355.
[235] Jiang D, Tan Y, Shi S, Dong W, Gu Z, Guo X. Evaporated metal aluminium and calcium removal from directionally solidified silicon for solar cell by electron beam candle melting[J]. Vacuum, 2012, 86: 1417-1422.
[236] Elmer G. Diamagnetic Separation[P]. US0731040, 1900.
[237] Kolin A. An electromagnetokinetic phenomenon involving migration of neutral particles[J]. Science, 1953, 117: 134-137.

[238] El-Kaddah N, Patel A D, Natarajan T T. The electromagnetic filtration of molten aluminum using an induced-current separator[J]. JOM, 1995, 47: 46-49.

[239] Xu Z M, Li T X, Zhou Y H. Elimination of Fe in Al-Si cast alloy scrap by electromagnetic filtration[J]. Journal of Materials Science, 2003, 38: 4557-4565.

[240] Li T X, Xu Z M, Sun B D, Shu D, Zhou Y. Electromagnetic separation of primary iron-rich phases from aluminum-silicon melt[J]. Transactions-Nonferrous Metals Society of China-English Edition, 2003, 13: 121-125.

[241] Li K, Wang J, Shu D, Sun T X, Sun B D, Zhou Y H. Theoretical and experimental investigation of aluminum melt cleaning using alternating electromagnetic field[J]. Materials Letters, 2002, 56: 215-220.

[242] Shu D, Sun B D, Wang J, Li T X, Xu Z M, Zhou Y H, Numerical calculation of the electromagnetic expulsive force upon nonmetallic inclusions in an aluminum melt: Part II. Cylindrical particles[J]. Metallurgical and Materials Transactions B: Process Metallurgy and Materials Processing Science, 2000, 31B: 1535-1540.

[243] Shu D, Sun B D, Wang J, Li T X, Zhou Y H. Study of electromagnetic separation of nonmetallic inclusions from aluminum melt[J]. Metallurgical and Materials Transactions A, 1999, 30A: 2979-2988.

[244] Makarov S, Ludwig R, Apelian D. Electromagnetic separation techniques in metal casting. I. Conventional methods[J]. IEEE Transactions on Magnetics, 2000, 36: 2015-2021.

[245] Taniguchi S, Brimacombe J K. Application of pinch force to the separation of inclusion particles from liquid steel[J]. ISIJ International, 1994, 34: 722-731.

[246] Afshar M R, Aboutalebi M R, Isac M, Guthrie R. Mathematical modeling of electromagnetic separation of inclusions from magnesium melt in a rectangular channel[J]. Materials Letters, 2007, 61: 2045-2049.

[247] Reza M Afshar, Reza M Aboutalebi, Guthrie R I L, Isac M. Modeling of electromagnetic separation of inclusions from molten metals[J]. International Journal of Mechanical Sciences, 2010, 52: 1107-1114.

[248] Dong A P, Shu D, Wang J, Sun B. Identification of Fe-Al-Zn dross phase in galvanised zinc bath and its separation by method of alternating magnetic field[J]. Ironmaking & Steelmaking, 2008, 35: 633-637.

[249] Dong A, Shu D, Wang J, Cai X, Sun B, Cui J, Shen J, Ren Y, Yin X. Continuous separation of Fe-Al-Zn dross phase from hot dip galvanised melt using alternating magnetic field [J]. Materials Science and Technology, 2008, 24: 40-44.

[250] Dong A, Da S, Wang J, Sun B, Shen J, Ren Y, Lu Y, Yin X. Separation behaviour of zinc dross from hot dip galvanising melts of different aluminium concentrations by alternating magnetic field[J]. Ironmaking & Steelmaking, 2009, 36: 316-320.

[251] Wang S Q, Zhang L F, Yang S F, Chen Y F, LI Y I. Electromagnetic separation of nonmetallic inclusions from liquid steel by high frequency magnetic field[J]. Journal of Iron and Steel Research (International), 2012(2): 866-878.

[252] Zhang L, Wang S, Dong A, Gao J, Damoah L N W. Application of electromagnetic (EM) separation technology to metal refining processes: a review[J]. Metallurgical and Materials Transactions B, 2014, 45: 2153-2185.

[253] Asai S. Recent development and prospect of electromagnetic processing of materials[J]. Science and Technology of Advanced Materials, 2000(1): 191-200.

[254] Leenov D, Kolin A. Theory of electromagnetophoresis. I. Magnetohydrodynamic forces experienced by spherical and symmetrically oriented cylindrical particles[J]. The Journal of Chemical Physics, 1954, 22: 683-688.

[255] Takahashi K, Taniguchi S. Electromagnetic separation of nonmetallic inclusion from liquid metal by imposition of high frequency magnetic field[J]. ISIJ International, 2003, 43: 820-827.

[256] 许振明, 刘向阳, 梁高飞, 李建国, 周尧和, 陈建顺. 电磁分离技术及其研究现状[J]. 铸造技术, 2003, 24: 365-367.

[257] Park J, Morihira A, Sassa K, Asai S. Elimination of non-metallic inclusions using electromagnetic force[J]. Journal of the Iron and Steel Institute of Japan-Tetsu to Hagane, 1994, 80: 389-394.

[258] Yoon E P, Choi J P, Kim J H, Nam T W, Kitaoka S. Continuous elimination of Al_2O_3 particles in molten aluminium using electromagnetic force[J]. Materials Science and Technology, 2002, 18: 1027-1035.

[259] Taniguchi S, Brimacombe J. Numerical analysis on the separation of inclusion particles by pinch force from liquid steel flowing in a rectangular pipe[J]. Journal of the Iron and Steel Institute of Japan-Tetsu to Hagane, 1994, 80: 312-317.

[260] Yoshii Y, Nozaki T, Habu Y. Decreasing non-metallic inclusions in molten steel by use of a tundish heating system in continuous casting[J]. Tetsu-to-Hagane(J. Iron Steel Inst. Jpn.), 1985, 71: 1474-1481.

[261] Park J, Sassa K, Asai S. Elimination of non-metallic inclusions in metals using electromagnetic force[J]. Metallurgical Processes for the Early Twenty-First Century, 1994, 1: 221-230.

[262] He Y, Li Q, Liu W. Effect of combined magnetic field on the eliminating inclusions from liquid aluminum alloy[J]. Materials Letters, 2011, 65: 1226-1228.

[263] Zhong Y, Ren Z, Deng K, Jiang G, Xu K. Effect of distribution of magnetic flux density on purifying liquid metal by travelling magnetic field[J]. Journal of Shanghai University (English Edition), 1999, 3: 157-161.

[264] Korovin V. Motion of a drop in a conducting liquid under the action of a variable electromagnetic field[J]. Magnetohydrodynamics (Engl. Transl.)(United States), 1986, 22(1).

[265] Jin J, Dou S, Liu H. Magnetic separation techniques and HTS magnets[J]. Superconductor Science and Technology, 1998, 11: 1071.

[266] Markarov S, Ludwig R, Apelian D. Electromagnetic separation techniques in metal casting. II. Separation with superconducting coils[J]. IEEE Transactions on Magnetics, 2001, 37: 1024-1031.

[267] Yamao F, Sassa K, Iwai K, Asai S. Separation of inclusions in liquid metal using fixed alter-

nating magnetic field[J]. Journal of the Iron and Steel Institute of Japan-Tetsu to Hagane, 1997, 83: 30-35.

[268] Schwartz L H. Sustainability: The materials role[J]. Metallurgical and Materials Transactions B, 1999, 30: 157-170.

[269] Garnier M. Technological and economical challenges faciny EPM intle next century[C]. in: Proc. of the 3rd Int. Symp. on Electromagnetic Processing of Materials, ISIJ, Tokyo, 2000: 3.

[270] Yagi K, Halada K. Materials development for a sustainable society[J]. Materials & Design, 2001, 22: 143-146.

[271] Zhang L, Ciftja A. Recycling of solar cell silicon scraps through filtration, Part I: Experimental investigation[J]. Solar Energy Materials & Solar Cells, 2008, 92: 1450-1461.

[272] Ciftja A, Zhang L, Kvithyld A, Engh T A. Purification of solar cell silicon materials through filtration[J]. Rare Metals, 2006, 25: 180-185.

[273] Arjan C, Zhang L, Engh T A. Removal of SiC and Si_3N_4 particles from silicon scrap by form filters[C]. in: Schlesinger M, Stephens R L, Stewart D L (Eds). TMS 2007 Annual Meeting & Exhibition: Recycling and Waste Processing: Materials Recovery from Wastes, Batteries and Co/Ni; Precious Metals Recovery; and Other NonFessrous, Orlando, Florida, 2007: 67-76.

[274] Zhang L, Øvrelid E, Senanu S, Agyei-Tuffour B, Femi A N. Nonmetallic inclusions in solar cell silicon: focusing on recycling of scraps[C]. in: Rewas2008: 2008 Global Symposium on Recycling, Waste Treatment and Clean Technology, TMS, Warrendale, PA, USA, Cancun, Mexico, 2008: 1011-1026.

[275] Rao C V H, Bates H E, Ravi K V. Electrical effects of SiC inclusions in EFG silicon riboon solar cells[J]. Materials in Semiconductor Processing, 1976, 47: 2614-2619.

[276] Mason N B. Industry developments that sustain the growth of crystalline silicon PV output [C]. in: Proceedings of the Photovoltaic Science, Applications & Technology Conference, Durham UK, 2007: 43-46.

[277] Sasaki H, Ikari A, Terashima K, Kimura S. Temperature dependence of the electrical resistivity of molten silicon[J]. Japanese Journal of Applied Physics, 1995, 34: 1450-1461.

[278] http://www.siliconfareast.com/$SiO_2Si_3N_4$.htm.

[279] Mulay V N, Reddy N K, Jaleel M A. Effect of infiltrants on the electrical resistivity of reaction-sintered silicon carbide[J]. Journal Bulletin of Materials Science, 1989, 12: 95-99.

[280] Dong A, Damoah L N W, Zhang L, Zhu H. Purification of solar grade silicon using electromagnetic field[C]. in: 35th IEEE Photovoltaic Specialist Conference, Hawaii, USA, 2010: 2266-2269.

[281] Damoah L N W, Zhang L. Settling of inclusions in top-cut solar grade silicon (SOG-Si) under electromagnetic field[C]. in: 3rd International Symposium on High-Temperature Metallurgical Processing, TMS 2012 Annual Meeting, Orlando, Florida, 2012: 271-278.

[282] Dong A, Damoah L N W, Zhu H, Zhang L. Removal of inclusions from solar grade silicon using electromagnetic field[C]. in: Supplemental Proceedings: Volume 1: Materials Process-

ing and Energy Materials, TMS 2011 Annual Meeting, San Diego, CA, 2011: 669-676.

[283] 田玥, 张立峰, 王升千. 高频电磁场分离硅液中非金属夹杂物的数值模拟[C]. in: 第十七届(2013年)全国冶金反应工程学学术会议论文集(下册), 2013: 878-884.

[284] Wang L P, Maxey M R. Settling velocity and concentration distribution of heavy particles in homogeneous isotropic turbulence[J]. Journal of Fluid Mechanics, 2006, 256: 27-68.

[285] Ruiz J, Macías D, Peters F. Turbulence increases the average settling velocity of phytoplankton cells[C]. Proceedings of the National Academy of Sciences, 2004, 101: 17720-17724.

[286] Chen G Z, Fray D J, Farthing T W. Direct electrochemical reduction of titanium dioxide to titaniumin molten calcium chloride[J]. Nature, 2000, 407(6802): 361-364.

[287] Ciftja A. Solar silicon refining: Inclusions, settling, filtration, wetting[D]. Trondheim: Norwegian University of Science and Technology, 2009.

[288] Tien C, Ramarao B V. Granular filtration of Aerosols and Hydrosols[M]. Elsevier, 2011.

[289] Laé E, Duval H, Rivière C, Brun P L, Guillot J B. Experimental and numerical study of ceramic foam filtration[A]. Essential Readings in Light Metals: Cast Shop for Aluminum Production, Volume 3, 2013: 285-290.

[290] Uemura K I, Takahashi M, Koyama S, Nitta M. Filtration mechanism of non-metallic inclusions in steel by ceramic loop filter[J]. ISIJ International, 1992, 32: 150-156.

[291] Apelian D, Choi K K. Metal refining by filtration[A]. in: Foundry Processes, Springer, 1988: 467-493.

[292] Sharafat S, Ghoniem N, Sawan M, Ying A, Williams B. Breeder foam: an innovative low porosity solid breeder material[J]. Fusion Engineering and Design, 2006, 81: 455-460.

[293] 范超, 唐清春, 李芳华. 铝熔体夹杂物的去除方法[J]. 轻金属, 2012, 12: 015.

[294] Parker G, Williams T, Black J. Production scale evaluation of a new design ceramic foam filter[J]. Light Metals-Warrendale, 1999(1): 1057-1062.

[295] Conti C, Netter P. Deep filtration of liquid metals: Application of a simplified model based on the limiting trajectory method[J]. Separations Technology, 1992, 2: 46-56.

[296] Hübschen B, Krüger J, Keegan J, Schneider W. A new approach for the investigation of the fluid flow in ceramic foam filters[J]. Light Metals, 2000: 809-815.

[297] Frisvold F. Filtration of aluminium: theory, mechanisms, and experiments[D]. Trondheim: Norwegian University of Science and Technology, 1990.

[298] Chithambaranadhan D. Refining of recycled PV-silicon by filtration[D]. Trondheim: Norwegian University of Science and Technology, 2005.

[299] Yasuda K, Nohira T, Ogata Y H, Ito Y. Direct electrolytic reduction of solid silicon dioxide in molten LiCl-KCl-CaCl$_2$ at 773K[J]. Journal of the Electrochemical Society, 2005, 152: D208-D212.

[300] 杨辉. 应用电化学[M]. 北京: 科学出版社, 2001.

[301] Korenko M, Vasková Z, Priščák J, Šimko F, Ambrová M, Shi Z. Density, viscosity and electrical conductivity of the molten cryolite electrolytes (Na_3AlF_6-SiO_2) for solar grade silicon (Si-SoG) Electrowinning[J]. Silicon, 2015, 7: 261-267.

[302] Korenko M, Vaskova Z, Šimko F, Šimurda M, Ambrova M, Shi Z N. Electrical conductivity and viscosity of cryolite electrolytes for solar grade silicon (Si-SOG) electrowinning[J]. Transactions of Nonferrous Metals Society of China, 2014, 24: 3944-3948.

[303] Monnier R. Electrochemical extraction and refining of silicon[J]. Chimia, 1983, 37: 109-122.

[304] Monnier R, Giacometti J. Recherches sur le raffinage électrolytique du silicium[J]. Helvetica Chimica Acta, 1964, 47: 345-353.

[305] Monnier R, Barakat D. Contribution à l'étude du comportement de la silice dans les bains de cryolithe fondue[J]. Helvetica Chimica Acta, 1957, 40: 2041-2045.

[306] Fellner P, Matiašovský K. Electrolytic silicide coating in fused salts[J]. Electrodeposition and Surface Treatment, 1975, 3: 235-244.

[307] Stubergh J R, Liu Z. Preparation of pure silicon by electrowinning in a bytownite-cryolite melt[J]. Metallurgical and Materials Transactions B, 1996, 27: 895-900.

[308] Sokhanvaran S, Barati M. Electrochemical behavior of silicon species in cryolite melt[J]. Journal of The Electrochemical Society, 2014, 161: E6-E11.

[309] Rao G M, Elwell D, Feigelson R S. Electrowinning of silicon from K_2SiF_6-molten fluoride systems[J]. Journal of the Electrochemical Society, 1980, 127: 1940-1944.

[310] Rao G M, Elwell D, Feigelson R S. Electrodeposition of silicon onto graphite[J]. Journal of the Electrochemical Society, 1981, 128: 1708-1711.

[311] Elwell D, Feigelson R S, Rao G M. The morphology of silicon electrodeposits on graphite substrates[J]. Journal of The Electrochemical Society, 1983, 130: 1021-1025.

[312] Bieber A L, Massot L, Gibilaro M, Cassayre L, Taxil P, Chamelot P. Silicon electrodeposition in molten fluorides[J]. Electrochimica Acta, 2012, 62: 282-289.

[313] Maeda K, Yasuda K, Nohira T, Hagiwara R, Homma T. Silicon electrodeposition in water-soluble KF-KCl molten salt: investigations on the reduction of Si(IV) Ions[J]. Journal of The Electrochemical Society, 2015, 162: D444-D448.

[314] Cai Z, Li Y, He X, Liang J. Electrochemical behavior of silicon in the (NaCl-KCl-NaF-SiO_2) molten salt[J]. Metallurgical and Materials Transactions B, 2010, 41: 1033-1037.

[315] 李劼, 闫剑锋, 赖延清, 田忠良, 贾明, 伊继光. 三层液电解精炼提纯冶金级硅研究[J]. 太阳能学报, 2010, 31: 1068-1072.

[316] El Abedin S Z, Borissenko N, Endres F. Electrodeposition of nanoscale silicon in a room temperature ionic liquid[J]. Electrochemistry Communications, 2004, 6: 510-514.

[317] Mallet J, Molinari M, Martineau F, Delavoie F, Fricoteaux P, Troyon M. Growth of silicon nanowires of controlled diameters by electrodeposition in ionic liquid at room temperature[J]. Nano Letters, 2008, 8: 3468-3474.

[318] Gobet J, Tannenberger H. Electrodeposition of silicon from a nonaqueous solvent[J]. Journal of The Electrochemical Society, 1988, 135: 109-112.

[319] Nishimura Y, Fukunaka Y. Electrochemical reduction of silicon chloride in a non-aqueous solvent[J]. Electrochimica Acta, 2007, 53: 111-116.

[320] Gu J, Fahrenkrug E, Maldonado S. Direct electrodeposition of crystalline silicon at low temperatures[J]. Journal of the American Chemical Society, 2013, 135: 1684-1687.

[321] Yasuda K, Nohira T, Hagiwara R, Ogata Y H. Direct electrolytic reduction of solid SiO_2 in molten $CaCl_2$ for the production of solar grade silicon[J]. Electrochimica Acta, 2007, 53: 106-110.

[322] Yasuda K, Nohira T, Amezawa K, Ogata Y H, Ito Y. Mechanism of direct electrolytic reduction of solid SiO_2 to Si in molten $CaCl_2$[J]. Journal of the Electrochemical Society, 2005, 152: D69-D74.

[323] Yang X, Yasuda K, Nohira T, Hagiwara R, Homma T. Reaction behavior of stratified SiO_2 granules during electrochemical reduction in molten $CaCl_2$[J]. Metallurgical and Materials Transactions B, 2014, 45: 1337-1344.

[324] 徐义东, 卢平, 唐亚军. 熔盐电解法制备硅粉的研究[J]. 有色金属: 冶炼部分, 2012(9): 69-71.

[325] Lee S C, Hur J M, Seo C S. Silicon powder production by electrochemical reduction of SiO_2 in molten $LiCl-Li_2O$[J]. Journal of Industrial and Engineering Chemistry, 2008, 14: 651-654.

[326] Aulieh H A, Eisenrit K H, Segulzeetal F W, in: 6th E. C. Photovoltaic Energy Conference, London, 1985: 951.

[327] Sakaguchi Y, Ishizaki M, Kawahara T, Fukai M, Yoshiyagawa M, Aratani F. Prouction of high purity silicon by carbothermic reduction of silica using AC-arc furnace with heated shaft [J]. ISIJ International, 1992, 32: 643-649.

[328] 徐光宪. 稀土[M]. 北京: 冶金工业出版社, 1995.

[329] Sharma I, Mukherjee T. A study on purification of metallurgical grade silicon by molten salt electrorefining[J]. Metallurgical and Materials Transactions B, 1986, 17: 395-397.

[330] Aoyama A, Suzuki K, Tashiro H, Toda Y, Yamazaki T, Arimoto Y, Ito T. Boron diffusion through pure silicon oxide and oxynitride used for metal-oxide-semiconductor devices[J]. Journal of the Electrochemical Society, 1993, 140: 3624-3627.

[331] https://en.wikipedia.org/wiki/Porous_silicon, in.

[332] 李佳艳, 郭素霞, 谭毅, 刘辰光. 多孔硅的制备及其吸杂处理对电学性能的影响[J]. 材料工程, 2012(3): 70-73.

[333] Khedher N, Hajji M, Hassen M, Jaballah A B, Ouertani B, Ezzaouia H, Bessais B, Selmi A, Bennaceur R. Gettering impurities from crystalline silicon by phosphorus diffusion using a porous silicon layer[J]. Solar Energy Materials and Solar Cells, 2005, 87: 605-611.

6 硅的检测分析技术

6.1 元素检测分析技术

硅材料中杂质含量较低，通常为 ppm 级别，且元素的轻微变化便会严重影响硅材料的电学等性能，因此，采用常规的检测手段难以达到精准测定其中元素的目的。基于测定方法的灵敏度、准确度和经济性等因素的考虑，通常选用以下几种方法：

（1）X 射线分析方法。以 X 射线为辐射源的分析方法统称为 X 射线分析（X-ray Analysis）。该技术选用适当波长的 X 射线照射样品，激发出不同波长的二次特征 X 射线谱，通过分析和测定这些特征谱线，对物质进行定性和定量的分析。基于该测定方法，通常采用电子探针显微分析仪（EPMA）测定硅中微区元素和其成分，同时还可以分析元素分布情况。

（2）光学分析方法。光学分析法以测量物质内部能级跃迁时辐射波长和强度为基础。针对硅材料，通常采用电感耦合等离子发射光谱仪测定硅中元素含量。

（3）质谱分析法。该方法通过测定样品离子的质荷比进行分析。首先将待检测样品离子化，然后依据电场或磁场中不同离子的不同运动行为，将离子按质荷比（m/z）分开从而得到质谱，分析样品的质谱和相关信息最终得到样品的定性定量结果。基于该原理，通常采用电感耦合等离子体质谱（ICP-MS）、二次离子质谱（SIMS）、辉光放电质谱（GDMS）检测硅中微量杂质含量。

6.1.1 电子探针显微分析仪[1,2]

6.1.1.1 检测原理和设备简介

电子探针显微分析仪是一种微区成分分析仪器，利用 1μm 以下的高能电子束激发样品，再通过 X 射线波谱仪或 X 射线能谱仪接收并分析从样品中产生的特征波长或强度，从而定量或定性的得到体积约为几立方微米微小区域的化学成分（非破坏性）。

图 6.1 为 EPMA 设备示意图，主要包含三个重要组成部分：枪体、谱仪和信息记录显示系统。以日本电子的 JXA-8230 型 EPMA 为例，设备的主要技术参数如下。

电子光学系统：

- 二次电子像分辨率：5nm
- 背散射电子像分辨率：20nm（拓扑像、成分像），成分分辨足以清晰分辨 α/β 黄铜
- 电子枪：LaB_6 发射枪，预对中灯丝
- 加速电压：0～30kV
- 束流范围：10^{-5}～10^{-12} A
- 图像放大倍数：×40～×300000，连续可调

波谱系统：
- 分析元素：^5B-^{92}U
- 分析精度：好于 1%（主元素，含量 >5%）和 5%（次要元素，含量～1%）
- 分析速度：自动全元素定性分析时间 ≤60s，可以自动识别 0.1wt% 以上的元素

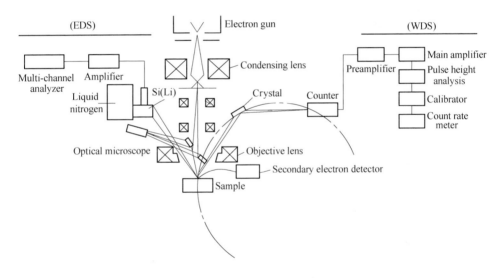

图 6.1 电子探针分析仪示意图

针对 EPMA 设备的主要部件，下面将简要进行介绍：

（1）枪体。枪体包含电子光学系统、试样室、光学显微镜和真空系统。EPMA 的电子光学系统包含电子枪、聚光灯、物镜、扫描线圈、光阑、消像散器等组成，以实现类似扫描电镜的功能。电子枪一般具有 5～50kV 的高电压，从而保证足够强的电流。

（2）谱仪。谱仪是区分不同波长或能量 X 射线的设备，包含波长色散谱仪和能量色散谱仪。前者采用波长色散法，利用转动一定角度的晶体衍射得到特定波长的 X 射线，通过衍射角求出 X 射线波长，从而确定试样所含有元素，该设

备简称为波谱仪（WDS）；后者采用能量色散法，采用探测器接收放大信号并进行脉冲幅度分析，通过选择不同脉冲幅度以确定入射 X 射线的能量，该设备简称为能谱仪（EDS）。对比来说，波谱仪精度高（检测限 0.01% 左右），但检测速度慢，而能谱仪精度相对较差（检测限 0.1% 左右）。依据不同的检测需求，需要配合不同的谱仪。

（3）信息收集和显示系统。信息吸收系统包含二次电子、背散射电子收集器和吸收电子检测器。电子探针的二次电子像分辨率为 5~6nm，低于扫描电镜的 2~3nm 的二次电子像分辨率。显示系统将从检测器收集到的信号传输至阴极射线管上放大成像。

6.1.1.2 电子探针应用

A 定量分析

利用电子探针进行定量分析是依据某元素的 X 射线强度与该元素在试样中浓度成正比的原则，首先测定试样中某元素 A 的某根谱线的强度 $[I_{samp}]_A$，然后测试标准样品的元素 A 的谱线强度 $[I_{std}]_A$，采用公式（6.1）表征相对 X 射线强度（K_A）：

$$K_A = \frac{[I_{samp}]_A}{[I_{std}]_A} \tag{6.1}$$

从电子进入试样表面直到接收被电子激发的 X 射线这一过程，存在着电子在固相中的散射、特征 X 射线的激发与吸收、特征 X 射线的荧光激发和吸收等一系列复杂的物理过程，这些过程都会影响到 X 射线的强度。所以定量分析时，A 的浓度 C_A 与 X 射线强度之间的关系需用修正系数 k 进行修订：

$$C_A = kK_A \tag{6.2}$$

$$k = k_z k_A k_F \tag{6.3}$$

式中，k_z 为原子序数修正系数；k_A 为吸收修正系数；k_F 为荧光修正系数。

B 分析方法

电子探针的基本分析方法有点分析、线分析和面扫描三种。

点分析是电子探针最常用的分析方法，采用电子探针点分析需要将电子束固定在所要分析样品的确定位置上，通过改变波谱仪中分光晶体或计数器的相对位置，从而接收该位置上不同元素的特征 X 射线。

线分析是分析某一元素沿某一指定直线上的强度分布曲线或浓度曲线，可有效检测得到元素在不同相中的分布情况。例如，对经合金凝固精炼后的 Si-Al 合金进行 EPMA 元素分析，结果如图 6.2 所示。Al、Si、B 各元素呈阶梯状分布，其中，硅中 Al、B 元素含量较低，由此证明合金凝固精炼后析出硅纯度提高，而杂质富集至金属 Al 中。

面扫描是将 X 射线谱仪的接收通道固定在测量某一波长的地方，利用仪器中

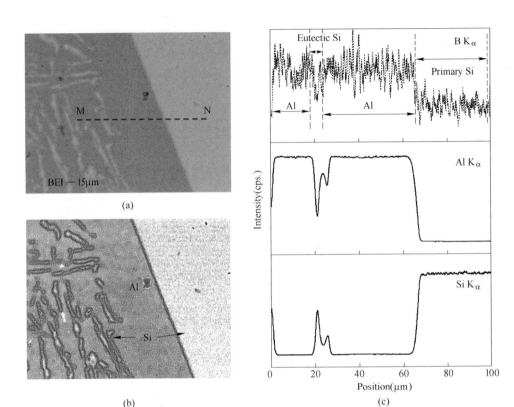

图 6.2　Si-Al 合金中 EPMA 检测分析结果
(a) BEI 图像；(b) 合金示意图；(c) 元素线扫描结果[3]

的扫描装置使电子束在试样某一面进行扫描，同时，显像管的电子束同步扫描，得到元素在该面上的分布。例如，对经合金凝固精炼后的 Si-Al-Sn 合金进行 EPMA 面扫描分析，结果如图 6.3 所示，由图可以清晰看出 Si、Al、Sn 三种元素在合金中的分布情况。

C　样品制备

样品要求导电，对于不导电的样品则需要进行喷镀金或碳等导电层处理。因为非导电样品在电子束轰击下会产生电子聚集现象，从而形成一个负电场，它会对后入射的电子产生排斥作用，从而降低 X 射线强度，同时还会造成电子束在样品表面跳动，导致分析部位不准确和图像模糊。此外，聚集的电子还会有烧损样品的危险。

采用波谱仪检测 X 射线是在与表面呈一定角度的方向进行的，因此需要样品表面平整，以防止凹凸不平的表面阻挡部分 X 射线；而采用能谱仪则无需做平面处理，因为它接受的立体角大。

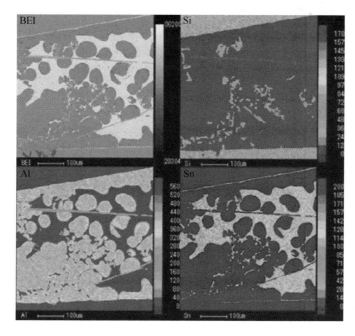

图 6.3　Si-Al-Sn 合金中 EPMA 元素面扫描分析结果[4]

6.1.2　电感耦合等离子发射光谱仪

6.1.2.1　检测原理和设备简介

ICP-AES 法分析工作原理是以等离子体为光源，使用载气将样品带入雾化器进行雾化，随后以气溶胶形式进入等离子体的轴向通道，在高温和惰性气氛中被充分蒸发、原子化、电离和激发，发射出所含元素的特征波长的光，经分光系统分光后，根据是否存在特征谱线，鉴别样品是否含有某种元素，以此进行定性分析；根据特征谱线强度确定样品中相应元素的含量，以此进行定量分析[5]。该检测方法具有检出限低、准确度高、线性范围宽且能对多种元素同时测定等优点。图 6.4 为 ICP-AES 设备示意图，主要由样品引入系统、激发光源、色散光谱系统（分光系统）和检测系统四个部分组成。以美国珀金埃尔默仪器有限公司生产的 Optima 7000DV 全谱直读等离子体发射光谱仪为例，设备的主要技术参数如下：

- ➢ 等离子体观测方式：在一次进样中，既可完成垂直观测也可实现水平观测，无需重复进样。垂直观测时，观测位置可调
- ➢ 分析速度：≥10 个元素/每分钟
- ➢ 动态范围：≥10^6 波长范围：160～900nm 或包含以上范围全波长覆盖
- ➢ 谱线灵活性：可对分析元素的任何一条谱线进行定性、半定量和定量分析

- 像素分辨率：≤0.003nm 在 200nm 处光学分辨率≤0.007nm
- 稳定性：1h 稳定性 RSD≤1.0%，4h 稳定性 RSD<2.0%
- 光学系统无需恒温预热，开机 2 分钟即能工作
- RF 发生器：自激式固态高频发生器，无需大功率管
- 频率：40.68MHz
- 功率：750~1500W 或以上，1W 增量连续可调；功率稳定性：优于 0.1%
- 等离子体和进样系统：分别在两个室内，炬管及进样系统可以完全拆卸、安装，便于清洗
- 雾化器及雾化室：采用耐高盐和 HF 的高效雾化器和雾化室
- 蠕动泵：二通道或以上蠕动泵，微机控制，速度连续可调
- 光路系统：驱气型，高性能中阶梯光栅二维色散分光系统
- 光学稳定性：不需恒温即可确保谱线稳定。内置氖灯的动态波长校正技术
- 检测器：CCD 固体检测器，检测器不需氩气吹扫或氩气吹扫量小

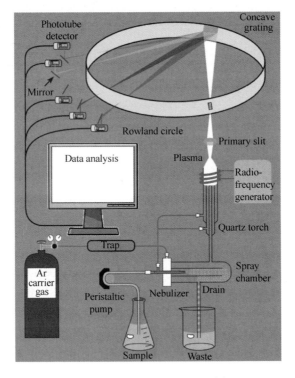

图 6.4　ICP-AES 设备示意图[6]

ICP-AES 设备各部分相应情况简介如下[7]：

（1）样品引入系统。样品主要通过溶液气溶胶进样系统、气化进样系统和

固态粉末进样系统这三种导入类型将样品以气体、蒸汽和细雾滴的气溶胶或固体小颗粒的形式引入至ICP的中心通道中蒸发、解离和激发。

（2）激发光源：电感耦合等离子体。激发光源的主要作用是提供能量以保证试样的蒸发和激发，是决定光谱分析灵敏度和准确度的重要因素。电感耦合等离子体（Inductively Coupled Plasma，ICP）是利用射频感应电流激发产生类似火焰的激发光源，包含等离子体炬管和高频发生器。等离子体感应区域的温度可高达10000K，中心通道中炬管喷射口处的气体动力学温度在5000~7000K之间，在此高温下大部分元素发生电离。

（3）色散光谱仪系统（分光系统）。复合光经色散元件分光后，得到一条按波长顺序排列的光谱，这种能将复合光束分解为单色光，并进行观测记录的设备称为光谱仪。色散元件是光谱仪的重要组成部分，在ICP-AES仪器的色散光谱仪系统中，采用的色散元件几乎全都是光栅。在现代的高分辨全谱直读光谱仪系统中，采用的是中阶梯光栅-棱镜交叉色散系统。棱镜的分光原理是利用棱镜介质对不同波长光线的折射率不同而分光，主要有玻璃、水晶、萤石、氯化钠、氯化钾等棱镜光谱仪；光栅是利用光的衍射和干涉现象进行分光。常分为平面光栅光谱仪和凹面光栅光谱仪。相比棱镜光谱仪，光栅光谱仪具有适用光谱波段范围宽，色散率和分辨率好等优点。

（4）检测系统。检测系统的作用是将来自色散系统的单色光按波长和强度记录下来，进行元素的定性和定量分析。目前ICP-AES仪器广泛采用的检测器为多通道检测器-电荷转移器件（Charge Transfer Devices，CTDs），也称为微型摄像机。

6.1.2.2 ICP-AES应用

ICP-AES技术主要用于金属元素的分析，对非金属元素的测定灵敏度较差，但可以较好地分析较高含量的P、S、B、As、Se等，有些型号的仪器可以分析Cl、Br、I等元素。

6.1.2.3 样品制备[8]

ICP-AES可以对固态、液态及气态样品直接进行进样分析，但固态样品具有一定的局限性，结果不稳定，且需要特殊的附件；气态样品一般联用质谱、氢化物发生装置；而应用最广泛的是溶液雾化法（即液态进样）。液态进样法可以测定70多种元素，并且在不改变分析条件情况下，同时或有顺序地测定主量、微量及痕量元素。

6.1.3 电感耦合等离子体质谱仪

6.1.3.1 检测原理[7]和设备简介

电感耦合等离子体质谱（Inductively Coupled Plasma Mass Spectrometry，ICP-

MS）技术是20世纪80年代初期出现的一种新的分析手段，该设备以电感耦合等离子体为离子源，以质谱计进行检测的无机多元素和同位素分析技术，前者具有高温特性（7000K），后者具有灵敏快速扫描优点。该方法成为检测硅中微量元素的最有效手段，具有图谱简单、灵敏度高、线性动态范围宽等优点，同时实现多元素同时测定及同位素分析。

ICP-MS设备示意图如图6.5所示，主要包含气体供应系统、真空系统、射频功率源、样品提取系统、离子透镜系统、质量分析器、离子检测器。以美国珀金埃尔默仪器有限公司生产的 Elan DRC-e 型电感耦合等离子质谱仪为例，该设备的主要技术参数列举如下：

- 40.68MHz 自激振荡射频发生器；具有专利接口 Plasmalok 来控制离子的能量分布范围，采用两路射频，彻底消除接口放电，有机样品分析时等离子体更加稳定；带有 Axial Field 技术的动态反应池（DRC），通过碰撞和化学反应消除不同基体中多原子离子的干扰；EasyGlide 专利炬管准直系统；采样锥锥孔1.1mm，截取锥锥孔0.9mm；真空系统使用两个机械泵，两个涡轮分子泵；离子透镜无强负电压提取离子；镀金陶瓷四极杆
- 质量范围：2~270amu
- 灵敏度：Cr>40M，Co>40M，In>50M，U>40M
- 背景信号：<0.5cps，在质量数为50.5和220处测量
- 短期稳定性：<1% RSD（无内标）
- 长期稳定性：<3% RSD，4小时（无内标）
- 同位素比精度：<0.08%，107/Ag/109/Ag（25μg/L）

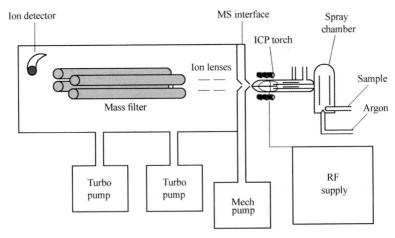

图6.5 ICP-MS 仪器结构示意图

http://biochem.pepperdine.edu/dokuwiki/doku.php?id=chem331:inductively_coupled_plasma_mass_spectrometry_icp-ms

- 线形范围：9 个数量级
- 化学分辨率：>150000，分辨率：0.3~3.0amu 在线可调
- 质量数校正稳定性：<0.05amu
- 采样方式：扫描及单点跳峰

在样品检测过程中，各部件的主要作用为：电感耦合等离子体质谱仪将被分析的样品常以水溶液的气溶胶形式引入氩气流中，然后进入由射频能量激发的处于大气压下的氩等离子体中心区。等离子体中心通道的高温使样品去溶剂化、气化、解离和电离。部分等离子体经过不同的压力区进入真空系统，在真空系统内，正离子被拉出并按照其质荷比分离。检测器将离子转换成电子脉冲，然后由积分测量线路计数。检测器将离子转换成电子脉冲，然后由积分测量线路计数。电子脉冲的大小与样品中分析离子的浓度有关。自然界出现的每种元素都有一个简单的或几个同位素，每个特定同位素离子给出的信号与该元素在样品中的浓度成线性关系。通过对比已知的标准或参考物质，实现未知样品的痕量元素定量分析。

6.1.3.2 ICP-MS 应用

（1）ICP-MS 对于大部分元素的检出限比 ICP-AES 低 2~3 个数量级，测定质量数在 100 以上的元素时，检出限低于 0.01ng/mL。与此同时，可以在 m/e 2~240 范围内，以 10~100μs 高速进行扫描，方便进行多元素、快速定性和定量分析，具有灵敏度高、检出限低的优点。

（2）同位素比值分析：测定各元素的同位素、并用同位素稀释法进行测定。

（3）半定量分析时可以测定 80 多种元素，大多数元素测定误差不超过 20%。

（4）固体微区分析[9]：采用激光烧蚀电感耦合等离子体联用技术（LA-ICP-MS）可以直接测定固体材料中的主要元素、次要元素和痕量元素，分析固体样品中痕量和超痕量放射性核素以及同位素，并能作固体环境基体中元素的快速分析。

6.1.3.3 样品制备

与 ICP-AES 中样品制备方法类似。

6.1.4 二次离子质谱仪

6.1.4.1 检测原理和仪器简介[10,11]

二次离子质谱仪 SIMS（Secondary Ion Mass Spectroscopy）又称为离子探针，是一种使用离子束轰击的方式使样品电离，进而分析样品元素、同位素组成和丰度的仪器，检出限一般为 ppm-ppb 级，空间分辨率可达亚微米级，深度分辨率可达纳米级，具有高空间分辨率、高精度、高灵敏度的检测优点。

图 6.6 显示了 SIMS 工作原理示意图。其对样品的分析过程为：聚焦的一次离子束轰击样品表面，使样品表面的结构破坏从而产生大量的原子和分子的碎片以及在碰撞中部分被样品弹回的一次离子。其中，大部分碎片是中性的，含有小部分离子被电离。这些二次离子经在电场作用下被引入二次离子质谱分析仪，经过静电分析仪的能量分离和磁场的质量分离，最终被电子增幅接收器计数分析。通过接收器测量，与标准样品对比完成质谱分析、深度分析、离子像的分析。

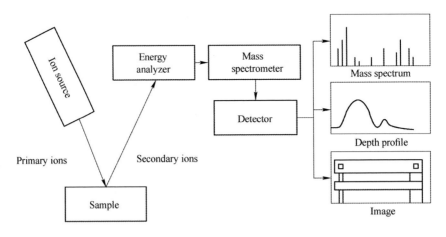

图 6.6　SIMS 工作原理示意图

R. G. Wilson, F. A. Stevie, and C. W. Magee, Secondary Ion Mass Spectrometry, John Wiley and Sons, 1989

以德国 ION-TOF GmbH 公司生产的 TOF-SIMS 设备为例，其主要技术参数列举如下：

- ➢ 分析器：反射式
  质量分辨率：$M/\Delta M$ >11000 $^{28}SiH^+$，>16000（>200amu）
  质量范围：>12000amu
- ➢ LMIG：Bi 源
  最大能量：30keV
  最大电流：30nA
  最小束斑直径：<100nm（Atomic），<80nm（Cluster）
- ➢ GCIB（Ar 团簇离子枪）
  能量范围：2.5~20keV
  Cluster 大小：约 2500（m=100000amu）
- ➢ O_2^+ 离子枪（仅作溅射）
  离子能量范围：0.2~2keV
- ➢ Cs^+ 离子枪（和 O_2^+ 离子枪共享一个离子光学系统）
  离子能量范围：0.2~2keV

> 带电中和低能电子枪
> 能量：1~20eV 可调
> 样品台：5 维加热/冷却
> 控温范围及精度：-150~600℃；±1℃
> EDR 技术：动态范围增 2 个量级
> 本底真空：$<5\times10^{-10}$mbar（5×10^{-8}Pa）

表6.1 对比了 SIMS 与 EPMA 技术这两种微区探针技术的异同点。

表6.1 SIMS 与 EPMA 两种微区分析技术对比

参　数	SIMS	EPMA
探　针	离子	电子
测试信号	离子	特征 X 射线 WDS 或 EDS
检测质量分辨率	$M/\Delta M>7000$	WDS：20eV；EDS：150eV
横向分辨率/分析面积	$<0.5\mu m$	WDS：1μm；EDS：0.5~1μm
纵向分辨率	<5nm	$<1\mu m$
检出限(ng/g)	<1	WDS，100
元素范围	H~U	WDE：Z≥4；EDS：Z≥11
同位素	是	否
分子信息	是	否
纵向分析	是	否
破坏性	是	否
定量分析	是	是
图像分析	难	难

6.1.4.2 SIMS 检测应用

（1）全元素及同位素分析。

（2）微区面成分分析和深度剖析[12]。二次离子质谱仪具有深度剖析的能力，一次离子束扫描样品会逐层剥离其表面的原子层，提取溅射出的二次离子信号即可形成二次离子强度（Y 轴）与样品深度（溅射时间 X 轴）对应的样品深度剖析图。图 6.7 为采用 SIMS 检测得到硼元素沿硅片深度方向上的分布情况。

6.1.4.3 样品处理[10,14]

用于 SISM 检测的样品必须满足以下条件：固态，良好的平整度，符合仪器真空条件，良好的导电性。样品通常采用抛光→表面清洗→喷金→干燥等手段进行处理。

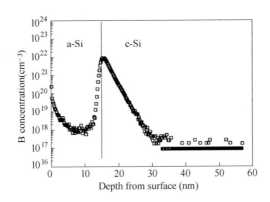

图 6.7　采用 SIMS 检测得到硼元素沿硅片深度方向上的分布情况[13]

6.1.5　辉光放电质谱仪

6.1.5.1　检测原理[15,16]和设备简介

辉光放电（GD）为低压下气体放电现象，在辉光放电质谱的离子源中被测样品作为辉光等离子体光源的阴极，在阴极与阳极之间充入低压惰性气体（10～150Pa，氩气或氦气），在上千伏电压下电离出电子，形成的正离子（Ar^+）被加速运动至阴极，通过撞击阴极而溅射出的阴极原子，进入等离子体，在等离子体中的电子或亚稳态 Ar 原子碰撞电离而产生待测离子，最终进入质谱进行检测（见图 6.8）。辉光放电属于低压放电，放电产生的大量电子和亚稳态惰性气体原子与样品原子频繁碰撞，使样品得到极大的溅射和电离。同时，由于 GD 源中样品的原子化和离子化分别在靠近样品表面的阴极区和靠近阳极的负辉区进行，也使基体效应大大降低。辉光放电质谱法对样品破坏性小，可以满足多种尺寸的棒

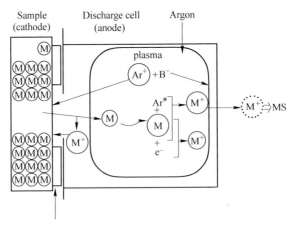

图 6.8　辉光放电质谱的基本原理

状或块状固体样品分析的需要，同时兼具分辨率高、基体效应小、检出限低、多元素同时检测等优点，此外，对样品进行预溅射处理可以清除样品表面的污染，与 ICP-MS 的检测结果具有高度一致性。

以德国赛默飞公司生产的 ELEMENT GD 型号的 GDMS 为例，列举其主要技术参数如下：

- 灵敏度（峰高，总离子流）：$>1\times10^{10}$ cps，1.6×10^{-9} A，分辨（$R\geqslant4000$）
- 暗流：<0.2cps
- 动态范围：$>10^{12}$ 线性，自动交叉校准
- 最小积分时间：计数模式：0.1ms；模拟模式：1ms；法拉第杯模式：1ms
- 质量分辨：3 个固定分辨 $\geqslant300$，$\geqslant4000$，$\geqslant10000$（10%峰谷定义）
- 分辨切换时间：$\leqslant1$s
- 质量稳定性：25ppm/8h
- 扫描速度（磁场）：<150ms，m/z = 7~238
- 扫描速度（电场）：1ms/跳峰，与质量范围无关
- 7 分钟内分析 74 个元素，部分低至 ppb 量级

6.1.5.2 GDMS 检测应用

A 定量分析[17]

对于元素 A 的灵敏度（SF_A）使用该元素质量数为 M 的同位素进行定义：

$$SF_A = \frac{dI_M}{dC_A}b_M^{-1} \tag{6.4}$$

式中，I_M 为质量数为 M 的同位素的离子计数；C_A 为元素 A 的浓度；b 为同位素丰度。在 GDMS 定量分析中，通常通过测量参考元素的离子计数，并将其用于定量分析中，因此相对灵敏度因子（RSF）更为常用。元素 A 相对于元素 R（通常是基体元素）的相对灵敏度因子表征：

$$RSF_{A/R} = \frac{SF_A}{SF_R} \tag{6.5}$$

式中，SF_R 为元素 R 的灵敏度。当仪器以基体元素为内标时，采用公式（6.6）即可得到 GDMS 的测量结果。

$$\frac{C_A}{C_R} = \frac{I_A}{I_R} \times \frac{StdRSF_A}{StdRSF_R} \tag{6.6}$$

B 深度分析

辉光放电质谱的原子化过程为阴极溅射过程，样品原子不断地被逐层剥离，化学组成表现为质谱信息由表及里产生变化，因此 GDMS 对样品进行元素深度

分析。

6.1.5.3 样品处理

首先将样品切割至合适尺寸，采用磨样机将样品磨光处理；分别采用丙酮、去离子水去除有机物等污渍，随后使用 HF（浓度20%）、HNO_3（浓度10%）溶液去除氧化物薄膜和切削过程中粘附的金属杂质；采用去离子水清洗，随后采用氩气或氮气流烘干。

6.2 电学性质检测

6.2.1 电阻率测试仪

6.2.1.1 检测原理和设备简介

电阻率测试仪是测量包含硅材料在内的半导体材料的电阻率的仪器，其中四探针法是目前应用较为广泛的一种方法，属于接触法范畴。表6.2列举了四探针方法的分类。

表 6.2 四探针方法分类

四探针测试方法	直线四探针法	常规四探针法
		双电测四探针法
	方形四探针法	竖直方形四探针法
		斜置方形四探针法
	改进四探针法	改进范德堡法
		改进 Rymaszewski 法
	范德堡法	

图6.9为常规直线四探针法的示意图，设备主要由电气部分和探头部分组成。以广州四探针科技有限公司生产的 RTS-8 型四探针测试仪为例，该设备的主要技术参数列举如下：

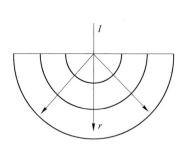
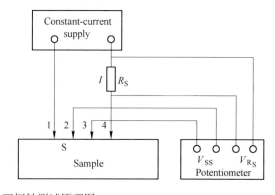

图 6.9 四探针测试原理图

- 测量范围：电阻率：$10^{-5} \sim 10^5 \Omega \cdot cm$；方块电阻：$10^{-4} \sim 10^6 \Omega/\square$；电导率：$10^{-5} \sim 10^5 S/cm$；电阻：$10^{-5} \sim 10^5 \Omega$
- 恒流源：电流量程分为 $1\mu A$、$10\mu A$、$100\mu A$、$1mA$、$10mA$、$100mA$ 六档，各档电流连续可调
- 数字电压表：量程及表示形式：$000.00 \sim 199.99 mV$；分辨力：$10\mu V$；输入阻抗：$>1000 M\Omega$；精度：$\pm 0.1\%$
- 四探针探头基本指标：间距：$1 \pm 0.01 mm$；针间绝缘电阻：$\geqslant 1000 M\Omega$；机械游移率：$\leqslant 0.3\%$；探针：碳化钨或高速钢 $\phi 0.5 mm$；探针压力：$5 \sim 16 N$（总力）
- 标准使用环境：温度：23 ± 2℃；相对湿度：$\leqslant 65\%$；无高频干扰；无强光直射

四探针电阻率测试仪的电气部分一般包含稳流源、电位差计或数字电压表、换向开关等仪器；探头部分一般包含探针架、探针头和样品台，其中，四个探针位于样品表面同一条直线上。在实际测试过程中，通常四个探针不一定排成一条直线，而是可以排列成任意几何图形。由于各种四探针方法都是由常规直线四探针法衍生得到，下述内容以直线四探针工作原理为主进行介绍[18]。

恒流电源为探针头（1，4探针）提供恒定的测量电流 I，电位差计测出 V_{23} 数值。依据测量值 I、V_{23}、S 计算得到电阻率 ρ：

$$\rho = (V/I) W F_{SP} F(W/S) F(S/D) F_t \tag{6.7}$$

依据测试材料的不同形状，原理简介如下：

（1）无限大样品。若一半导体样品大小与厚度相对于测量探针之间的间距可视为半无穷大时，四根探针 1、2、3、4 与样品成点接触，相互可排成一条直线或成四方形或任意形状，电流从 1 流入、4 流出，其位置为 r_{12}、r_{13}、r_{42}、r_{43}。作为点接触的探针，以 1 为球心形成等位面，结合拉普拉斯方程，可以得到距点电流源 r 处的电位为：

当 $r \to \infty$ 时，$V=0$，$j=\sigma E$

$$V(r) = \frac{\rho I}{2\pi r} \tag{6.8}$$

式中，E 为 r 位置场强；$I = Aj$，为电流强度；j 为电流密度。

可得：

$$\rho = \frac{2\pi V_{23}}{I} \left(\frac{1}{r_{12}} - \frac{1}{r_{42}} - \frac{1}{r_{13}} + \frac{1}{r_{43}} \right)^{-1} \tag{6.9}$$

当四根探针等间距（S）排列为一条直线时，$r_{12}=r_{23}=r_{34}=S$，则有：

$$\rho = \frac{2\pi V_{23} S}{I} \tag{6.10}$$

（2）有限大小的样品。当测试样品为薄片并且探针距离样品边界距离小于 $4S$ 时，ρ 的表达式为：

$$\rho = \frac{V_{23}}{I}\frac{2\pi S}{C} \qquad (6.11)$$

对比无限大的样品测试公式，对于尺寸较小样品的测试公式需要进行修正，C 为修正因子值。

（3）有限大小的圆形薄片样品。对于有限大小的圆形薄片样品，需要对直径和厚度进行修正，当样品厚度为 $W < \frac{S}{2}$ 时，ρ 的表达式为：

$$\rho = \frac{V_{23}}{I}WC \qquad (6.12)$$

式中，C 值由修正表查得。

6.2.1.2 四探针检测应用

采用四探针测试技术可以检测硅衬底片、外延片、扩散片、离子注入片、金属膜和涂层等的薄层电阻，通过测试，得到阻值分布图[19]，如图 6.10 所示，并以此作为控制硅片衬底、外延、扩散、离子注入等各工艺质量的依据。

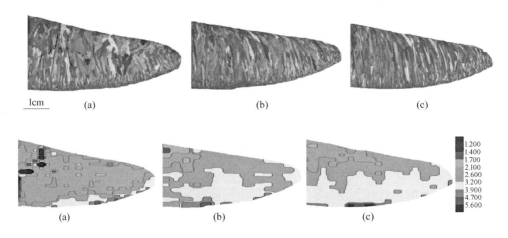

图 6.10 不同冷却速度的硅样品中阻值分布图

6.2.1.3 样品处理

采用四探针法测量半导体电阻率时，要求样品的表面特别平整，即要求四个探针同时与表面有较好的接触才能保证测试完全进行，并且探头边缘到材料边缘的距离远远大于探针间距，一般要求 10 倍以上。测试过程中需要在无振动、无强光直射、无高频干扰的条件下进行，从而实现测试数值的准确性与重现性。

6.2.2 少子寿命测试仪

6.2.2.1 检测原理和设备简介[20,21]

基于测试原理,可以将测量硅材料少子寿命的方法分为瞬态法和稳态法两大类。其中,瞬态法是利用闪光或脉冲电在半导体中激发出非平衡载流子,改变半导体的体电阻,通过测量体电阻或两端电压的变化规律直接获得硅材料的少子寿命,如光电导衰减法和双脉冲法等。稳态法是利用长时间的稳定光照,使半导体内部的非平衡载流子处于稳定的分布状态,通过测量半导体样品处在稳定的非平衡状态时的某些物理量(如扩散长度、表面光电压等)来计算得到少子寿命,如扩散长度法、稳态光电导法等。

微波光电导衰减是使用激光激发硅片,由此产生电子-空穴对,导致样品电导率增加,当撤去注入激光时,样品的电导率会随时间呈指数形式衰减,同时反映了少数载流子数量的衰减趋势。利用微波探测硅片电导率随时间的变化情况即可获得少数载流子的寿命。图 6.11 为微波光电导衰减法测量材料少子寿命的原理图。这一测试方法对样品本身无接触、无损伤,既可以测试硅锭、硅棒,也可以测试硅片或成品电池,或未经钝化处理的样品,同时对测试半导体材料样品的厚度也没有严格的要求等优点,这使得该方法成为目前市场上最欢迎的少子寿命测试方法。

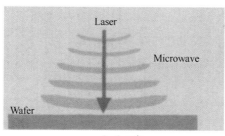

$$I = I_0 e^{-t/\tau}$$

图 6.11 微波光电导衰减法测量材料少子寿命的原理图

以匈牙利 Semilab 公司生产的 WT-2000 型少子寿命测试仪为例,列举该设备的主要技术参数如下:

- ➢ 寿命测试范围:0.1μs ~ 30ms
- ➢ 测试分辨率:0.1%
- ➢ 扫描分辨率:0.5mm,1mm,2mm,4mm,8mm,16mm
- ➢ 样品的电阻率范围:0.1 ~ 1000Ω·cm
- ➢ 测试光点直径:1mm
- ➢ 测试速度:30ms/数据点

➢ 最大测试点数：超过360000
➢ 激光源波长：904nm

6.2.2.2 少子寿命检测应用

采用少子寿命测试仪可以测定硅块、硅棒、硅芯、硅片等材料的少子寿命及锗单晶的少子寿命，用于监控硅材料制备过程中重金属沾污和缺陷等。检测过程中可以采用单点或连续扫描的测试方法进行测定，并且步长可以选择，当步长越小，所需要的检测时间就越长，但图像质量越精细。图6.12为硅片样品的少子寿命分布图。

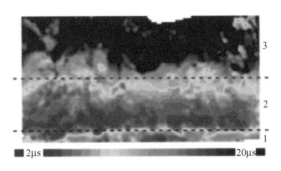

图6.12 硅片样品的少子寿命分布图[22]

6.2.2.3 样品处理

少子寿命测试对硅片样品形貌无特殊要求，可以测定单晶或多晶硅棒、片或硅锭等材料，并且可以测试样品任意位置。对于太阳能级硅片，测试前无需钝化处理。

6.3 物相检测

6.3.1 X射线衍射仪

6.3.1.1 检测原理和设备简介

X射线衍射仪利用衍射原理测定物质的晶体结构、织构和应力，广泛应用于石油、化工、冶金、材料等科研领域。

由于晶体材料具有特定的晶体结构（如点阵类型、晶面间距等），当采用具有足够能量的X射线对样品进行照射时，样品会受到激发而产生二次荧光X射线，晶体的晶面反射遵循布拉格定律：

$$2d\sin\theta = n\lambda \tag{6.13}$$

式中，d为平行原子平面的间距；θ为入射波与散射平面间的夹角；n为整数；λ为入射波波长。

通过测定衍射线位置可以进行材料定性分析，测定谱线的积分强度可以进行定量分析，测定谱线强度随角度的变化关系可进行晶粒的大小和形状的检测。对于非晶体材料，其 XRD 图谱为一漫散射馒头峰。

图 6.13 显示了 X 射线衍射仪的示意图，主要包含：（1）高稳定度 X 射线发生器，用于提供 X 射线；（2）精密测角台；（3）X 射线强度测量系统，检测衍射强度或同时检测衍射方向；（4）安装有专用软件的计算机系统。

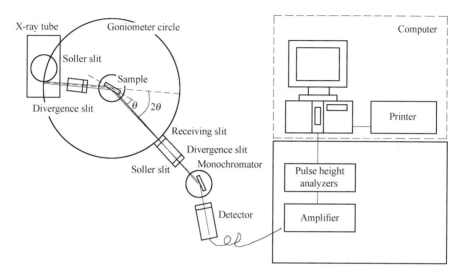

图 6.13　X 射线衍射仪结构示意图

以德国 Bruker 公司生产的 D8 DISCOVER 型号 X 射线衍射仪为例，列举该设备的主要技术参数如下：

➤ X 射线发生器：Cu 靶，功率 3kW，陶瓷光管
➤ 扫描方式：θ-θ 测角仪
➤ 探测器：LynxEye 阵列探测器，NaI 闪烁计数器
➤ 光学附件：Göbel 镜、Ge(022) 分析晶体
➤ 高精度五轴全自动尤拉环：CHI 圆，-11°~98°；PHI 圆，360°；X 轴平移，80mm；Y 轴平移，80mm；Z 轴平移，2mm

6.3.1.2　XRD 检测应用[23,24]

（1）物相定性分析：衍射图谱是晶体的特定"指纹"，每种晶体的结构与其衍射图谱之间都有着一一对应的关系。依据物质衍射图谱与 PDF 卡片比照，从而获得物质的物相信息。

（2）物相定量分析：由于被检测物质图谱中各物相的衍射强度与其含量成正比，因此，当物质含量不小于 5% 时，采用 XRD 定量方法可以获得其含量信息，这是一种相对半定量分析方法。

（3）微结构分析：物质通常含有位错、层错、反向畴等缺陷，这将引起点

阵畸变，产生微应力，从而影响其衍射峰。通过分析考察物质的峰形特征，获得物质的微结构参数。

6.3.1.3 样品制备方法[25]

X 射线衍射仪可以测定粉末状或块状金属、非金属、无机和有机材料。对于粉末状样品，要求粉末干燥，同时粒度约为 10~80μm。若粉末颗粒不均匀或颗粒较大，则会造成衍射强度低，峰形不好，分辨率低。对于块状样品，要求表面平整。

6.3.2 电子背散射衍射仪

6.3.2.1 检测原理和设备简介[26,27]

将通过探测电子背散射衍射花样来确定物质晶体特征信息的仪器，简称为 EBSD（Electron Backscattered Diffraction）。它一般与扫描电镜等大型仪器设备一起使用，因此该设备既保留了扫描电镜的原有特点，同时实现了空间分辨率亚微米级的衍射。

在进行 EBSD 测试时，样品表面会与水平面呈约 70°。当入射电子束进入样品后，会受到样品内原子的散射，其中相当一部分的电子由于散射角大而逃出样品表面，这部分电子称为背散射电子。在背散射电子逃离样品的过程中，与样品某晶面族满足布拉格衍射条件的那部分电子会发生衍射，形成两个顶点为散射点、与该晶面族垂直的两个圆锥面，两个圆锥面与接收屏交截后形成一条亮带，即为菊池带。每条菊池带的中心线相当于发生布拉格衍射的晶面从样品上电子的散射点扩展后与接收屏的交截线。一幅电子背散射衍射图称为一张电子背散射衍射花样（EBSP）。由于 EBSP 来自于样品表面约几十纳米深度的一个薄层，因此该技术是一种表面分析手段。EBSD 检测方法具有分析精度高，可有效对微区物相进行鉴定，同时还可以对试样进行大面积区域统计分析，具有采集速度高的优点。

典型的 EBSD 系统包含扫描电镜、摄像装置、相机控制装置、计算机控制装置和信号处理装置，如图 6.14 所示。

图 6.15 为美国 Oxford 公司生产的 HKL channel 5 型号 EBSD。该设备的技术参数列举如下：

- ➢ 数据采集速度：~36 万点/小时
- ➢ 空间分辨率：0.1nm；角分辨率：0.5°；EBSD 花样分辨率：1344 × 1024
- ➢ CCD 照相机精度：数字式 12 位
- ➢ 无需制冷 CCD
- ➢ 晶体学数据库：含超过 1 万种常见相的结构信息

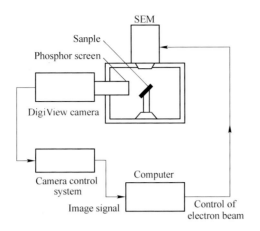

图 6.14 EBSD 系统基本构成示意图

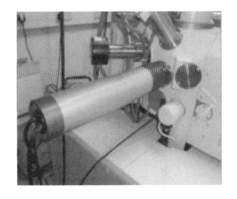

图 6.15 Oxford 公司生产的 HKL channel 5 型号 EBSD

6.3.2.2 EBSD 检测应用[28,29]

EBSD 检测技术是测量晶粒尺寸的理想工具,最简单的方法是进行横穿样品的线扫描,同时观察花样的变化。此外,EBSD 通过测量晶粒取向,可以获得不同晶粒或不同相间的取向差,测量各种取向晶粒在样品中所占比例,分析单晶的位向和完整性等。同时,EBSD 还可以对七大晶系任意对称性的样品进行自动取向测量和标定。结合 EDS 的成分分析可以进行未知相的鉴定,特别的,EBSD 可以有效区分化学成分相似的相。图 6.16 显示了铸造多晶硅的 EBSD 检测结果。

6.3.2.3 样品制备方法[31]

EBSD 试样的制备比一般金相试样的要求更高,需要试样表面无应力层、无氧化层、无连续的腐蚀坑、表面起伏不能过大,并且表面清洁无污染。因此需要对试样进行打磨、抛光处理。由于样品在打磨抛光过程中容易形成加工形变层,

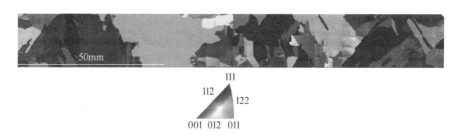

图 6.16 铸造晶体硅的 EBSD 检测结果[30]

从而导致图像灰暗不清晰，因此通常采用化学或电解抛光、离子溅射减薄等方法去除样品表面变形层。对于某些结晶形状规则的粉末材料，则可直接对其平整的晶面进行 EBSD 分析。

6.4 润湿性检测

6.4.1 润湿性概念及测量原理

6.4.1.1 润湿性基本概念

润湿性指发生在液相-固相、液相-液相之间的表面现象。对于硅材料，其熔炼、生长以及提纯制备过程多为多相反应，与液-固相界面行为密切相关，因此有必要考察硅与材料之间的润湿性能。

材料的润湿性通常采用液体在固体材料表面上形成的接触角（θ）来衡量，如图 6.17 所示，即固、液、气三相交界处固-液界面与液-气界面切线之间通过液体内部的夹角。平衡状态时，接触角满足 Young's 方程[32]：

$$\cos\theta_e = (\sigma_{sv} - \sigma_{sl})/\sigma_{lv} \qquad (6.14)$$

式中，σ_{sv}、σ_{sl} 分别为固相与气相、固相与液相之间的界面张力；σ_{lv} 为气相与液相之间的界面张力；θ_e 称为固体表面的杨氏接触角。当 $\theta_e < 90°$ 时称为润湿；当 $\theta_e > 90°$ 时称为不润湿；而当 $\theta_e = 0°$ 和 $180°$ 时，则分别称为完全润湿和完全不润湿。接触角越小，则润湿性越好，其值会受到材料表面化学组成的影响。

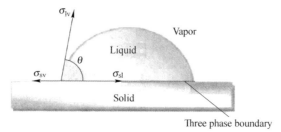

图 6.17 接触角定义

6.4.1.2 润湿性测量方法及原理

座滴法是目前使用最为广泛的方法，它依据 Young's 方程，将基板上放置的金属材料熔化，通过摄像观察实时记录金属熔滴的接触角及形貌变化，从而计算其表面自由能。该方法方便记录接触角变化的全过程，具有快捷、数据精确的优点，特别是能动态的观察金属熔体在基板表面的熔化和铺展过程，是研究金属与基板材料润湿过程动力学机制的有效手段。但该方法由于熔滴与基板材料长时间高温接触，通常会在界面上形成新物质，而此时测得的接触角已经是反应产物之间的接触角，导致实验难以真正测得所要的接触角。因此，研究人员在座滴法的基础上发展了落置液滴法，如图6.18所示。该方法以 Young's 方程为出发点，首先将金属加热至熔化，随后采用辅助设备将熔滴注射至基板表面上，同时迅速记录液滴的润湿过程，测定接触角。该方法便于控制界面反应过程，利于在一个理想环境中研究润湿性动力学机制。

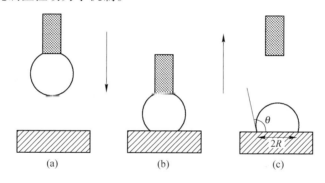

图6.18 悬滴法示意图[33]

此外，常用的还有吊板法，该方法可以在测量静态接触角的同时也测量动态接触角。如图6.19所示，该方法将薄板部分浸没在熔融金属中，可以通过片状固体被润湿后的受力情况以及浸没深度等参数进行计算而获得接触角。薄板的受力与接触角之间的关系为：

$$F = P\sigma_{lv}\cos\theta_e - \rho_L gAd \qquad (6.15)$$

式中，P 为薄板周长；σ_{lv} 为熔体表面张力；ρ_L 为液体密度；g 为重力加速度；A 为薄板横截面积；d 为薄板浸入深度。该方法操作简单，不需校正，精度高。但样品用量大，升温速度慢。

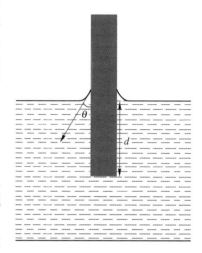

图6.19 吊板法示意图

6.4.2 高温接触角测量仪

6.4.2.1 测量设备简介

图 6.20 为高温接触角测量仪示意图，主要包含高温加热炉和光学系统。该设备首先使用加热炉加热升温使固体样品熔化成液滴自然铺展于水平基片上，在背部卤光灯的投射下于炉管另一端形成液滴和基片的背影轮廓，借助 CCD 摄像头实时进行图形、数据的记录，并通过接触角仪主机中的分析软件提取并拟合轮廓获得接触角、表面张力数据及相关温度、时间等数据。以 Dataphysics 型号 OCA20LHT-SV 的高温接触角测试仪为例，列举其主要技术参数如下：

- ➢ 接触角测量范围和精度：0~180°；接触角测量精度：±0.1°
- ➢ 表界面张力测量范围：0.01~2000mN/m；表界面张力测量精度：±0.01mN/m
- ➢ 光学系统：连续 6 倍变焦透镜，1/2"-CCD 摄像头检测系统，像素为 768×576，摄像头检测速度为 52 幅图像/秒
- ➢ 光源：可连续调节光强且无滞作用后的卤光灯光源
- ➢ 最高工作温度：1550℃
- ➢ 最高真空度：1mPa
- ➢ 真空条件下最高工作温度：1450℃
- ➢ 加热陶瓷管内径：40mm
- ➢ 加热材料：$MoSi_2$

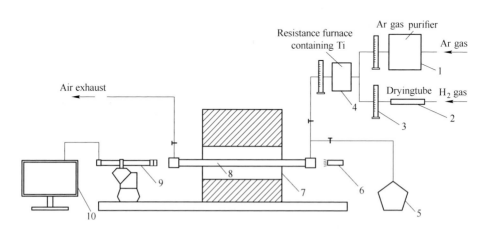

图 6.20 高温接触角测量仪示意图

1—氩气纯化器；2—干燥管；3—气体流量计；4—钛炉；5—真空泵；
6—卤光灯；7—高温真空炉；8—炉管；9—CCD 摄像头；10—接触角仪主机

6.4.2.2 高温接触角测量设备的应用

图 6.21 显示了高温下硅在石墨基板和 SiC 基板上不同时间下的润湿行为。由图可以看出，硅与这两种材料均润湿性良好。图 6.22 显示了 1703K 高温下硅在预氧化处理 Si_3N_4 基板上的润湿动力学行为。

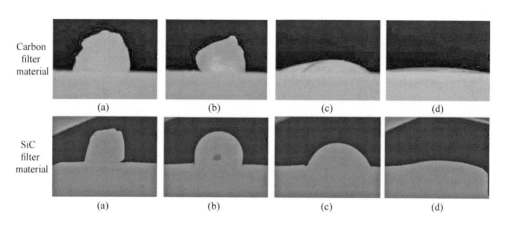

图 6.21 Si 与石墨、SiC 材料润湿性[34]

Si-C 体系：(a) $T=1673K, t=0s$；(b) $T=1693K, t=82s$；(c) $T=1703K, t=117s$；(d) $T=1723K, t=197s$；
Si-SiC 体系：(a) $T=1673K, t=0s$；(b) $T=1693K, t=75s$；(c) $T=1703K, t=120s$；(d) $T=1723K, t=205s$

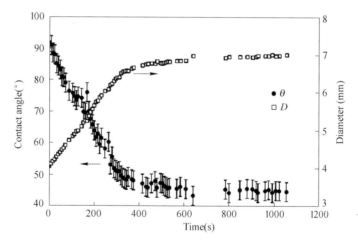

图 6.22 1703K Si 在预氧化处理 Si_3N_4 基板上的润湿动力学行为[35]

参 考 文 献

[1] 龚沿东. 电子探针（EPMA）简介[J]. 电子显微学报, 2010, 29(6): 578-580.
[2] 章晓中. 电子显微分析[M]. 北京: 清华大学出版社, 2006.

[3] Li Y, et al. Effect of Sn content on microstructure and boron distribution in Si-Al alloy[J]. Journal of Alloys and Compounds, 2014, 583(0): 85-90.

[4] Xu F, et al. Boron removal from metallurgical silicon using Si-Al-Sn ternary alloy[J]. Separation Science and Technology, 2014, 49(2): 305-310.

[5] 王丽君, 王文焱, 李致清. ICP-AES 光谱仪的技术特点[J]. 现代仪器, 2005, 11(3): 54-55.

[6] http://people.whitman.edu/~dunnivfm/FAASICPMS_Ebook/CH3/3_3_1.html.

[7] 李冰, 周剑雄, 詹秀春. 无机多元素现代仪器分析技术[J]. 地质学报, 2011, 85(11): 1878-1916.

[8] 孙汉文. 原子光谱分析[M]. 北京: 高等教育出版社, 2002.

[9] 何小青, 等. 电感耦合等离子体质谱技术新进展[J]. 冶金分析, 2004, 24(6): 26-35.

[10] 虞鹏鹏. SIMS 分析技术及其在黄铁矿原位微区分析微量元素测定的应用[J]. 中山大学研究生学刊: 自然科学, 2013(1): 36-44.

[11] 王钰, 等. 二次离子质谱分析[J]. 上海计量测试, 2003, 30(3): 42-46.

[12] 宋洁. 二次离子质谱仪的原理及在半导体产业中的应用[D]. 天津: 天津大学, 2008.

[13] Ohta T, et al. Low temperature boron doping into crystalline silicon by boron-containing species generated in Cat-CVD apparatus[J]. Thin Solid Films, 2015, 575: 92-95.

[14] 杨晓志, 等. 离子探针技术在地球化学研究中的应用综述[J]. 安徽地质, 2004(1): 52-57.

[15] 杨旺火, 等. 太阳能级晶体硅中杂质的质谱检测方法[J]. 质谱学报, 2011, 32(2): 121-128.

[16] 余兴, 李小佳, 王海舟. 辉光放电质谱分析技术的应用进展[J]. 冶金分析, 2009, 29(3): 28-36.

[17] 徐常昆, 周涛, 赵永刚. 辉光放电质谱应用和定量分析[J]. 岩矿测试, 2012, 31(1): 47-56.

[18] 张伟娜. 冶金多晶硅的电学性能研究[D]. 大连: 大连理工大学, 2008.

[19] Shi S, et al. Removal of aluminum from silicon by electron beam melting with exponential decreasing power[J]. Separation and Purification Technology, 2015, 152: 32-36.

[20] 艾斌, 沈辉, 邓幼俊. WT-2000 少子寿命测试仪的原理及性能[C]. in: 第十届中国太阳能光伏会议, 2008.

[21] 高冬美, 等. 微波光电导衰减法测量 N 型 4H-SiC 少数载流子寿命[J]. 激光技术, 2011, 35(5): 610-612.

[22] Vähänissi V, et al. Significant minority carrier lifetime improvement in red edge zone in n-type multicrystalline silicon[J]. Solar Energy Materials and Solar Cells, 2013, 114: 54-58.

[23] 权淑丽, 郑开宇. X 射线衍射仪在冶金行业的应用[J]. 浙江冶金, 2013(3): 20-23.

[24] 马礼敦. X 射线粉末衍射仪[J]. 上海计量测试, 2003, 30(5): 41-46.

[25] 胡丽华, 等. X 射线粉末衍射仪的测试及使用[J]. 化学工程师, 2012, 26(1): 16-17.

[26] 陈绍楷, 等. 电子背散射衍射 (EBSD) 及其在材料研究中的应用[J]. 稀有金属材料与工程, 2006, 35(3): 500-504.

[27] 王疆,孙学鹏,郦剑. 电子背散射衍射技术在材料显微分析中的应用[J]. 热处理,2008,23(2):41-44.

[28] 鲁法云,等. α-Ti 晶粒尺寸的 EBSD 技术测定方法及分析[J]. 电子显微学报,2011,30(Z1):388-393.

[29] 张寿禄. 电子背散射衍射技术及其应用[J]. 电子显微学报,2002,21(5):703-704.

[30] Tang X, et al. Characterization of high-efficiency multi-crystalline silicon in industrial production [J]. Solar Energy Materials and Solar Cells, 2013, 117:225-230.

[31] 李华清,等. 取向成像电子显微术试样的制备[J]. 理化检验:物理分册,2004,40(12):612-615.

[32] Naidich Y. The wettability of solids by liquid metals. in: Progress in Surface and Membrane Science[M]. New York: Academic Press, 1981.

[33] Dezellus O, et al. Spreading of Cu-Si alloys on oxidized SiC in vacuum: experimental results and modelling[J]. Acta materialia, 2002, 50(5):979-991.

[34] Zhang L, Ciftja A. Recycling of solar cell silicon scraps through filtration, Part I: Experimental investigation[J]. Solar Energy Materials and Solar Cells, 2008, 92(11):1450-1461.

[35] Brynjulfsen I, et al. Influence of oxidation on the wetting behavior of liquid silicon on Si_3N_4-coated substrates[J]. Journal of Crystal Growth. 2011, 312(16-17):2404-2410.

太阳能级多晶硅和冶金硅制备方法

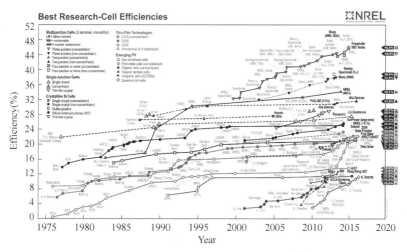

图 2.1　各种太阳能电池的转换效率[1]

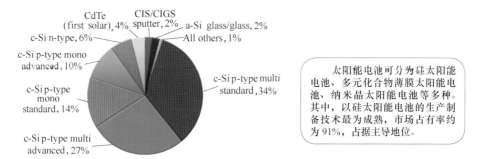

太阳能电池可分为硅太阳能电池、多元化合物薄膜太阳能电池、纳米晶太阳能电池等多种。其中，以硅太阳能电池的生产制备技术最为成熟，市场占有率约为91%，占据主导地位。

图 2.2　2014年生产不同种类太阳能电池市场占有率关系图[2]

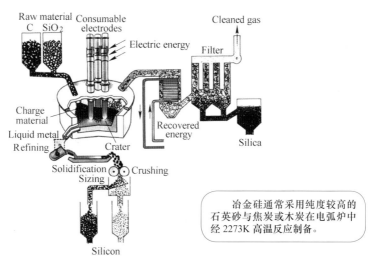

冶金硅通常采用纯度较高的石英砂与焦炭或木炭在电弧炉中经 2273K 高温反应制备。

图 3.4　生产冶金级硅的电弧炉的断面图[10]

多晶硅精炼方法

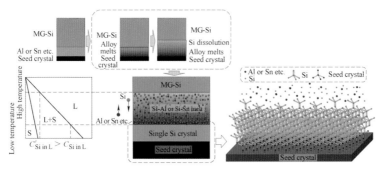

图 5.40　籽晶 - 区熔定向凝固技术原理图

该方法使用具有三明治结构的"冶金硅 - 金属 - 衬底（籽晶）"进行晶体硅定向生长。其中，高温区冶金硅作为硅源，为晶体硅的生长提供源源不断的硅原子；中间区域形成硅合金熔体，成为硅原子的传输介质；低温区籽晶为衬底，获得定向生长的晶体硅。

图 5.114　过滤精炼设备（a）及含有夹杂物的硅原料（b,c）[124]

采用过滤精炼去除冶金硅中夹杂物，需要将含有夹杂物颗粒的多晶硅原材料放置于异型石墨坩埚中，同时在石墨坩埚的底部放置过滤器；随后采用感应炉加热使原料熔化；当硅液流过过滤器时，夹杂物颗粒会被过滤器捕捉、吸附，最终提高硅液纯度。

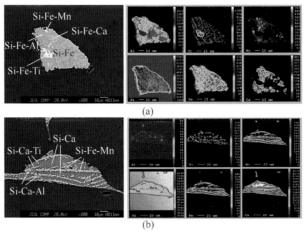

图 5.50　冶金硅（a）与造渣精炼处理后硅（b）微观形貌图[101]

使用 $CaO-SiO_2-CaF_2$ 进行冶金硅造渣精炼可以促使硅中杂质重构，形成 Si-Ca-M 等中间化合物，利于酸洗去除 Fe、Al、Ca 等杂质。

硅材料微观形貌和电磁净化

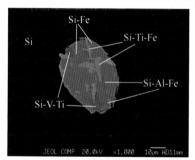

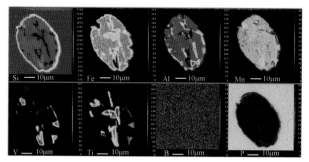

图 5.1　MG-Si 中金属杂质相的 SEM 图和 EPMA 元素面扫面分布图 [84]

具有较小分凝系数的 Fe、Ti 等金属杂质会在冶金硅中偏析，形成 Fe-Si 基、Ti-Si 基等杂质相。

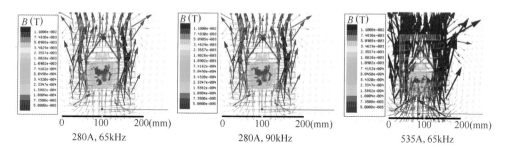

图 5.105　不同电流强度、频率条件下电磁场的分布情况图

采用电磁净化技术去除冶金硅中夹杂物，利用 ANSOFT Maxwell 对电磁场进行有限元仿真获得不同电流强度、频率条件下电磁场的分布情况：电磁场强度随着电流强度的增加而显著增强，但随着频率的增加而轻微增强。在硅熔体表层的磁场强度较高，而在硅熔体内部磁场较弱，中心位置可达到最低值。

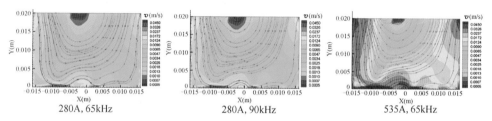

图 5.106　ANSYS FLUENY 计算不同电流和频率下硅熔体中的流态变化图

流体流动主要起源于顶部和底部并驱动硅熔体形成圆状流型，并且在硅熔体梯度和边缘位置流动剧烈。

硅的检测分析

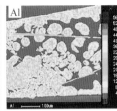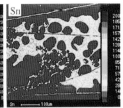

图 6.3 Si-Al-Sn 合金中 EPMA 元素面扫描分析结果[4]

采用 EPMA 元素面扫描技术分析 Si-Al-Sn 合金样品，依据各元素强度值可以判断样品中不同区域中元素的相对含量。

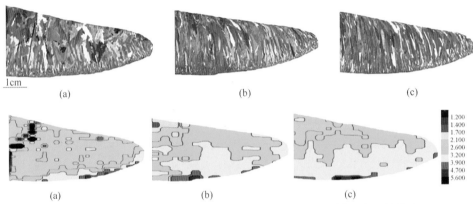

图 6.10 采用四探针测试技术分析不同冷却速度下硅样品中阻值分布图

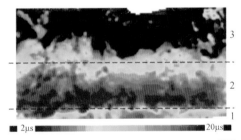

图 6.12 硅片样品的少子寿命分布图[22]

图 6.16 铸造晶体硅的 EBSD 检测结果